21世纪高等学校计算机基础实用规划教材

C语言程序设计基础
微课视频版

王雪梅 主编　王颖慧 陶骏 陈兵 霍清华 高超 张云玲 副主编

清华大学出版社
北京

内容简介

本书参照"2018年全国计算机等级考试二级C语言程序设计考试大纲"组织内容,是零基础入门的C语言教材。全书共分12章,先介绍了相关计算机基础知识,然后细致讲解C语言基本程序语句、数据结构与简单算法、分支结构、循环结构、数组、函数与宏定义、指针、构造数据类型、位运算和文件,每章配备了丰富的示例和简练的例题,并提供微课视频、大量的课后习题、详细的习题解析等资源,可以方便老师快速备课,帮助学生快速进入C语言的编程世界。

本书既可作为本、专科学生的教材,也可作为编程爱好者的自学参考书。

本书封面贴有清华大学出版社防伪标签,无标签者不得销售。

版权所有,侵权必究。举报: 010-62782989,beiqinquan@tup.tsinghua.edu.cn。

图书在版编目(CIP)数据

C语言程序设计基础:微课视频版/王雪梅主编. —北京:清华大学出版社,2020.9(2024.8重印)
21世纪高等学校计算机基础实用规划教材
ISBN 978-7-302-56139-2

Ⅰ. ①C… Ⅱ. ①王… Ⅲ. ①C语言-程序设计-高等学校-教材 Ⅳ. ①TP312.8

中国版本图书馆CIP数据核字(2020)第143970号

责任编辑:黄　芝
封面设计:刘　键
责任校对:徐俊伟
责任印制:丛怀宇

出版发行:清华大学出版社
　　　　网　　址:https://www.tup.com.cn,https://www.wqxuetang.com
　　　　地　　址:北京清华大学学研大厦A座　　　　邮　　编:100084
　　　　社 总 机:010-83470000　　　　　　　　　　邮　　购:010-62786544
　　　　投稿与读者服务:010-62776969,c-service@tup.tsinghua.edu.cn
　　　　质量反馈:010-62772015,zhiliang@tup.tsinghua.edu.cn
　　　　课件下载:https://www.tup.com.cn,010-83470236
印 装 者:三河市君旺印务有限公司
经　　销:全国新华书店
开　　本:185mm×260mm　　印　张:20　　字　数:503千字
版　　次:2020年9月第1版　　　　　　　　印　次:2024年8月第7次印刷
印　　数:9301～10600
定　　价:59.80元

产品编号:087630-02

出 版 说 明

随着我国改革开放的进一步深化,高等教育也得到了快速发展,各地高校紧密结合地方经济建设发展需要,科学运用市场调节机制,加大了使用信息科学等现代科学技术提升、改造传统学科专业的投入力度,通过教育改革合理调整和配置了教育资源,优化了传统学科专业,积极为地方经济建设输送人才,为我国经济社会的快速、健康和可持续发展以及高等教育自身的改革发展做出了巨大贡献。但是,高等教育质量还需要进一步提高以适应经济社会发展的需要,不少高校的专业设置和结构不尽合理,教师队伍整体素质亟待提高,人才培养模式、教学内容和方法需要进一步转变,学生的实践能力和创新精神亟待加强。

教育部一直十分重视高等教育质量工作。2007年1月,教育部下发了《关于实施高等学校本科教学质量与教学改革工程的意见》,计划实施"高等学校本科教学质量与教学改革工程(简称'质量工程')",通过专业结构调整、课程教材建设、实践教学改革、教学团队建设等多项内容,进一步深化高等学校教学改革,提高人才培养的能力和水平,更好地满足经济社会发展对高素质人才的需要。在贯彻和落实教育部"质量工程"的过程中,各地高校发挥师资力量强、办学经验丰富、教学资源充裕等优势,对其特色专业及特色课程(群)加以规划、整理和总结,更新教学内容、改革课程体系,建设了一大批内容新、体系新、方法新、手段新的特色课程。在此基础上,经教育部相关教学指导委员会专家的指导和建议,清华大学出版社在多个领域精选各高校的特色课程,分别规划出版系列教材,以配合"质量工程"的实施,满足各高校教学质量和教学改革的需要。

本系列教材立足于计算机公共课程领域,以公共基础课为主、专业基础课为辅,横向满足高校多层次教学的需要。在规划过程中体现了如下一些基本原则和特点。

(1) 面向多层次、多学科专业,强调计算机在各专业中的应用。教材内容坚持基本理论适度,反映各层次对基本理论和原理的需求,同时加强实践和应用环节。

(2) 反映教学需要,促进教学发展。教材要适应多样化的教学需要,正确把握教学内容和课程体系的改革方向,在选择教材内容和编写体系时注意体现素质教育、创新能力与实践能力的培养,为学生的知识、能力、素质协调发展创造条件。

(3) 实施精品战略,突出重点,保证质量。规划教材把重点放在公共基础课和专业基础课的教材建设上;特别注意选择并安排一部分原来基础比较好的优秀教材或讲义修订再版,逐步形成精品教材;提倡并鼓励编写体现教学质量和教学改革成果的教材。

(4) 主张一纲多本,合理配套。基础课和专业基础课教材配套,同一门课程有针对不同层次、面向不同专业的多本具有各自内容特点的教材。处理好教材统一性与多样化,基本教材与辅助教材、教学参考书,文字教材与软件教材的关系,实现教材系列资源配套。

(5) 依靠专家,择优选用。在制定教材规划时依靠各课程专家在调查研究本课程教材建设现状的基础上提出规划选题。在落实主编人选时,要引入竞争机制,通过申报、评审确定主题。书稿完成后要认真实行审稿程序,确保出书质量。

繁荣教材出版事业,提高教材质量的关键是教师。建立一支高水平教材编写梯队才能保证教材的编写质量和建设力度,希望有志于教材建设的教师能够加入到我们的编写队伍中来。

21世纪高等学校计算机基础实用规划教材
联系人:魏江江 weijj@tup.tsinghua.edu.cn

前言

C语言是编程语言中的常青树,是系统程序、嵌入式系统等领域无可替代的编程语言,它的语法是其他编程语言的基础。"C语言程序设计基础"是计算机专业以及理工类各专业的重要基础课程之一,也是很多学生大学时期的第一门编程课。通过本课程的学习,学生能够掌握C语言的语法规则、算法的基本结构、程序设计的基础技能,初步积累编程经验,培养编程思维,并为学生参加全国计算机二级C语言等级考试打下基础。

本书参照"2018年全国计算机等级考试二级C语言程序设计考试大纲"组织内容。全书共分12章,其中

第1章是C语言概述,第2章回顾计算机基础知识,可以根据情况自学或跳过,第3章重点介绍了C语言基础概念、运算符与表达式等,学习后续章节时可以多次回顾本章内容;

第4~6章是程序设计的基础部分,介绍算法的简单表示方法和分支、循环结构的用法;

第7~12章是程序设计的提高部分,介绍了数组、函数、指针、构造数据类型、位运算和文件操作。

本书主要特色如下:

(1) 示例丰富。以表格形式提供大量示例,列出各种正确和错误的用法,帮助学生理解基础知识,为后期编程打好基础。

(2) 例题简练,易于理解。选用短小的、与实际生活贴切的例题,易于理解。

(3) 习题丰富,并配有详细习题解析。每章最后提供大量习题,附有参考答案的同时提供二维码,扫描可查看详细的习题解析。

(4) 微视频短小精炼。本书为微课视频版,扫描书中二维码可以观看授课微视频,完整的视频已在安徽省网络课程学习中心e会学网站(http://www.ehuixue.cn)上线,课程名称为"C语言程序设计基础"。

(5) 配套资源丰富。本书其他配套资源包括教学大纲、授课计划、PPT、期末考试样卷、例题源码等,可从清华大学出版社网站下载。作者在授课过程中还使用"云班课"进行线上和线下混合教学,云班课中有各章小测验题目,课上10分钟小测验可以快速检查学生课后复习效果。如有老师需要,请与作者沟通,并提供云班课账号(手机号或邮箱),以便授予课程包权限。

(6) 适用面广。本书既可作为本、专科学生的教材,也可以用于编程爱好者自学。

本书由安徽信息工程学院王雪梅主编,其中第1~3章、第12章由王雪梅编写,第4章、第5章由霍清华(海军士官学院)编写,第6章、第11章由王颖慧(上海工商职业技术学院)编写,第7章由陈兵编写,第8章由张云玲编写,第9章由陶骏编写,第10章由高超编写,李骏参与撰写习题解析,全书由王雪梅统稿。

本书内容在出版前已经采用讲义形式使用两年并进行修订，但也难免有疏漏或不足之处，恳请各位读者批评指正。

最后感谢家人、同事，感谢清华大学出版社编辑及相关工作人员，感谢所有支持、帮助我的人。

编　者

2020 年 5 月

目 录

第1章 C语言概述 ··· 1
   1.1 程序设计语言简述 ·· 1
   1.2 C语言的发展过程 ·· 2
   1.3 为什么要学习C语言 ·· 3
   1.4 第一次亲密接触——Hello World ·· 4
   1.5 C语言程序的结构 ·· 5
   1.6 C语言程序的运行 ·· 5
   1.7 集成开发工具 ·· 6
   本章小结 ·· 10
   习题 ·· 11

第2章 信息在计算机中的表示 ··· 13
   2.1 比特与数的进制 ·· 13
      2.1.1 比特 ·· 13
      2.1.2 数的进制 ·· 13
   2.2 进制转换 ·· 15
      2.2.1 二进制数与十进制数之间的转换 ·· 15
      2.2.2 二进制数与八进制数之间的转换 ·· 16
      2.2.3 二进制数与十六进制数之间的转换 ··· 17
   2.3 信息在计算机中的表示 ·· 17
      2.3.1 文字符号在计算机中的表示 ··· 17
      2.3.2 汉字在计算机中的表示 ··· 18
      2.3.3 定点数和浮点数在计算机中的表示 ··· 19
   2.4 整数的二进制表示 ··· 19
      2.4.1 无符号整数 ·· 19
      2.4.2 有符号整数 ·· 20
   2.5 浮点数的二进制表示 ··· 22
      2.5.1 单精度浮点数 ··· 23
      2.5.2 双精度浮点数 ··· 24
   2.6 二进制数加减法运算 ··· 24

2.6.1　二进制数加法 ·· 24
　　2.6.2　二进制数减法 ·· 24
本章小结 ··· 25
习题 ·· 25

第3章　C语言基本程序语句 27

3.1　标识符、关键字、注释 27
　　3.1.1　标识符 ··· 27
　　3.1.2　关键字 ··· 28
　　3.1.3　注释 ·· 29

3.2　数据类型、常量和变量 29
　　3.2.1　数据类型 ·· 29
　　3.2.2　常量 ·· 32
　　3.2.3　变量 ·· 35

3.3　运算符与表达式 36
　　3.3.1　算术运算符及其表达式 ·· 37
　　3.3.2　关系运算符及其表达式 ·· 38
　　3.3.3　逻辑运算符及其表达式 ·· 39
　　3.3.4　位运算符及其表达式 ··· 40
　　3.3.5　条件运算符及其表达式 ·· 41
　　3.3.6　逗号运算符及其表达式 ·· 41
　　3.3.7　求字节运算符 ··· 42
　　3.3.8　数据类型转换 ··· 42
　　3.3.9　运算符优先级及结合性 ·· 43
　　3.3.10　表达式的书写规则 ··· 45

3.4　标准输入输出函数 46
　　3.4.1　格式化输出函数 ·· 46
　　3.4.2　格式化输入函数 ·· 50
　　3.4.3　字符输出函数 ··· 55
　　3.4.4　字符输入函数 ··· 56
　　3.4.5　字符串输出函数 ·· 59
　　3.4.6　字符串输入函数 ·· 59

3.5　程序范例 60

3.6　常见错误 62

本章小结 ··· 63
习题 ·· 63

第4章　数据结构与简单的算法设计 71

4.1　算法概念 71

  4.1.1 算法的性质 ……………………………………………………………… 71
  4.1.2 算法的结构 ……………………………………………………………… 71
 4.2 基本数据结构 …………………………………………………………………… 72
  4.2.1 数据结构概念 …………………………………………………………… 72
  4.2.2 数据结构类型 …………………………………………………………… 72
 4.3 算法的描述 ……………………………………………………………………… 74
  4.3.1 自然语言描述 …………………………………………………………… 74
  4.3.2 流程图描述 ……………………………………………………………… 75
 4.4 算法设计范例 …………………………………………………………………… 78
 本章小结 ……………………………………………………………………………… 79
 习题 …………………………………………………………………………………… 80

第 5 章 分支结构 …………………………………………………………………… 82

 5.1 if 结构 …………………………………………………………………………… 82
  5.1.1 if 语句 …………………………………………………………………… 82
  5.1.2 if-else 语句 ……………………………………………………………… 83
  5.1.3 if 语句的嵌套 …………………………………………………………… 85
 5.2 switch 结构 ……………………………………………………………………… 88
 5.3 程序范例 ………………………………………………………………………… 91
 本章小结 ……………………………………………………………………………… 93
 习题 …………………………………………………………………………………… 93

第 6 章 循环结构 …………………………………………………………………… 99

 6.1 for 循环结构 …………………………………………………………………… 99
  6.1.1 for 循环语句的特征 …………………………………………………… 100
  6.1.2 for 循环语句示例 ……………………………………………………… 102
 6.2 while 循环结构 ………………………………………………………………… 104
  6.2.1 while 循环语句的特征 ………………………………………………… 105
  6.2.2 while 循环语句示例 …………………………………………………… 105
 6.3 do-while 循环结构 ……………………………………………………………… 107
  6.3.1 do-while 循环语句示例 ………………………………………………… 107
  6.3.2 for、while 和 do-while 循环的比较 …………………………………… 109
 6.4 break 和 continue 语句在循环里的作用 ……………………………………… 111
  6.4.1 break 语句 ……………………………………………………………… 111
  6.4.2 continue 语句 …………………………………………………………… 112
 6.5 循环结构的嵌套 ………………………………………………………………… 113
 6.6 程序范例 ………………………………………………………………………… 116
 常见错误 ……………………………………………………………………………… 118
 本章小结 ……………………………………………………………………………… 118

习题 ·· 119

第 7 章 数组 ··· 127

   7.1 一维数组 ··· 127
      7.1.1 数组的概念和声明 ·· 127
      7.1.2 使用数组元素 ·· 128
      7.1.3 数组初始化 ·· 131
      7.1.4 对数组使用 sizeof 运算符 ·· 132
      7.1.5 一维数组的应用 ··· 132
   7.2 二维数组 ··· 134
      7.2.1 二维数组的声明和使用 ·· 134
      7.2.2 二维数组的初始化 ·· 136
      7.2.3 二维数组的应用 ··· 137
   7.3 字符数组 ··· 139
      7.3.1 字符数组的声明 ··· 140
      7.3.2 字符串的写和读 ··· 141
      7.3.3 字符数组的初始化 ·· 143
      7.3.4 字符串处理函数 ··· 144
      7.3.5 字符数组的应用 ··· 146
   本章小结 ··· 148
   习题 ·· 148

第 8 章 函数与宏定义 ··· 155

   8.1 函数的概念 ·· 155
      8.1.1 函数的定义 ·· 155
      8.1.2 函数的声明与调用 ·· 156
      8.1.3 函数的参数传递 ··· 157
      8.1.4 数组作为函数的参数 ··· 158
   8.2 变量的作用域和存储类型 ·· 161
   8.3 内部函数与外部函数 ··· 164
   8.4 递归函数的设计与调用 ·· 166
   8.5 预处理 ··· 168
      8.5.1 宏定义 ··· 168
      8.5.2 文件包含 ··· 170
   本章小结 ··· 171
   习题 ·· 172

第 9 章 指针 ··· 177

   9.1 指针的基本概念 ·· 177

9.2 指针与变量 ·· 178
   9.2.1 定义指针变量 ·· 179
   9.2.2 指针变量的引用 ·· 180
   9.2.3 指针变量作为函数参数 ··· 183
   9.2.4 指针变量几个问题 ··· 189
9.3 指针与数组 ·· 192
   9.3.1 指向数组元素的指针 ·· 192
   9.3.2 通过指针引用数组元素 ··· 193
   9.3.3 数组名作函数参数 ··· 196
   9.3.4 指向多维数组的指针和指针变量 ·· 201
9.4 指针与字符串 ·· 204
   9.4.1 字符串的表示形式 ··· 204
   9.4.2 字符串指针变量与字符数组的区别 ··· 208
9.5 函数指针变量 ·· 208
9.6 指针型函数 ·· 210
9.7 指针数组和指向指针的指针 ··· 211
   9.7.1 指针数组的概念 ·· 211
   9.7.2 指向指针的指针 ·· 213
   9.7.3 main()函数的参数 ··· 215
本章小结 ··· 217
习题 ·· 218

第 10 章 构造数据类型 ·· 225

10.1 结构体数据类型 ··· 225
   10.1.1 结构体的定义 ·· 225
   10.1.2 结构体变量的定义 ··· 226
   10.1.3 结构体变量的初始化与引用 ·· 228
10.2 结构体数组与结构体指针 ··· 230
   10.2.1 结构体数组的定义与使用 ··· 230
   10.2.2 结构体指针变量 ·· 232
10.3 结构体类型在函数间的传递 ·· 232
10.4 共用体数据类型 ··· 234
10.5 枚举数据类型 ·· 236
10.6 链表的概念与应用 ··· 238
   10.6.1 动态分配内存 ·· 239
   10.6.2 单链表的应用 ·· 239
10.7 用 typedef 说明一种新类型名 ·· 244
本章小结 ··· 244
习题 ·· 244

第 11 章 位运算 ············ 249

11.1 按位取反运算 ············ 249
11.2 按位左移运算 ············ 251
11.2.1 无符号整型数按位左移 ············ 251
11.2.2 有符号整型数按位左移 ············ 252
11.3 按位右移运算 ············ 254
11.4 按位与运算 ············ 256
11.5 按位或运算 ············ 258
11.6 按位异或运算 ············ 260
11.7 复合位运算符 ············ 261
11.8 程序范例 ············ 262
本章小结 ············ 264
习题 ············ 265

第 12 章 文件操作 ············ 269

12.1 文件的相关概念 ············ 269
12.1.1 文件的概念 ············ 269
12.1.2 文件的分类 ············ 269
12.1.3 文件的缓冲区 ············ 270
12.2 文件的相关操作 ············ 271
12.2.1 定义文件指针 ············ 271
12.2.2 文件的打开与关闭 ············ 272
12.2.3 文件读写函数 ············ 275
12.2.4 文件定位相关函数 ············ 286
12.2.5 文件状态判断函数 ············ 288
本章小结 ············ 289
习题 ············ 290

附录 A ASCII 码表 ············ 298

附录 B 常用库函数 ············ 301

参考文献 ············ 307

第1章　C语言概述

学习目标

- 了解程序设计语言的分类；
- 了解 C 语言的发展过程以及 C 语言程序的结构和特点；
- 了解 C 语言程序的运行过程；
- 能够使用某种集成开发工具编写简单的 C 语言程序。

1.1　程序设计语言简述

人与计算机交流使用的语言称为计算机编程语言或程序设计语言，通常分为机器语言、汇编语言、高级语言三类，如表 1-1 所示。

表 1-1　编程语言分类

类别	描　　述	优　点	缺　点	现　状
机器语言	• 用二进制数 0 和 1 表示 • 能被计算机直接识别和运行 • 面向机器的语言	• 运行速度最快 • 能充分发挥计算机性能	• 程序直观性差，难记、难写、难读，不易查错 • 不同型号计算机机器语言不同，程序不通用	很少有人继续使用
汇编语言	• 用英文缩写符号取代一些 0 和 1 指令代码（如用 ADD 表示"加法"运算） • 仍是面向机器的语言	• 比机器语言容易理解和记忆 • 运行速度比高级语言快 • 有高级语言不可替代的用途	• 需要转换为机器语言运行 • 运行效率略低于机器语言 • 仍是面向机器的语言，通用性差	嵌入式领域仍然在使用
高级语言	• 用接近人类自然语言的单词和符号表示 • 面向用户的语言	• 使编程更加简单、易学 • 程序可读性强 • 不同机型通用，兼容性好，便于移植	• 需要转换为机器语言运行 • 运行速度比前两种语言编写的程序慢	广泛使用

程序是指一系列的操作步骤，而计算机程序就是由人事先规定的，指挥计算机完成某项工作的操作步骤，每一步的具体内容由计算机能够理解的指令或语句来描述，这些指令或语句，将告诉计算机"做什么"和"怎么做"。

目前广泛使用的高级语言有 Java、C、C++、C♯、Python、FoxPro 等。计算机并不能直接接受和运行高级语言编写的源程序。源程序需要通过"翻译程序"翻译成机器语言形式的目标程序，计算机才能识别和运行。高级语言与自然语言（英语）更接近，而与硬件功能相分离（彻底脱离了具体的指令系统），便于广大用户掌握和使用。无论哪种机型的计算机，只要安装相应的高级语言编译或解释程序，则该高级语言编写的程序就可以通用。

表 1-2 中的代码是分别用机器语言、汇编语言、C 语言编写的计算 1＋1 的程序。

表 1-2　计算 1＋1 的程序

机 器 语 言	汇 编 语 言	C 语 言

10111000
00000001
00000000
00000101
00000001
00000000
	MOV AX,1
	ADD AX,1
		#include \<stdio.h\>
		int main()
		{
		　　printf("%d\n",1+1);
		}

1.2　C 语言的发展过程

以前的操作系统等系统软件都是由汇编语言编写的，但由于汇编语言依赖于计算机硬件，程序的可读性和可移植性都不是很好。为了提高程序的可读性和可移植性，人们开始寻找一种语言，这种语言需要既具有高级语言的特性，又不失低级语言的好处，在这种需求下诞生了 C 语言。

C 语言的发展颇为有趣。它的原型是 ALGOL 60 语言，也称为 A 语言，发展过程如表 1-3 所示。

表 1-3　C 语言发展过程

年　份	说　　明
1963	剑桥大学将 ALGOL 60 语言（A 语言）发展成为 CPL（Combined Programming Language）语言
1967	剑桥大学的 Matin Richards 对 CPL 语言进行简化，产生 BCPL 语言
1970	美国贝尔实验室的 Ken Thompson 将 BCPL 进行修改，并为它起了一个有趣的名字"B 语言"，意思是将 CPL 语言煮干，提炼出它的精华。并且，他用 B 语言写了第一个 UNIX 操作系统
1973	B 语言也被人"煮"了一下，美国贝尔实验室的 D. M. Ritchie 在 B 语言的基础上最终设计出了一种新的语言，他取了 BCPL 的第二个字母作为这种语言的名字，就是 C 语言
1977	为了 UNIX 操作系统的推广，D. M. Ritchie 发表了不依赖于具体机器系统的 C 语言编译文本《可移植的 C 语言编译程序》
1978	Brian W. Kernighian 和 D. M. Ritchie 出版了名著《The C Programming Language》，从而使 C 语言成为目前世界上流行最广泛的高级程序设计语言
1988	随着微型计算机的日益普及，出现了许多 C 语言版本，由于没有统一的标准，使得这些 C 语言之间出现了一些不一致的地方。为了改变这种情况，美国国家标准研究所（ANSI）为 C 语言制定了一套 ANSI 标准，成为现行的 C 语言标准

C语言之所以发展迅速,而且成为最受欢迎的语言之一,主要因为它具有强大的功能,是系统程序、嵌入式系统等领域无可替代的编程语言。C语言的优点是其他语言所难及甚至不可比的。目前几乎所有的操作系统均是由C语言编写,它甚至是其他编程语言的母语言,如Java语言就是用C语言编写的。

1.3 为什么要学习C语言

C语言是编程语言中的常青树,它的语法是其他编程语言的基础。计算机语言种类繁多,但大体上语法是相通的,要追求流行的Java、C#或Python语言,还是要先学好C语言。C语言主要优点如表1-4所示。

表1-4 C语言主要优点

优点	说明
程序结构化	结构化就是将程序功能模块化,程序各个部分除必要的信息交流外彼此独立。结构化方式可使程序层次清晰,便于维护和调试。C语言程序是以函数形式提供给用户的,函数调用方便,并具有多种循环、条件语句控制程序流向,从而使程序完全结构化
运算符丰富	C语言把括号、赋值、强制类型转换等都作为运算符处理,运算类型极其丰富,表达式类型多种多样,计算功能、逻辑判断功能强大。灵活使用各种运算符可以实现在其他高级语言中难以实现的运算
数据类型丰富	C语言数据类型有整型、实型、字符型、数组类型、指针类型、结构体类型、共用体类型等,能用来实现各种复杂运算。C语言引入指针概念,使程序效率更高
表达方式灵活实用	C语言提供多种运算符和表达式,可通过多种途径表达问题,使程序设计更主动、灵活。C语言的语法限制不太严格,程序设计自由度大,如对整型与字符型数据可以通用等
关键字简洁	所谓关键字就是C语言保留的一些有特殊作用的词语,它们有固定的含义,不能作其他用途。C语言中一共有32个关键字,实现了分支、循环、跳转等9种控制结构,可以实现复杂的计算。C语言关键字全部用小写英文字母表示
书写灵活	一般的高级语言语法检查比较严,能够检查出几乎所有的语法错误。而C语言允许程序编写者有较大的自由度,程序书写格式没有严格限制,可以一行一条语句,也可以一行多条语句。建议实际编程时还是要根据语法规则进行缩进格式书写,方便阅读
允许直接访问物理地址,对硬件进行操作	C语言允许直接访问物理地址,可以直接对硬件进行操作,因此,它既具有高级语言的功能,又具有低级语言的许多功能,能够像汇编语言一样对位(bit)、字节和地址进行操作,而这三者是计算机最基本的工作单元。在需要对操作系统以及硬件进行操作的场合,用C语言明显优于其他高级语言,许多系统软件和大型应用软件都是用C语言编写的
生成目标代码质量高,程序效率高	C语言描述问题比汇编语言迅速,工作量小,可读性好,易于调试、修改和移植,而代码质量与汇编语言相当。C语言一般只比汇编程序生成的目标代码效率低10%～20%
适用范围广,可移植性好	在不同机器上的C编译程序中,其86%的代码是公共的,所以C语言的编译程序便于移植。在一个环境上用C语言编写的程序,不改动或稍加改动,就可移植到另一个完全不同的环境中运行。C语言不仅适合于多种操作系统,如Windows、UNIX操作系统,也可适用于多种机型
绘图能力强	C语言具有很强的绘图能力和数据处理能力,因此,也适于编写三维、二维图形和动画

C语言的缺点主要表现在以下几个方面。
(1) C语言的语法限制不太严格。
(2) 对变量的类型约束不严格,影响程序的安全性。
(3) 对数组下标越界不做检查。
(4) 从应用的角度,C语言比其他高级语言较难掌握,入门容易,用好难。

综上所述,C语言优点远远多于缺点,那么如何学好C语言呢？"多上机,多编程,多思考"是必由之路。

1.4 第一次亲密接触——Hello World

无论学习何种编程语言,基本上都是从最简单的Hello World程序开始。

【例1-1】 编写程序,在屏幕上输出"Hello,World!"。

程序如下：

```
1    /* 在屏幕上输出字符串 Hello, World! */
2    #include <stdio.h>
3    int main()
4    {
5        printf("Hello, World!\n");
6    }
```

这个程序只有短短的6行代码,实现的功能是在屏幕上输出"Hello,World!"这个字符串,通过这个小程序我们来了解一下C语言程序的组成部分。

第1行 /* 在屏幕上输出字符串 Hello,World! */

用/* */括起来一段文字是程序的注释,注释是对程序的解释说明文字,不参与程序运行。

第2行 #include <stdio.h>

语句中include是文件包含命令,表示在程序中要用到stdio.h这个文件中的函数,扩展名为".h"的文件称为头文件。

第3行 int main()

main是C语言主函数名,全部字母小写。一个C语言源程序不管包含了多少个函数,主函数只能有一个,而且必须有一个。不管主函数放在哪里,C语言程序都是从主函数开始运行,也在主函数结束。主函数返回值类型默认为int类型。

第4行和第6行 一对大括号{ }

C语言程序以函数表示,函数中的所有代码都必须放在一组大括号中,写程序时最好成对写括号,然后在中间加代码,以免遗漏括号,造成括号不匹配。

第5行 printf("Hello,World! \n");

printf是系统定义的标准函数,其功能是把要输出的内容在显示器上显示。printf函数在stdio.h头文件中。

1.5 C语言程序的结构

C语言程序可由下面6个部分组成。
（1）文件包含部分。
（2）预处理部分。
（3）变量说明部分。
（4）函数原型声明部分。
（5）主函数部分。
（6）自定义函数部分。
关于上述C语言程序的6个部分结构有几点说明如下。
（1）不是每一个C语言程序都包含有上面的6个部分，例1-1只有文件包含和主函数部分，是最简单的C语言程序。
（2）每一个C语言程序都必须有且仅有一个主函数，主函数名固定为小写的main，组成形式为：

```
[返回值类型] main(参数列表)
{
    变量说明部分
    程序语句部分
}
```

（3）每一个C语言程序可以有0个或多个自定义函数。自定义函数同主函数形式一样，具体见第8章"函数与宏定义"。不管是定义还是使用函数，函数名后面都必须写上一对小括号。
（4）每一个C语言程序的语句不管是"变量说明部分"，还是"程序语句部分"或者"函数原型声明部分"，均以分号结束。"预处理部分"不是C语言程序语句，不需要分号结束。
（5）程序中可以有任意多处注释，注释是对程序的解释说明文字，不参与程序运行。

1.6 C语言程序的运行

计算机只能运行用0和1表示的二进制机器语言程序。用C语言编写的程序称为源程序，源程序必须经过"编译""连接"，转换为二进制的目标程序，才可以在计算机上运行。
用C语言编程的过程如图1-1所示。

1. 编辑源程序

将C语言代码输入计算机中，保存成扩展名为".c"的文本文件。此过程可以使用任意的文本编辑软件完成，如操作系统自带的记事本、写字板，但如果用Microsoft Visual C++这样专用的C语言编辑系统会使编程更方便。

2. 编译

源程序在计算机上不能直接运行，需要转换为二进制的机器指令，这个过程由C语言

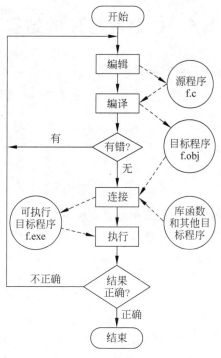

图 1-1　C 语言编程过程

编译系统完成。源程序经过编译操作生成二进制目标程序,扩展名为".obj",此程序仅为中间过渡程序,还是不可运行。编译过程中会检查、提示语法错误,编译成功才可进入下一步。

3. 连接

VC 中称此过程为"组建",在此过程中将源程序和源程序调用的所有系统函数,如 printf() 函数进行连接,生成扩展名为".exe"的二进制目标文件,此二进制文件是可运行的。如果函数名写错,会使"组建"失败,检查修改代码后需要重新编译、连接,组建成功才可进入下一步。

4. 运行程序

运行".exe"文件,得到程序运行结果,检查运行结果是否符合要求。如果不符合要求,需要编辑修改源程序,然后再次进行编译、连接,重复此过程直到运行结果符合要求。

1.7　集成开发工具

程序的集成开发工具是一个经过整合的软件系统,它将编辑器、编译器、连接器等整合到一起,让编程过程更方便。

有很多适合 C 语言的集成开发工具,这些工具各有特点和适合的运行环境,可以根据需要进行选择。几种常用 C 语言集成开发工具介绍如表 1-5 所示。

有些集成开发工具不仅适合开发 C 语言程序,还适合开发 C++程序。起初,这些既能开发 C 程序,也能开发 C++语言程序的集成开发工具,并不是为 C 语言而写的,而是为 C++写的,但是因为 C++是建立在 C 语言的基础之上,C 语言的基本表达式、基本结构和基本语法等同样适合于 C++。因此,这些集成开发工具也能开发 C 语言程序。

表 1-5　几种常用的 C 语言集成开发工具

开发工具	运行环境	各工具差异	基本特点
Turbo C	DOS	只能开发 C 程序，不能开发 C++语言程序	（1）符合标准 C （2）各系统具有一些扩充内容 （3）能开发 C 语言程序
Borland C	DOS		
Microsoft C	DOS		
Visual C++	Windows	不仅能开发 C 程序，还能开发 C++语言程序（集程序编辑、编译、连接、调试、运行于一体）	
Dev C++	Windows		
Borland C++	DOS、Windows		
C++Builder	Windows		
Gcc	Linux		

目前，Microsoft Visual C++是全国计算机等级考试指定环境，这里以 Microsoft Visual C++ 6.0（VC++ 6.0）为例，介绍一下编程过程。

1. 新建文本文件

运行 VC 6.0，单击工具栏上的"新建"按钮，新建一个空白文档，第一个文档默认名字为 Text1，在此窗口中写代码，如图 1-2 所示。

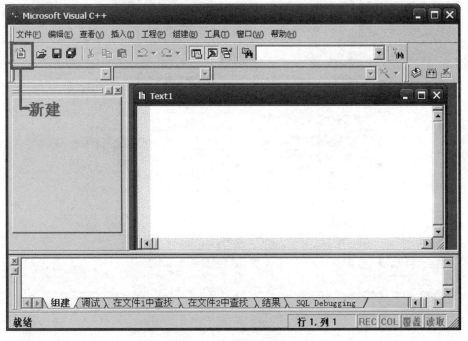

图 1-2　新建空白文档

2. 保存代码

在编辑窗口输入代码，单击"保存"按钮，选择文件存储位置，输入程序文件名字，文件名需要符合标识符命名规则，文件扩展名必须是".c"，如图 1-3 和图 1-4 所示。

3. 编译

如图 1-5 所示，在"组建"菜单中选择"编译"子菜单，进行程序编译。这个过程将源程序转换成二进制目标程序，扩展名为".obj"，此程序仅为中间过渡程序，还是不可运行。编译

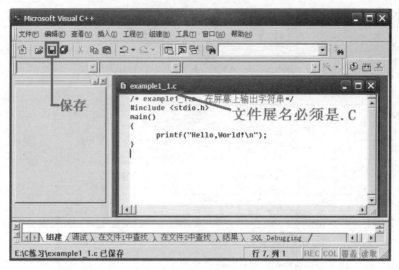

图 1-3　保存后

图 1-4　保存窗口

图 1-5　编译

过程中会检查、提示语法错误,双击图 1-5 中的错误提示(蓝色底纹文字)可以将光标定位到错误行附近。编译成功才可进入下一步。

4. 创建工作区

第一次编译时会弹出询问是否创建工作区的对话框,选择"是",如图 1-6 所示。

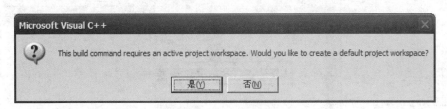

图 1-6 创建工作区

5. 组建(连接)

编译成功后才能进行"组建"。如图 1-7 所示,"组建"也就是"连接"操作,在此过程中将编译生成的.obj 文件和程序调用的头文件进行连接,生成扩展名为".exe"的二进制文件,此文件可以独立运行。

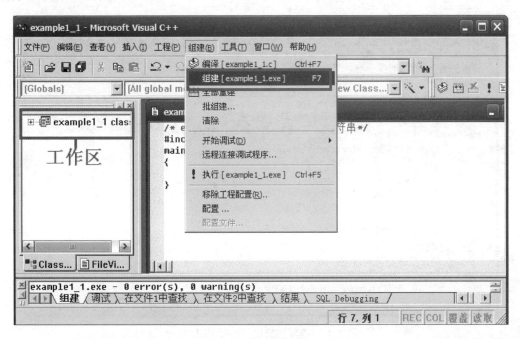

图 1-7 组建(连接)

组建过程也可能会报错,但无法双击错误提示定位到代码行,需要根据提示自行查找错误代码。组建可以找出函数名字错误,组建成功才可以进入下一步。

6. 执行(运行)

组建成功可以运行程序,如图 1-8 所示。如果运行效果不符合预期,需要修改代码,并重新进行"编译"和"组建"。

"编译""组建""运行"三个步骤也可以通过直接单击工具栏上相应的按钮来完成,如图 1-9 所示。

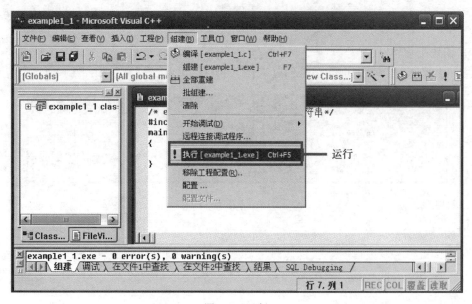

图 1-8 运行

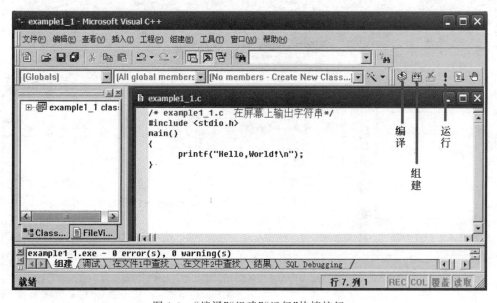

图 1-9 "编译""组建""运行"快捷按钮

本 章 小 结

程序设计语言一般分为机器语言、汇编语言、高级语言三类,前两类都属于低级语言,用它们编写的程序通用性差。

C 语言是高级语言,它既具有高级语言的特性,又不失低级语言的好处,优点远远多于缺点,是编程语言中的常青树。要想学好 C 语言,必须"多上机,多编程,多思考"。

C 语言程序可由 6 个部分组成:文件包含部分、预处理部分、变量说明部分、函数原型声明部分、主函数部分、自定义函数部分。但不是每一个C语言程序都包含有上面6个部分,最简单的C语言程序只有文件包含和主函数部分。

C语言源程序必须经过"编译""连接(组建)"之后,转换为二进制目标程序,才可以运行。

适合C语言的集成开发工具很多,各有特点和适合的运行环境,根据需要进行选择。目前全国计算机等级考试指定环境是Microsoft Visual C++ 2010。

习　　题

一、选择题

1. 计算机高级语言程序的运行方法有编译运行和解释运行两种,以下叙述正确的是(　　)。

　　A. C语言程序仅可以编译运行

　　B. C语言程序仅可以解释运行

　　C. C语言程序既可以编译运行又可以解释运行

　　D. 以上都不对

2. C语言程序名的后缀是(　　)。

　　A. .exe　　　　　　B. .c　　　　　　C. .obj　　　　　　D. .cp

3. 一个C程序的运行是从(　　)。

　　A. 本程序的main()函数开始,到main()函数结束

　　B. 本程序文件的第一个函数开始,到本程序文件的最后一个函数结束

　　C. 本程序的main()函数开始,到本程序文件的最后一个函数结束

　　D. 本程序文件的第一个函数开始,到本程序main()函数结束

4. 以下说法中正确的是(　　)。

　　A. C语言程序总是从第一个定义的函数开始运行

　　B. 在C语言程序中,要调用的函数必须在main()函数中定义

　　C. C语言程序总是从main()函数开始运行

　　D. C语言程序中的main()函数必须放在程序的开始部分

5. 组成C语言程序的是(　　)。

　　A. 子程序　　　　　　　　　　B. 过程

　　C. 函数　　　　　　　　　　　D. 主程序和子程序

6. C语言规定:在一个源程序中,main()函数的位置(　　)。

　　A. 必须在程序的开头　　　　　B. 必须在系统调用的库函数的后面

　　C. 可以在程序的任意位置　　　D. 必须在程序的最后

7. C语言编译程序是(　　)。

　　A. 将C源程序编译成目标程序的程序　　B. 一组机器语言指令

　　C. 将C源程序编译成应用软件　　　　　D. C程序的机器语言版本

8. 要把高级语言编写的源程序转换为目标程序,需要使用(　　)。

　　A. 编辑程序　　　B. 驱动程序　　　C. 诊断程序　　　D. 编译程序

9. 以下叙述中正确的是(　　)。
   A. C语言比其他语言高级
   B. C语言可以不用编译就能被计算机识别运行
   C. C语言以接近英语国家的自然语言和数学语言作为语言的表达形式
   D. C语言出现得最晚,具有其他语言的一切优点
10. 以下叙述中正确的是(　　)。
    A. C语言的源程序不必通过编译就可以直接运行
    B. C语言中的每条可运行语句最终都将被转换成二进制的机器指令
    C. C语言源程序经编译形成的二进制代码可以直接运行
    D. C语言中的函数不可以单独进行编译
11. 用C语言编写的代码程序(　　)。
    A. 可立即运行   B. 是一个源程序
    C. 经过编译即可运行   D. 经过编译解释才能运行

二、填空题

1. 应用程序ONEFUNC.C中只有一个函数,这个函数的名称是(　　)。
2. 一个函数由(　　)和(　　)两部分组成。
3. 通过文字编辑建立的源程序文件的扩展名是(　　);编译后生成目标程序文件的扩展名是(　　);连接后生成可运行程序文件的扩展名是(　　)。
4. C语言程序的基本单位或者模块是(　　)。
5. C语言程序的语句结束符是(　　)。
6. 编写一个C语言程序上机运行,需要经过四步,依次为(　　)。

第 2 章 信息在计算机中的表示

学习目标
- 理解比特与进制的概念;
- 掌握常用进制数之间的转换方法和二进制数加减法运算;
- 了解信息在计算机中的表示方法;
- 了解各种整型和浮点型数据在计算机中存储的方法。

2.1 比特与数的进制

所有可以在计算机中存储的信息都是计算机能处理的信息,包括数字、文字、图像、声音、视频等,这些信息在计算机中都以"0""1"的二进制形式存储。

2.1.1 比特

比特(binary digit,bit)中文翻译为"二进位"或简称为"位",比特只有两种取值:0 和 1,一般无大小之分。

如同原子是物质的最小组成单位一样,比特(位)是组成数字信息的最小单位,数字、文字、符号、图像、声音、命令等都可以使用比特表示。

字节(byte)也是计算机存储器容量的计量单位。比特用小写 b 表示,字节用大写 B 表示,1 字节=8 比特(1B=8b)。常用字节单位如下。

千字节 KB: $1KB=2^{10}$ 字节=1024B。
兆字节 MB: $1MB=2^{20}$ 字节=1024KB。
千兆字节 GB: $1GB=2^{30}$ 字节=1024MB。
兆兆字节 TB: $1TB=2^{40}$ 字节=1024GB。

2.1.2 数的进制

"数"有不同的表示方法。日常生活中常使用十进制数,计算机使用二进制数,程序员还使用八进制数和十六进制数。

1. 十进制数

每一位可使用 10 个不同数字表示(0、1、2、3、4、5、6、7、8、9)。
十进制的基数是 10。
低位与高位的关系:逢 10 进 1。
各位的权值是 10 的整数次幂。

【例 2-1】 对十进制数 264.96 进行加权计算的过程如图 2-1 所示。

2. 二进制数

每一位使用两个不同数字表示(0、1)。

二进制的基数是 2。

每一位使用 1 比特表示。

低位与高位的关系：逢 2 进 1。

各位的权值是 2 的整数次幂。

【例 2-2】 对二进制数 101.01 进行加权计算得到十进制数 5.25 的过程如图 2-2 所示。

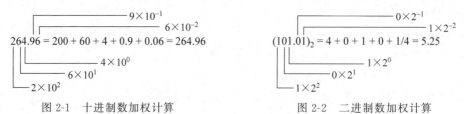

图 2-1　十进制数加权计算　　　　图 2-2　二进制数加权计算

3. 八进制数

每一位使用 8 个不同数字表示(0、1、2、3、4、5、6、7)。

八进制的基数是 8。

低位与高位的关系：逢 8 进 1。

各位的权值是 8 的整数次幂。

【例 2-3】 对八进制数 365.2 进行加权计算得到十进制数 245.25 的过程如图 2-3 所示。

4. 十六进制数

每一位使用 16 个数字和符号表示(0、1、2、3、4、5、6、7、8、9、A、B、C、D、E、F)。

十六进制的基数是 16。

低位与高位的关系：逢 16 进 1。

各位的权值是 16 的整数次幂。

【例 2-4】 对十六进制数 F5.4 加权计算得到十进制数 245.25 的过程如图 2-4 所示。

图 2-3　八进制数加权计算　　　　图 2-4　十六进制数加权计算

不同进制数的比较如表 2-1 所示。

表 2-1　不同进制数的比较

十 进 制 数	二 进 制 数	八 进 制 数	十六进制数
0	0	0	0
1	1	1	1
2	10	2	2

续表

十进制数	二进制数	八进制数	十六进制数
3	11	3	3
4	100	4	4
5	101	5	5
6	110	6	6
7	111	7	7
8	1000	10	8
9	1001	11	9
10	1010	12	A
11	1011	13	B
12	1100	14	C
13	1101	15	D
14	1110	16	E
15	1111	17	F

2.2 进制转换

在学习 C 语言之前，我们有必要了解不同进制数之间是如何进行转换的。

2.2.1 二进制数与十进制数之间的转换

十进制数转换为二进制数转换方法：整数和小数分开转换，整数部分除以 2 逆序取余，小数部分乘以 2 顺序取整。

【例 2-5】 十进制数 29.6875 转换为二进制数 11101.1011 的转换过程如图 2-5 所示。

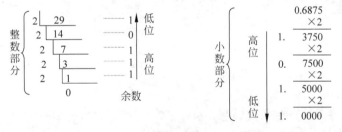

图 2-5 十进制数转换为二进制数

提示：十进制小数转换二进制小数有时会出现无穷小数，这时只能取近似值，如 0.63→$(0.1010\ 0001\ldots)_2$。

二进制数转换为十进制数转换方法：二进制数的每一位乘以其相应的权值，然后累加即可得到它的十进制数值。

【例 2-6】 二进制数 11101.1011 转换为十进制数 29.6875 的转换过程如下。

$(11101.1011)_2$
$= 1\times 2^4 + 1\times 2^3 + 1\times 2^2 + 0\times 2^1 + 1\times 2^0 + 1\times 2^{-1} + 0\times 2^{-2} + 1\times 2^{-3} + 1\times 2^{-4}$
$= 16 + 8 + 4 + 0 + 1 + 0.5 + 0 + 0.125 + 0.0625$
$= 29.6875$

为了快速进行进制转换,记住一些 2^n 的值和常用二进制小数的值很有用,如表 2-2 所示。

$2^1=2$	$2^7=128$	$2^{13}=8192$	$2^{30}=1G$
$2^2=4$	$2^8=256$	$2^{14}=16384$	$2^{40}=1T$
$2^3=8$	$2^9=512$	$2^{15}=32768$	$2^{50}=1P$
$2^4=16$	$2^{10}=1024=1K$	$2^{16}=65536$	$2^{60}=1E$
$2^5=32$	$2^{11}=2048$	$2^{20}=1M$	$2^{70}=1Z$
$2^6=64$	$2^{12}=4096$		

表 2-2 常用二进制小数

二 进 制 数	十 进 制 数	二 进 制 数	十 进 制 数
0.1	0.5	0.011	0.375
0.01	0.25	0.101	0.625
0.11	0.75	0.111	0.875
0.001	0.125		

2.2.2 二进制数与八进制数之间的转换

八进制数与二进制数的对应关系如表 2-3 所示。

表 2-3 八进制数与二进制数的对应关系

八 进 制 数	二 进 制 数	八 进 制 数	二 进 制 数
0	000	4	100
1	001	5	101
2	010	6	110
3	011	7	111

八进制数转换为二进制数的转换方法:把每一个八进制数改写成等值的 3 位二进制数,且保持高低位的次序不变。

二进制数转换为八进制数的转换方法:整数部分从低位向高位每 3 位用一个等值的八进制数来替换,不足 3 位时在高位补 0;小数部分从高位向低位每 3 位用一个等值八进制数来替换,不足 3 位时在低位补 0。

【例 2-7】 将八进制数 2467.32 转换为二进制数。

(2　4　6　7 . 3　2)$_8$
=(010 100 110 111 . 011 010)$_2$

【例 2-8】 将二进制数 1101001110.11001 转换为八进制数。

(1　101 001 110.110 01)$_2$
=(001 101 001 110.110 010)$_2$
=(1　5　1　6 . 6　2)$_8$

2.2.3 二进制数与十六进制数之间的转换

十六进制数与二进制数的对应关系如表 2-4 所示。

表 2-4 十六进制数与二进制数的对应关系

十六进制数	二 进 制 数	十六进制数	二 进 制 数
0	0000	8	1000
1	0001	9	1001
2	0010	A	1010
3	0011	B	1011
4	0100	C	1100
5	0101	D	1101
6	0110	E	1110
7	0111	F	1111

十六进制数转换为二进制数的转换方法：把每一个十六进制数改写成等值的 4 位二进制数，且保持高低位的次序不变。

二进制数转换为十六进制数的转换方法：整数部分从低位向高位每 4 位用一个等值的十六进制数来替换，不足 4 位时在高位补 0；小数部分从高位向低位每 4 位用一个等值十六进制数来替换，不足 4 位时在低位补 0。

【例 2-9】 将十六进制数 35A2.CF 转换为二进制数。

（ 3　　5　　A　　2 .　C　　F ）$_{16}$
=(11　0101　1010　0010.1100　1111)$_2$

【例 2-10】 将二进制数 1101001110.110011 转换为十六进制数。

（ 11 0100 1110.1100 11)$_2$
=(0011 0100 1110.1100 1100)$_2$
=(3　　4　　E .　C　　C)$_{16}$

提示：将二进制数转换为十六进制数时，小数部分一组不足 4 位时必须在低位补 0，否则结果会出现错误；整数部分一组不足 4 位时高位 0 可以不补，因为高位是否补 0 不影响结果。将二进制数转换为八进制数时，也要同样注意这个问题。

2.3 信息在计算机中的表示

所有信息在计算机中都是以二进制代码的形式存储，不管是数字、字母、符号、汉字，还是图片、声音等。

2.3.1 文字符号在计算机中的表示

日常使用的书面文字由一系列称为"字符"(character)的书写符号所构成，计算机中常用字符集合称为"字符集"，包括西文字符集和中文(汉字)字符集。

最常用的西文字符集是 ASCII(American Standard Code for Information Interchange) 字符集，ASCII 字符集包含 96 个可打印字符和 32 个控制字符，每个字符采用 7 个二进位进行编码,计算机中实际使用1字节(8位)存储1个ASCII字符。因此,标准ASCII码最高位为0。表2-5为ASCII码对照表,显示了每个字符对应的二进制和十六进制ASCII码。

表2-5 ASCII码对照表

		高三位编码							
	十六进制	0	1	2	3	4	5	6	7
	二进制	000	001	010	011	100	101	110	111
低四位编码	0 0000	NUL	DLE	SP	0	@	P	`	p
	1 0001	SOH	DC1	!	1	A	Q	a	q
	2 0010	STX	DC2	"	2	B	R	b	r
	3 0011	ETX	DC3	#	3	C	S	c	s
	4 0100	EOT	DC4	$	4	D	T	d	t
	5 0101	ENQ	NAK	%	5	E	U	e	u
	6 0110	ACK	SYN	&	6	F	V	f	v
	7 0111	BEL	ETB	'	7	G	W	g	w
	8 1000	BS	CAN	(	8	H	X	h	x
	9 1001	HT	EM	)	9	I	Y	i	y
	A 1010	LF	SUB	*	:	J	Z	j	z
	B 1011	VT	ESC	+	;	K	[	k	{
	C 1100	FF	FS	,	<	L	\	l	|
	D 1101	CR	GS	-	=	M	]	m	}
	E 1110	SO	RS	.	>	N	^	n	~
	F 1111	SI	US	/	?	O	_	o	DEL

数字0的二进制ASCII码高三位为011,低四位为0000。因此,数字0的二进制ASCII码为0110000,十六进制ASCII码为30,十进制ASCII码为48。

大写字母A的二进制ASCII码高三位为100,低四位为0001。因此,大写字母A的二进制ASCII码为1000001,十六进制ASCII码为41,十进制ASCII码为65。

小写字母a的二进制ASCII码高三位为110,低四位为0001。因此,小写字母a的二进制ASCII码为1100001,十六进制ASCII码为61,十进制ASCII码为97。

C语言中字符型和整数型可以互换,记住几个常用ASCII码很有必要。

2.3.2 汉字在计算机中的表示

正如每个西文字符都有一个唯一的ASCII码一样,每个汉字也有唯一的编码。但汉字的特点是:数量大,字形复杂,同音字多,异体字多。

常用的汉字编码字符集有国家标准GB 2312、汉字扩充规范GBK(已被GB 18030取代)、国家标准GB 18030、港澳台使用的汉字编码字符集BIG 5(俗称"大五码")、UCS/Unicode多文种大字符集。其中GB开头的是我国标准编码,编码保持向下兼容,UCS/Unicode是国际通用的编码,与我国GB编码不兼容。几种汉字编码的对比如表2-6所示。

GB 2312编码中每一个汉字使用2字节16位表示,为了与ASCII码相区别,每个字节的最高位均为"1",如图2-6所示。

例如,"南"字的编码是11000100 11001111(十六进制表示为C4CF)。

表 2-6 几种汉字编码的对比

标准名称	GB2312	GBK	GB18030	UCS-2(Unicode)
字符集	6763 个汉字（简体字）	21003 个汉字（包括 GB 2312 汉字在内）	近 3 万个汉字（包括 GBK 汉字和 CJKV 及其扩充中的汉字）	包含近 11 万个字符，其中的汉字与 GB 18030 相同
编码方法	双字节存储和表示，每个字节的最高位均为"1"	双字节存储和表示，第 1 个字节的最高位必为"1"	部分双字节、部分 4 字节表示，双字节表示方案与 GBK 相同	UTF-8 采用单字节可变长编码 UTF-16 采用双字节可变长编码
兼容性	←──────── 编码保持向下兼容 ────────→			编码不兼容！

图 2-6 GB 2312 编码示意

2.3.3 定点数和浮点数在计算机中的表示

计算机中的数经常用定点数或浮点数表示。定点数是指小数点位置固定的数，整数或纯小数通常是用定点数表示，分别称为定点整数和定点纯小数；浮点数的小数点位置是不固定的，可以浮动。例如 123、578、0.123、0.0012 是定点数，158.19、34.56、1357.2468 是浮点数。

不论是定点数还是浮点数，在计算机中存储时，小数点都不单独占位数。对于既有整数部分又有小数部分的，一般用浮点数表示。

对于定点整数，小数点的位置默认在数值最低位的右边。计算机中表示定点整数的大小范围并不是任意的，它与计算机的字长有关，还与程序语言的实现环境有关。例如 123、578、9876 都是定点整数。

对于定点纯小数，小数点的位置固定在符号位与最高数值位之间。定点纯小数所能表示数的范围不大，并不能满足实际问题需要。定点纯小数的精度同样与计算机的字长有关，还与程序语言的实现环境有关。例如 0.123、0.0012、-0.135 等均为定点纯小数。

对于浮点数，因为既有整数部分又有小数部分，所以能表示的数值范围更大，用途更广。在浮点数的表示中，小数点的位置是可以浮动的。例如，12.345 就是一个浮点数，它还可以表示成 12345×10^{-3}、1234.5×10^{-2}、1.2345×10、0.1235×10^2 等。

在大多数计算机中，存储浮点数时，都会把浮点数转换为两个部分：整数部分和纯小数部分，如计算机中存储 12.345 时，会把整数部分数值和纯小数部分数值分别转换成二进制数进行存储。

2.4 整数的二进制表示

整数又分为无符号整数和有符号整数两种。

2.4.1 无符号整数

无符号整数只表示 0 和正整数，无须符号位，所有位都是数值位，取值范围由位数决定。

1. 1字节(8位)的无符号整数

最小值是8个0,最大值是8个1,可表示0~255(2^8-1)范围内的所有正整数,如表2-7所示。

表2-7 1字节无符号整数

十 进 制 数	8位无符号整数	十 进 制 数	8位无符号整数
0	00000000	…	…
1	00000001	252	11111100
2	00000010	253	11111101
3	00000011	254	11111110
4	00000100	255	11111111
5	00000101		

2. 2字节(16位)的无符号整数

最小值是16个0,最大值是16个1,可表示0~65535($2^{16}-1$)范围内的所有正整数。

3. 4字节(32位)的无符号整数

最小值是32个0,最大值是32个1,可表示0~4294967295($2^{32}-1$)范围内的所有正整数。

很显然,无符号整数所能表示的数值范围由位数n决定,最大值是2的n次方减1。

不管是几进制,规则都一样,最大值是基数的位数次方减1。进制不同则基数不同。表2-8对照了十进制和二进制整数位数与数值的关系和表示范围,通过常用的十进制数,可以让我们更好地理解二进制数。

表2-8 十进制与二进制整数的表示范围对比

十 进 制 数			二 进 制 数		
位数	可表示数的数目	可表示的最大数	位数	可表示数的数目	可表示的最大数
2位	$10^2=100$	99	4位	$2^4=16$	1111=15
3位	$10^3=1000$	999	8位	$2^8=256$	11111111=255
4位	$10^4=10000$	9999	16位	$2^{16}=65536$	11…111=65535
5位	$10^5=100000$	99999	32位	$2^{32}=4294967296$	11…111=$2^{32}-1$
6位	$10^6=1000000$	999999	64位	$2^{64}=18446744073709551616$	11…111=$2^{64}-1$

2.4.2 有符号整数

有符号的整数既可以表示正整数,也可以表示负整数,最高位作为符号位,其他位为数值位,如图2-7所示。

图2-7 有符号整数的表示方法

符号用最高位表示:"0"表示正号(+),"1"表示负号(-)。

数值部分有两种表示方法。

(1) 原码表示:不管正数还是负数,都是以绝对值二进制自然码表示。

(2) 补码表示:正整数和负整数采用不同的方式。

  正整数:以二进制自然码表示。

  负整数:使用补码表示。

绝大多数计算中存储负数都是以补码的形式存储。

"原码"到"补码"转换规则:符号位不变,数值位取反加1。

1. 1字节(8位)的有符号整数

如:正数8在计算机中存储原码是0000 1000。

负数-8在计算机中存储,只是把符号位变为1,其他为原码,存储为1000 1000吗?答案是否定的,实际存储的是1111 1000,是补码。

-8的"原码"到"补码"的转换过程为:

1000 1000   //-8的原码

1111 0111   //符号位不变,数值位取反

1111 1000   //符号位不变,数值位+1,变为补码

提示:有符号的整数会出现正0和负0的现象,即0000 0000和1000 0000,为了不浪费存储空间,规定"正零"(0000 0000)表示数字0,"负零"(1000 0000)表示-128(-2^7)。

2. 2字节(16位)的有符号整数

如:0000 0000 1000 0011,其最高位为0,表示正数,转换为十进制数是:$2^7+2^1+2^0=$ 128+2+1=131。

1111 1111 1000 0011,其最高位为1,表示负数,负数为补码存储,需要先转换为原码,然后再转换为十进制数,转换过程为:

1111 1111 1000 0011   //补码

1111 1111 1000 0010   //符号位不变,数值位减1

1000 0000 0111 1101   //符号位不变,数值位取反,变为原码

$(1000\ 0000\ 0111\ 1101)_2 = -(2^6+2^5+2^4+2^3+2^2+2^0)_{10}$

$\qquad\qquad\qquad\qquad\quad = -(64+32+16+8+4+1)_{10}$

$\qquad\qquad\qquad\qquad\quad = -125$

提示:2字节(16位)的有符号整数,"负零"(1000 0000 0000 0000)表示-32768(-2^{15})。两个字节可表示有符号整数范围就是-32768(-2^{15})到32767($2^{15}-1$)。4字节可表示有符号整数范围就是-2^{31}到$2^{31}-1$,最小值为2的数值位数次方取负数,最大值为2的数值位数次方减1。

计算机中存储的整数有多种类型。同一个二进制代码表示不同类型的整数时,其数值可能不同,一个代码到底代表哪种整数(或其他),是由指令决定的。表2-9中以8位二进制码为例,比较该数表示无符号整数、有符号整数的原码和有符号整数的补码时分别表示什么数。

表 2-9 三种整数的比较

8 位二进制码	表示无符号整数的数值	表示带符号整数（原码）的数值	表示带符号整数（补码）的值
0000 0000	0	0	0
0000 0001	1	1	1
...	...	...	...
0111 1111	127	127	127
1000 0000	128	−0	−128
1000 0001	129	−1	−127
...	...	...	...
1111 1111	255	−127	−1

表 2-10 中比较了以不同字节存储有符号整数和无符号整数时所能表示的数值范围。

表 2-10 有符号整数和无符号整数的比较

字节数	有符号整数		无符号整数	
	最小值	最大值	最小值	最大值
1	$-128(-2^7)$	$+127(2^7-1)$	0	$255(2^8-1)$
2	$-32768(-2^{15})$	$+32767(2^{15}-1)$	0	$65535(2^{16}-1)$
4	$-2147483648(-2^{31})$	$+2147483647(2^{31}-1)$	0	$4294967295(2^{32}-1)$

2.5 浮点数的二进制表示

浮点数分为单精度浮点数和双精度浮点数两种，单精度浮点数占 4 字节(32 位)，双精度浮点数占 8 字节(64 位)。

计算机中存储浮点数时，要先将十进制浮点数进行转换后再存储，步骤如下。

(1) 将浮点数分为整数部分和纯小数部分。

(2) 将整数部分和纯小数部分分别转换为二进制数。整数部分除以 2，逆序取余，小数部分乘以 2，顺序取整。

(3) 转换为用二进制数的科学计数法表示，表示的形式为：$(-1)^S \times 2^e \times m$。

其中，S 是符号位，正数为 0，负数为 1；

e 是阶码值，代表浮点数的取值范围；

m 是尾数，代表浮点数的精度。

(4) 计算机中实际存储的是 S 和变换后的 e 和 m。因为单精度浮点数和双精度浮点数所占字节不同，所以存储浮点数的取值范围不同。

回顾：十进制浮点数的科学计数法表示形式为 $a \times 10^n (1 \leqslant |a| < 10$，n 为整数)。从而知道二进制数 m 的取值范围为 $1 \leqslant m < 2$。

2.5.1 单精度浮点数

单精度浮点数占 4 字节(32 位),按位存储方式如图 2-8 所示。

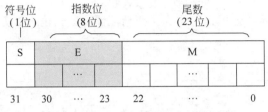

图 2-8 单精度浮点数按位存储分配图

其中:S 代表符号位,占 1 位。

E 称为"移码",占 8 位。大写 E 是由小写 e 变化而来,大写 E 的取值范围为 0~255,E=127+e,因此,小写 e 的取值范围为 -127~+128。

M 代表有效位数或称为"小数",占 23 位。大写 M 是由小写 m 变化而来,大写 M 是小写 m 小数点后面的数值,即 $m_2=(1.M)_2$。

【例 2-11】 十进制数 58.625 在计算机中的存储方式。

第一步:将 58.625 转换为二进制数的科学计数法。

$$(58.625)_{10}=(111010.101)_2=(2^5\times1.11010101)_2$$

第二步:确定大写 S、小写 e、小写 m 的数值。

符号位 S=0; 阶码 e=5; 尾数 $m=(1.11010101)_2$

第三步:计算大写 E 和大写 M 的数值。

$E=127+5=132=(10000100)_2$; $M=(11010101)_2$

第四步:不足位数的在前面补 0,最后 58.625 在计算机中的存储方式如图 2-9 所示。

0	1	0	0	0	0	1	0	0	0	0	0	0	0	0	0	0	0	0	0	0	0	0	1	1	0	1	0	1	0	1
S	E (8 位)								M (23 位)																					

图 2-9 十进制数 58.625 的存储方式

【例 2-12】 十进制数 -58.625 在计算机中的存储方式。

$$(-58.625)_{10}=(-111010.101)_2=((-1)^1\times2^5\times1.11010101)_2$$

因此:符号位 S=1;阶码和尾数与 58.625 相同,e=5;$m=(1.11010101)_2$。

同样:$E=127+5=132=(10000100)_2$;$M=(11010101)_2$。

说明:58.625 与 -58.625 只是 S 符号位不同,E 和 M 值相同。

【例 2-13】 十进制数 0.625 在计算机中的存储方式。

$$(0.625)_{10}=(0.101)_2=(2^{-1}\times1.01)_2$$

因此:符号位 S=0;阶码 e=-1;尾数 $m=(1.01)_2$。

同样:$E=127-1=126=(111\ 1110)_2$;$M=(01)_2$。

【例 2-14】 十进制数 -0.625 在计算机中的存储方式。

$$(-0.625)_{10}=(-0.101)_2$$

因此:符号位 S=1;阶码和尾数与 0.625 相同,e=-1;$m=(1.01)_2$。

同样:$E=127-1=126=(111\ 1110)_2$;$M=(01)_2$。

说明：0.625 与 -0.625 只是符号位不同，E 和 M 值相同。

2.5.2 双精度浮点数

双精度浮点数占 8 字节（64 位），存储方式与单精度浮点数的区别是大写 E 和大写 M 占的位数增大，所以表示数值的范围更大。双精度浮点数按位存储方式如图 2-10 所示。

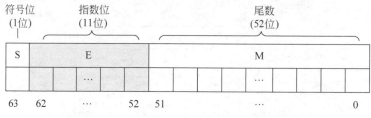

图 2-10 双精度浮点数按位存储分配图

其中：S 代表符号位，占 1 位。

E 称为"移码"，占 11 位（单精度浮点数占 8 位）。大写 E 的取值范围为 $0 \sim 2047$，$E = 1023 + e$，因此，e 的取值范围为 $-1023 \sim +1024$。

M 代表有效位数或称为"小数"，占 52 位（单精度浮点数占 23 位），$m_2 = (1.M)_2$。

单精度和双精度浮点数的取值范围如表 2-11 所示。

表 2-11 浮点型数的取值范围

数 据 类 型	字节数（位数）	阶码 e 取值范围	最 小 值	最 大 值
单精度浮点数	4 字节（32 位）	$-127 \sim 128$	$\pm 5.877\,472 \times 10^{-39}$	$\pm 3.402\,824 \times 10^{38}$
双精度浮点数	8 字节（64 位）	$-1023 \sim 1024$	$\pm 1.112\,537 \times 10^{-308}$	$\pm 1.797\,693 \times 10^{308}$

2.6 二进制数加减法运算

2.6.1 二进制数加法

我们知道十进制数 $999+1=1000$，因为十进制数逢 10 进 1，而二进制数是逢 2 进 1，所以二进制数 $(111)_2 + 1 = (1000)_2$，计算过程如图 2-11 所示。

2.6.2 二进制数减法

同样以 3 位数字为例，我们知道 3 位十进制数能表示的最大数是 999，等于 $10^3 - 1$（基数的位数次方 -1），$10^3 - 1 = 1000 - 1 = 999$，同理，3 位二进制数的最大值就是 $2^3 - 1 = (1000)_2 - 1 = (111)_2$。

二进制数运算和十进制数运算原理是一样的，不够减到前面借位，借来一位代表 2（十进制数借来一位代表 10），二进制数 $(1000)_2 - 1$ 计算过程如图 2-12 所示。

图 2-11 二进制数加法　　　　　　　　图 2-12 二进制数减法

不管几进制,加减法原理都相同,二进制数加法逢 2 进 1,二进制数减法借 1 代表 2,其他进制也类似。

本 章 小 结

比特(位)只有 0 和 1 两个符号,比特不仅能表示"数",而且能表示文字、符号、图像、声音等。因此,在计算机中可以毫不费力地组合各类信息,开发"多媒体"应用。

字节也是计算机存储器容量的计量单位,1 字节(B)= 8 比特(b)。

二进制数与十进制数、八进制数、十六进制数之间经常需要互换。十进制数转换为二进制数方法:整数部分除以 2 逆序取余,小数部分乘以 2 顺序取整,出现无穷小数取近似值。二进制数转换为十进制数方法:二进制数的每一位乘以其相应的权值累加。

1 位八进制数对应 3 位二进制数,1 位十六进制数对应 4 位二进制数。

整数分为无符号和有符号两种。负整数一般用补码表示,"原码"到"补码"转换规则:符号位不变,数值位取反加 1。

浮点数分为单精度浮点数(占 4 字节,32 位)和双精度浮点数(占 8 字节,64 位)两种。

字符型数据以 ASCII 码存储,用 1 字节存储一个字符,第一位固定为 0;汉字编码有多种,多数用 2 字节存储一个汉字,第一位固定为 1。

习　　题

一、选择题

1. 在计算机中,1 字节所包含二进制位的个数是(　　)。
   A. 8　　　　　　B. 18　　　　　　C. 28　　　　　　D. 38
2. 下列关于比特的叙述错误的是(　　)。
   A. 比特的英文是 byte
   B. 计算机中的文字、图像、声音等多种不同形式的信息都可以用比特表示
   C. 比特是组成数字信息的最小单位
   D. 比特需要使用具有两个状态的物理器件来表示和存储
3. 在下列选项中数值相等的一组数是(　　)。
   A. 十进制数 54020 与八进制数 54732
   B. 八进制数 13657 与二进制数 1011110101111
   C. 十六进制数 F429 与二进制数 1011010000101101
   D. 八进制数 7324 与十六进制数 B93
4. 所谓"变号操作",是指将一个整数变成绝对值相同但符号相反的另一个整数。现有用补码表示的 8 位整数 X=10010101,则经过变号操作后结果为(　　)。
   A. 01101010　　　　　　　　　　　B. 00010101
   C. 11101010　　　　　　　　　　　D. 01101011
5. 下列有关计算机中文本与文本处理的叙述错误的是(　　)。
   A. 西文字符主要采用 ASCII 字符集,基本 ASCII 字符集共有 256 个字符

B. 我国最早采用的汉字字符集是 GB 2312,包含 6000 多个汉字和若干个非汉字字符

C. 无论采用何种方式输入汉字,在计算机中保存时均采用统一的汉字内码

D. 简单文本和丰富格式文本中字符信息的表示相同,区别在于格式信息的表示

6. 在下列字符编码标准中,能实现全球不同语言文字统一编码的国际编码标准是(　　)。

　　A. ASCII　　　　　　　　　　B. GBK

　　C. UCS Unicode　　　　　　　D. BIG5

7. 某计算机系统中,西文使用标准 ASCII 码,汉字使用 GB 2312 编码。设用一段纯文本,其机内码为 CB F5 D0 B4 50 43 CA C7 D6 B8,则在这段文本中含有(　　)。

　　A. 2 个汉字和 1 个西文字符　　　B. 4 个汉字和 2 个西文字符

　　C. 8 个汉字和 2 个西文字符　　　D. 4 个汉字和 1 个西文字符

8. 下列关于字符编码标准的叙述错误的是(　　)。

　　A. 在 ASCII 标准中,每个字符采用 7 位二进制编码

　　B. 在绝大多数情况下,GB 2312 字符集包含的 1 万多个汉字足够使用

　　C. Unicode 字符集既包含简体汉字,也包含繁体汉字

　　D. 中文版 Windows XP 及其后的 Windows 系列操作系统均支持国标 GB 18030

二、填空题

1. 在 C 语言中,double 类型数据占(　　)字节;char 类型数据占(　　)字节。

2. 设 C 语言中,如果 int 类型数据占 2 字节,则 long 类型数据占(　　)字节,unsigned int 类型数据占(　　)字节,short 类型数据占(　　)字节。

3. 负数在计算机中以(　　)形式表示。

4. 十进制数 −31 使用 8 位(包括符号位)补码表示时,其二进制编码形式为(　　)。

5. 有 1 字节的二进制编码为 11111111,如将其作为带符号整数的补码,它所表示的整数值为(　　)。

6. 计算机能够直接处理的信息使用的计数制是(　　)进制。

7. 将十进制数 85.25 转换成二进制数表示,其结果是(　　)。

8. 十进制数 88.5 的八进制数表示为(　　)。

9. 10 位补码可表示的整数的数值范围是(　　)~(　　)。

10. 假设二进制代码为 11111001,如将其作为带符号整数的补码,它所表示的整数值为(　　)。

11. 在计算机系统中,处理、存储和传输信息的最小单位是(　　)。

第 3 章　C 语言基本程序语句

学习目标

- 掌握标识符、常量、变量、注释的使用规则；
- 了解 C 语言中常用的数据类型；
- 掌握各种运算符与表达式的运算方法；
- 掌握常用输入输出函数的语法规则；
- 能进行简单的顺序结构程序设计。

计算机程序设计涉及两个基本问题：一个是数据的描述；一个是动作的描述。计算机程序的任务就是对数据进行处理。没有数据，程序就没有了处理对象；没有动作，程序也就失去了意义。程序中定义变量存放数据，保存在内存单元中，变量区分不同的数据类型，每一种数据类型存储空间不同，通过不同类型的数据和简单的表达式，能够编写一些简单的顺序结构程序。

3.1　标识符、关键字、注释

3.1.1　标识符

简单地说，标识符就是一个名称，人的姓名就是对人的标识符。在 C 语言中为变量、数组、函数、数据类型以及文件等命名的名称，被统称为标识符。

C 语言中标识符定义规则如下。

（1）标识符只能由字母、数字和下画线组成，并且第一个字符不可以是数字。例如，sun 和 _sun 是合法的标识符，6sun 是不合法的标识符。

（2）标识符区分大小写，score、Score、SCORE 代表三个不同的标识符。

（3）标识符不能和 C 语言的关键字相同。

（4）标识符可以由一个或多个字符组成，最长不允许超过 32 个字符，标识符的有效长度取决于具体的 C 编译系统。

（5）标识符最好是"见名知意"，这样可提高程序的可读性。例如，定义变量名为 age 表示年龄，name 表示姓名。

表 3-1 为标识符示例。

表 3-1 标识符示例

标　识　符	说　　明
stu_name1	正确
Cno	正确
9class	错误，标识符不可用数字开头
ok％a1	错误，标识符中只能包含字母、数字和下画线，％不合法
int	错误，C语言关键字不可以用作标识符
name 123	错误，标识符中不可以有空格

3.1.2 关键字

关键字又称保留字，是C语言预定义的单词，在程序中有特定的含义，在定义标识符的时候，不能使用这些关键字。C语言中所有关键字必须用小写英文字母，共有4大类32个关键字，其中数据类型关键字12个(基本数据类型9个，自定义数据类型3个)，控制语句关键字12个，存储类型关键字4个，其他类型关键字4个，具体内容如表3-2所示。

表 3-2 C语言关键字

类　　型	关　键　字	作　　用
基本数据类型 (9个)	char	字符型数据类型，占1字节
	int	整型数据类型，占2或4字节
	short	短整型数据类型，占2字节
	long	长整型数据类型，占4字节
	float	单精度浮点型数据类型，占4字节
	double	双精度浮点型数据类型，占8字节
	signed	表示有符号整数，是默认值，一般省略不写
	unsigned	表示无符号整数
	void	空值，用于定义函数，表示无返回值
自定义数据类型 (3个)	struct	结构体数据类型
	union	联合体(共用体)数据类型
	enum	枚举数据类型
控制语句(12个)	if-else	双分支结构的两个关键字
	switch-case default	多分支结构的三个关键字
	for	for循环，一般用于循环次数固定的循环
	while	while循环，先判断条件后运行语句
	do-while	do-while循环，先运行一次语句，再判断条件
	continue	不终止循环，结束当前循环提前进入下一个循环
	break	终止语句，终止循环或跳出switch分支
	goto	无条件转向语句，不建议使用
	return	返回语句，返回到函数调用处

续表

类 型	关 键 字	作 用
存储类型(4个)	auto	自动型,局部变量的默认值,存在内存动态区域
	extern	定义全局变量表示可被其他文件访问,在静态区域;定义函数表示外部函数。全局变量和函数默认 extern 型
	register	寄存器型,只用于定义局部变量,存在寄存器中
	static	静态型,定义局部变量表示静态变量,存在静态区域,值保留并自动赋初值;定义全局变量表示有效范围在该源文件;定义函数表示内部函数
其他类型(4个)	const	声明只读变量
	sizeof	计算数据类型长度,返回字节数
	typedef	类型定义,为自定义数据类型取别名
	volatile	变量在程序运行过程中可被隐含地改变

3.1.3 注释

程序注释是以特定的格式出现在程序代码中,它不是程序运行语句的一部分,而是程序员解释语句的文字说明。程序中可以有多处注释,注释不参与程序运行。

注释常用的两个作用:一是解释说明;二是将暂时不需要运行的代码注释,需要的时候再去掉注释标志。

C语言中注释有两种:一种是用/* */括起来的多行注释,可以放在程序的任意位置;另一种是用两个反斜杠//表示的单行注释,只能放在程序代码行尾部。注释示例见如下代码:

```
#include <stdio.h>
int main()                          /*注释1.这是程序入口*/
{
    printf("hello world");          //注释2.这是输出语句
}
```

3.2 数据类型、常量和变量

3.2.1 数据类型

C语言程序描述数据时必须先指定数据类型,不同类型的数据在计算机中的存储方式和处理方式都不相同,数据类型是计算机程序设计中一个非常重要的概念。

C语言有一个很重要的特点就是数据类型十分丰富,因此,C语言的数据处理能力很强。C语言的数据类型如图3-1所示。

1. 基本数据类型

基本数据类型是指不可再分解的数据类型,包括整型、浮点型和字符型。

整型又分为有符号整型和无符号整型,有符号整型和无符号整型还细分为短整型、整型和长整型,它们占的存储空间大小不同。

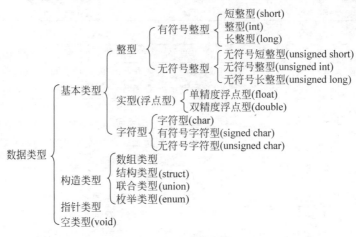

图 3-1 C 语言的数据类型

浮点型就是带小数的数据类型,分为单精度浮点型和双精度浮点型,二者区别是因分配的存储空间不同,从而可存储数据的精度不同,具体介绍见 2.5 节。

字符型用于存储英文字母、标点符号等字符。因为字符在计算机中以 ASCII 码存储,因此,字符型实际上也是整型,是 1 字节的整型。所以 C 语言允许字符型数据和整型数据在一定取值范围内通用。例如,小写字母 a 的 ASCII 码是 97,计算机中存储 a 是以 1 字节存储 97 的二进制值。通常可以通过 ASCII 码的运算来实现字母间的转换,如大写字母 A 加上 32 等于小写字母 a。表 3-3 为大小写字母十进制 ASCII 码对照表。

表 3-3 大小写字母十进制 ASCII 码对照表

十进制	缩写/字符	十进制	缩写/字符	十进制	缩写/字符
65	A	83	S	106	j
66	B	84	T	107	k
67	C	85	U	108	l
68	D	86	V	109	m
69	E	87	W	110	n
70	F	88	X	111	o
71	G	89	Y	112	p
72	H	90	Z	113	q
73	I	…	…	114	r
74	J	97	a	115	s
75	K	98	b	116	t
76	L	99	c	117	u
77	M	100	d	118	v
78	N	101	e	119	w
79	O	102	f	120	x
80	P	103	g	121	y
81	Q	104	h	122	z
82	R	105	i		

2. 构造数据类型

构造数据类型是指使用基本数据类型构造成的新的数据类型，也就是说一个构造数据类型可以分解成若干"成员"或"元素"，每个"成员"或"元素"都是一个基本数据类型或者另一个构造数据类型。C 语言中构造数据类型包括数组、结构体类型、联合体类型（共用体类型）和枚举类型。

提示：C 语言中没有字符串数据类型，用字符型数组实现字符串。

3. 指针类型

指针是 C 语言的精华，指针类型不同于其他类型的特殊性在于指针的值表示的是某个内存的地址。虽然指针变量的取值类似于整型值，但它和整型变量是完全不同的含义，不能混为一谈。

4. 空类型

空类型的关键字是 void，用于定义函数的返回值。如果一个函数没有返回值，可以定义该函数的返回值类型为 void。

数据类型中的构造数据类型、指针类型会在后面章节详细介绍。表 3-4 列出 C 语言基本数据类型所占字节数和取值范围，其中整型类型所占字节数与机器的 CPU 类型和编译器有关，有的占 2 字节，有的占 4 字节，VC++ 中整型占 4 字节。

表 3-4　C 语言基本数据类型所占字节数和取值范围

数据类型	类型标识符	字节数	取值范围
短整型	short	2	$-32768 \sim 32767 (-2^{15} \sim 2^{15}-1)$
整型	int	2 或 4	同 short 或 long，取决于 C 编译系统
长整型	long	4	$-2147483648 \sim 2147483647 (-2^{31} \sim 2^{31}-1)$
无符号短整型	unsigned short	2	$0 \sim 65535 (0 \sim 2^{16}-1)$
无符号整型	unsigned int	2 或 4	同 unsigned short 或 unsigned long
无符号长整型	unsigned long	4	$0 \sim 4294967295 (0 \sim 2^{32}-1)$
单精度浮点型	float	4	$-3.4 \times 10^{-38} \sim 3.4 \times 10^{38}$
双精度浮点型	double	8	$-1.7 \times 10^{-308} \sim 1.7 \times 10^{308}$
字符型	char	1	ASCII 码 $0 \sim 127$
有符号字符型	signed char	1	$-128 \sim 127 (-2^7 \sim 2^7-1)$
无符号字符型	unsigned char	1	$0 \sim 255$

编写程序验证数据类型的字节长度，程序代码如下，运行效果如图 3-2 所示。

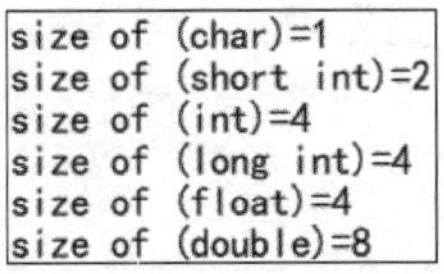

```
#include <stdio.h>          //包含头文件
void main()                 //主函数
{
    char a1;                //定义变量
    short int b1;
    int c1;
    long int d1;
    float e1;
    double f1;
    printf("size of (char) = %d\n", sizeof(a1));
```

```
size of (char)=1
size of (short int)=2
size of (int)=4
size of (long int)=4
size of (float)=4
size of (double)=8
```

图 3-2　VC 环境下不同数据类型所占字节数

```
    printf("size of (short int) = %d\n", sizeof(b1));
    printf("size of (int) = %d\n", sizeof(c1));
    printf("size of (long int) = %d\n", sizeof(d1));
    printf("size of (float) = %d\n", sizeof(e1));
    printf("size of (double) = %d\n", sizeof(f1));
}
```

说明：如果使用 VC 2010 环境,可在语句最后增加 getchar();语句,让运行画面停留。

3.2.2 常量

常量是指在程序运行过程中,其值不能被改变的量。也就是说,在 C 语言程序中,常量的值是固定的,是不能在程序运行过程中修改的。C 语言中常量分为直接常量和符号常量,直接常量又分为整型常量、实型常量、字符常量、字符串常量 4 种类型,整型常量和实型常量又称为数值型常量。

1. 整型常量

C 语言中可采用十进制数、八进制数、十六进制数来表示整型常量,C 语言不支持二进制常量。八进制数用数字 0 开头;十六进制数用数字 0 和字母 X 开头(0x 或 0X)。八进制数和十六进制数一般只用于无符号整数。表 3-5 为整型常量示例。

表 3-5 整型常量示例

常 量	说 明
-200	正确,十进制整型常量
200L	正确,十进制长整型常量,后缀 L(大小写均可)表示长整型
200lu	正确,十进制无符号长整型常量,后缀 u(大小写均可)表示无符号整数
010	正确,八进制整型常量,等于十进制数 8
0x10	正确,十六进制整型常量,等于十进制数 16
567	正确,十进制常量
019	错误,0 开头表示八进制常量,最大数应为 7,数字 9 错误
DD	错误,前面没有加 0x,应该是十进制常量,D 不是十进制数
0X3h	错误,前面加 0X,表明是十六进制数常量,最大应为 F,h 错误
OX11	错误,十六进制数常量开头应该是数字 0,而不是字母 O

2. 实型常量

实型就是带小数的浮点数。实型常量有两种表示法:浮点计数法和科学计数法。一般情况下,对太大或太小的数采用科学计数法。表 3-6 为实型常量示例。

表 3-6 实型常量示例

常 量	说 明
231.46	正确,双精度浮点型常量
7.36E-7	正确,双精度浮点型常量,以科学计数法表示
-0.0945	正确,双精度浮点型常量
231.46f	正确,单精度浮点型常量,后缀 f(大小写均可)表示单精度,默认双精度
1.2e7.5	错误,指数不可以是小数,1.2e7 或者 1.2e5 都是正确的
2.5e	错误,指数不可省略,e 后面必须有一个整数

续表

常　量	说　明
e7	错误，e 前面需有一个数，不可省略
.e2	错误，e 前面需有一个数，不可只写小数点

3. 字符常量

字符常量是由一对单引号括起来的单个字符。它又分为一般字符常量和特殊字符常量。

例如，'B'、'D'、'7'、'@' 等均为一般字符常量。这里的单引号只起定界作用，并不代表字符。在 C 语言中，字符是按其所对应的 ASCII 码来存储的，一个字符占一个字节，有效取值范围为 0~127。因此，字符型常量可以像整数一样在程序中参与运算，但要注意不要超过它的有效范围。

特殊字符常量就是转义字符，转义字符也是字符常量的一种表示形式，转义字符用反斜杠\后面跟一个字符或一个八进制数或十六进制数表示。例如，'\a'、'\0'、'\n' 等代表 ASCII 字符中不可打印的控制字符和特定功能的字符。

单引号（'）、双引号（"）、反斜杠（\）和百分号（%）在程序中有特定用途，其本身作为字符时，要通过转义字符（\）或（%）来转义为普通字符进行输出。例如，'\'' 和 '\\' 分别代表单个字符单引号（'）和反斜杠（\），'％％' 表示输出一个百分号（％）。表 3-7 为常用转义字符表。

表 3-7 常用转义字符表

转 义 字 符	意　　义	ASCII 码（十进制）
\a	鸣铃（BEL）	7
\b	退一格（BS）	8
\f	换页（FF）	12
\n	回车换行（LF），使用频率最高	10
\r	回到本行的开始（CR）	13
\t	水平制表符，横向调到下一个制表位（HT）	9
\v	垂直制表符（VT）	11
\\	表示反斜杠	92
\'	单引号	39
\"	双引号	34
\0	空字符（NULL），也就是 ASCII 码为 0 的字符	0
\ddd	八进制 ASCII 码为 ddd 的字符（最多三位数）	ddd（八进制）
\xhh	十六进制 ASCII 码为 hh 的字符（最多两位，最大 7f）	hh（十六进制）
%%	表示一个百分号	37

提示：

（1）转义字符中的字母只能是小写字母，每个转义字符只能看作一个字符。

（2）表 3-7 中的 \r、\v 和 \f 对屏幕输出不起作用，但会在控制打印机输出时响应其操作。

（3）在程序中使用不可打印字符时，通常用转义字符表示。

表 3-8 为字符型常量示例。

表 3-8 字符型常量示例

常　量	说　明
'a'	正确,字符型常量,表示字母 a
'2'	正确,字符型常量,此处的 2 不是数字型,是字符型,在内存中占 1 字节,存的是字符 2 的 ASCII 码 50 的二进制数
'\''	正确,字符型常量,表示一个单引号
'\141'	正确,字符型常量,表示字母 a,141 是字母 a 的八进制 ASCII 码
'\x61'	正确,字符型常量,表示字母 a,61 是字母 a 的十六进制 ASCII 码
"a"	错误,字符常量应该用单引号定界,不可用双引号,双引号表示字符串
'12'	错误,字符型常量只能是一个字符
'\x101'	错误,\x 表示后面数字是两位十六进制 ASCII 码,最大是 7f
'\2A'	错误,\后面数字表示八进制 ASCII 码,8 进制最大数值是 7,A 错误

4. 字符串常量

字符串常量是指用一对双引号括起来的一串字符。

字符常量与字符串常量有以下区别。

(1) 字符常量由单引号括起来,字符串常量由双引号括起来。

(2) 字符常量只能表示一个字符,字符串常量可以是零个或多个字符。

(3) 字符常量单引号中必须有一个字符,''表述错误,""表述正确,表示一个空串;

(4) 在内存中,字符型常量占一个字节,字符串常量所占的字节数等于字符串中字符的个数加 1。因为,C 语言在内存中存储字符串常量时,自动在字符串末尾加一个结束标志'\0',表示 ASCⅡ 码值为 0 的空字符(NULL)。因此,长度为 n 个字符的字符串常量,在内存中占有 n+1 个字节的存储空间。

例如,字符串"World",共 5 个字符,需占用 6 字节,其存储形式如图 3-3 所示。表 3-9 为字符串常量示例。

图 3-3 字符串"World"存储示意图

表 3-9 字符串常量示例

常　量	说　明
"china"	正确,字符串常量,占 6 字节
"123.33"	正确,字符串常量,占 7 字节
"you love"	正确,字符串常量,占 9 字节
'ab'	错误,字符串用双引号,字符用单引号,字符串"ab"、字符'a'或'b'均正确

5. 符号常量

在 C 语言中,可以用标识符表示一个常量,称为符号常量。习惯上,符号常量用大写英文字母表示,以区别于变量。符号常量在使用前必须先定义,定义时根据数据类型决定如何书写,不需要用等号。符号常量的定义形式如下:

```
#define  <符号常量名>  <常量>
如:#define PI   3.14159
   #define SEX 'M'
   #define NAME   "张三"
```

其中 PI、SEX、NAME 均为符号常量;其值分别为数字常量 3.14159,字符常量'M',字符串常量"张三"。

#define 是 C 语言的预处理命令,它和#include 一样,都不是 C 语句,后面不加分号。在编译程序时会将程序中出现符号常量的地方直接用值替换,如出现 PI 的地方都替换为 3.14159。

定义符号常量可以提高程序的可读性,便于程序的修改和调试。在定义符号常量名时,应尽量使用能表达其实际意义的名字。表 3-10 为符号常量示例。

表 3-10 符号常量示例

符号常量定义	说 明
#define PI 3.1415926	正确,符号常量 PI 表示数值型常量 3.1415926
#define PI "3.1415926"	正确,符号常量 PI 表示字符串型常量"3.1415926"
#define SEX 'M'	正确,符号常量 SEX 表示字符'M'
#define SEX "M"	正确,符号常量 SEX 表示字符串"M",不是字符
#define SEX M	错误,只有数值型常量才可以不用引号
#define NAME "张三"	正确,符号常量 NAME 表示字符串"张三"
#define NAME '张三'	错误,字符常量用单引号,字符串型常量必须用双引号
#define NAME 张三	错误,"张三"是个字符串,必须用双引号引上

3.2.3 变量

1. 什么是变量

在程序运行过程中,其值可以改变的量称为变量。变量需要有名字,用标识符来命名。变量在内存中占一定的存储空间,空间大小取决于变量的数据类型。变量必须先定义后使用,变量的值可以通过赋值的方法获得和改变。

提示:一个变量只能存放一个数据。

2. 变量的定义和初始化

C 语言规定:变量必须在使用之前定义。变量定义的一般形式是:

数据类型 变量名1[=初值],变量名2[=初值]…变量名n[=初值];

说明:

(1)数据类型必须是有效的 C 数据类型,如 int、float 等,数据类型决定了变量所占存储空间大小和取值范围。

(2)数据类型与变量名之间至少空一个空格。

(3)一个语句可以同时定义多个同一数据类型的变量,变量之间用逗号分隔,最后一个变量之后用分号结束。

(4)变量名必须符合标识符命名规则,而且尽量"见名知意"。

(5) 同一个函数中,变量名不可以重复。

(6) 定义变量的同时也可以给变量赋初值。中括号[]内的项是可选项。

3. 变量的赋值

定义变量的同时可以给变量赋初值,在程序运行过程中可以随时改变变量的值。
例如:

```
#include <stdio.h>
void main()
{
    int i = 9, j;           //同时定义两个变量i和j,i赋初值9,j未赋初值
    j = 11;                 //为j赋值
    i = 80;                 //为i赋值,80替换了初值9
    printf("%d\n", i);      //输出i值,格式符%d表示整数,\n表示回车换行
}
```

程序运行结果是:80

提示:如果使用 VC 2010 环境,可在语句最后,结尾大括号}前面,增加 getchar(); 语句,避免画面一闪而过。

变量定义和赋值示例如表 3-11 所示。

表 3-11 变量定义和赋值示例

示 例	说 明
int i	正确,定义整型变量 i
unsigned int i, j, number;	正确,定义三个无符号整型变量,逗号分隔,分号结束
float high_value, price;	正确,定义两个浮点型变量 high_value 和 price
double lenth, t_wieight;	正确,定义两个双精度浮点型变量
int max = 0, min = 0;	正确,定义两个整型变量,都赋初值 0
int max, min = 0;	正确,定义两个整型变量,只给 min 赋初值 0
int max = min = 0;	错误,语法错误,min 变量未定义
int i, j, k; i = j = k = 3;	正确,定义三个整型变量,未赋初值 为三个变量都赋值为 3

【例 3-1】 以下关于 long、int 和 short 类型占用内存大小的叙述中正确的是( )。

A. 均占 4 个字节　　　　　　　B. 根据数据的大小来决定所占内存的字节数

C. 用户自己定义　　　　　　　D. 由编译器决定

答案:D

解析:各个类型数据所占内存空间是固定的,不能由用户决定。不管是哪一种编译器,long 型固定占 4 字节,short 型固定占 2 字节,而 int 型所占字节数与编译器有关,可能是 2 或 4 字节。

3.3 运算符与表达式

C 语言的基本表达式由操作数和操作符组成。操作数通常由变量或常量表示,操作符由各种运算符表示,一个基本表达式也可以作为操作数来构成复杂表达式。构成基本表达

式的常用运算符有以下 4 种：

(1) 算术运算符；

(2) 关系运算符；

(3) 逻辑运算符；

(4) 赋值运算符。

此外，还有位运算符、条件运算符、逗号运算符、自反赋值运算符、指针运算符等，甚至把括号、强制类型转换等都作为运算符处理。C 语言的运算类型极其丰富，表达式类型多种多样，计算功能、逻辑判断功能强大，可以实现在其他高级语言中难以实现的运算。

3.3.1 算术运算符及其表达式

C 语言中算术运算符主要用于完成变量的算术运算，如加、减、乘、除等。其含义和优先级如表 3-12 所示。

表 3-12 算术运算符及其作用和优先级

运算符	作用	优先级
++	自增 1(变量值加 1)	高
--	自减 1(变量值减 1)	
*	乘法	中
/	除法	
%	求余运算(整数相除，取余数)	
+	加法	低
-	减法	

说明：

(1) 求余 % 运算的两个操作数都必须是整数，不可以是浮点数。

(2) 如果除法 / 运算的两个操作数都是整数，则结果为整数，否则结果是浮点数。

(3) 自增运算符(++)、自减运算符(--)可以前置，也可以后置，效果不同。前置 ++/-- 的运算规则是：先将变量的值加 1 或减 1，再使用变量的值；后置 ++/-- 的运算规则是：先使用变量的值，再将变量的值加 1 或减 1。

(4) 自增、自减运算既可用于整型变量，也可用于浮点型变量，但不可用于常量和表达式。例如，(i+j)++ 或 5-- 是不合法的。

(5) 自增、自减运算符的组合原则是自左而右。例如，a+++b 等价于 (a++)+b，而不是 a+(++b)。

(6) ++ 和 -- 常用于循环语句中或指针变量中，使循环控制变量加(或减)1，或使指针上移(或下移)一个位置。

(7) 尽量使用简洁的语句表达自增、自减运算，以免因为开发工具不同而结果不同。如果必须使用复杂表达式，建议使用小括号提高程序可读性，对其他表达式亦然。

(8) 建议在函数的参数中不要使用表达式。

C 语言中算术表达式示例如表 3-13 所示。

表 3-13　C 语言中算术表达式示例

表　达　式	说　明
2/5	正确,值为 0,整数相除结果为整数
5/2	正确,值为 2,整数相除结果为整数,小数全舍,不做四舍五入
5/2.0	正确,值为 2.5,操作数中有一个是浮点数,结果就是浮点数
2.0/5	正确,值为 0.4,操作数中有一个是浮点数,结果就是浮点数
5%3	正确,值为 2,因为 5 除以 3,商为 1,余数为 2
5%3.5	错误,求余%运算的两个操作数都必须是整数
3%5	正确,值为 3,因为 3 除以 5,商为 0,余数为 3
i=5;i++;	正确,i 值变为 6,将 5 加 1
i=5;--i;	正确,i 值变为 4,将 5 减 1
i=5;j=3*i++;	正确,i 值变为 6,j 值为 15,++后置,先使用变量后将 i 加 1
i=5;j=3*++i;	正确,i 值变为 6,j 值为 18,++前置,先将 i 加 1 后使用变量
i=5.6;j=--i;	正确,i 值变为 4.6,j 值为 4.6,--前置,先将 i 减 1 后使用变量
i=5.6;j=i--;	正确,i 值变为 4.6,j 值为 5.6,--后置,先使用变量后将 i 减 1

【例 3-2】　如已定义 x 和 y 为 double 类型,则表达式 x=1,y=x+3/2 的值是(　　)。

A. 1　　　　　　B. 2.0　　　　　　C. 2　　　　　　D. 2.5

答案:B

解析:3/2 是两个整数相除,结果是整数 1,而不是 1.5;
y=x+3/2=1+1=2,但 y 是浮点型,所以值不是整数 2,而是小数 2.0。

【例 3-3】　大写字母 A 的 ASCII 码是 65,小写字母 a 的 ASCII 码是 97,以下不能将变量 c 中大写字母转换为对应的小写字母的语句是(　　)。

A. c=(c-'A')%26+'a'　　　　　　B. c=c+32

C. c=c-'A'+'a'　　　　　　D. c=('A'+c)%26-'a'

答案:D

解析:字符相减表示计算其 ASCII 码的差,整型和字符型可以互换。

3.3.2　关系运算符及其表达式

C 语言中关系运算符主要用于判断条件的表达,其含义和优先级如表 3-14 所示。

表 3-14　关系运算符及其含义和优先级

运　算　符	含　义	优　先　级
>=	大于等于	高
>	大于	
<=	小于等于	
<	小于	
==	等于	低
!=	不等于	

提示:关系表达式的结果只有两个:真(值为 1)和假(值为 0),C 语言中没有逻辑型数据,用 1 代表真,0 代表假。

假如有：

```
int a, b, c;
a = (5 > 0);
b = ((29 - 7) == (16 - 6));
c = ((29 - 7) == (16 + 6));
```

则，变量 a 的值为 1，变量 b 的值为 0，变量 c 的值为 1。

C 语言中关系表达式示例如表 3-15 所示。

表 3-15 C 语言中关系表达式示例

表达式	说明
0<=1	表达式正确，0 小于等于 1 成立，表达式为真，表达式值为 1
7!='7'	表达式正确，比较数字 7 和字符 7 的 ASCII 码，表达式为真(1)
7=='7'	表达式正确，表达式为假，表达式值为 0
7==7==7	表达式语法没有问题，表达式值为 0。运算过程是：从左向右，先判断 7==7，两数相等，结果为真(1)；再判断 1==7，结果为假，这个结果和我们平时的理解不同
'a'>'A'	表达式正确。比较两个字符的 ASCII 码大小，小写字母的 ASCII 码大于大写字母的 ASCII 码，表达式为真，表达式值为 1
'A'>'a'	表达式正确，表达式为假，表达式值为 0
'a'<'b'<'c'	表达式语法正确，表达式值为 1。运算过程是：从左向右拆分为两个表达式 a'<'b'和 1<'c'，第一个表达式为真，结果为 1，用 1 再和'c'的 ASCII 码比较，结果是真，等于 1
7!=8!=1	表达式语法正确，表达式结果是 0。运算过程是：从左向右，先判断 7!=8 为真，结果为 1；再判断 1!=1，结果为假，而不是判断 7!=8 和 8!=1

3.3.3 逻辑运算符及其表达式

C 语言中逻辑运算符主要用于判断条件中的逻辑关系，其含义和优先级如表 3-16 所示。

表 3-16 逻辑运算符及其含义和优先级

运 算 符	含 义	优 先 级
!	逻辑非	高
&&	逻辑与	中
||	逻辑或	低

说明：逻辑表达式和关系表达式一样，结果只有两个：真(值为 1)和假(值为 0)。逻辑运算规则如表 3-17 所示。

表 3-17 逻辑运算规则

A	B	A&&B	A||B	! A
真	真	真	真	假
真	假	假	真	假
假	假	假	假	真
假	真	假	真	真

说明：
(1) 表中的 A 和 B 均可以是其他表达式。
(2) 在 C 语言中，任何非 0 值均代表真，0 代表假。
(3) 逻辑运算存在逻辑短路现象。如果表达式结果已经确定，无论后面还有多少表达式，编译器都不会再计算，但会检查语法错误。

C 语言中逻辑表达式示例如表 3-18 所示。

表 3-18　C 语言中逻辑表达式示例

表　达　式	说　　明
(3>4)||(5<6)	表达式正确，(3>4)结果为 0,(5<6)结果为 1,0||1 结果为 1
(3>4)&&(5<6)	表达式正确，(3>4)结果为 0,0 逻辑与任何数结果都为 0,无须计算(5<6)
!2	表达式正确，结果为 0,因为任何非零数都是真
int a=2, b=3, c; c=(a<b)||(a++);	表达式正确，c 等于 1,a 依旧是 2,未运行自增运算。因为(a<b)结果为 1,逻辑或运算结果已经确定，后面表达式只检查语法不计算
int a=2, b=3, c; c=(a>b)&&(++a);	表达式正确，c 等于 0,a 依旧是 2,未运行自增运算。因为(a>b)结果为 0,逻辑与运算结果已经确定，后面表达式只检查语法不计算
int a=2, b=3, c; c=(a>b)||(++a);	表达式正确，c 等于 1,a 是 3,运行了自增运算。因为(a>b)结果为 0,逻辑或运算结果不确定，继续计算++a,++a 结果是 3,为真

3.3.4　位运算符及其表达式

C 语言中，位运算是直接对变量的二进制数按位进行操作。位运算只适合于整型和字符型，不适合于浮点型及其他数据类型，位运算的操作数只有两个：0 和 1。位运算符及其含义和优先级如表 3-19 所示。

表 3-19　位运算符及其含义和优先级

运　算　符	含　　义	优　先　级
~	按位取反	高
&	按位与	低
^	按位异或	低
|	按位或	低
<<	按位左移	中
>>	按位右移	

位运算规则如表 3-20 所示。

表 3-20　位运算规则

A	B	A|B	A^B	A&B	~A	~B
1	1	1	0	1	0	0
1	0	1	1	0	0	1
0	0	0	0	0	1	1
0	1	1	1	0	1	0

有关位运算的详细介绍见后面章节。C 语言中位运算示例如表 3-21 所示。

表 3-21 C 语言中位运算示例

位 运 算	说 明
short int i, j, k; i=3;j=5;	声明变量并赋值,后面表达式均使用此变量
k=i|j;	表达式正确,k=7,i 的二进制码为 0000 0000 0000 0011,j 的二进制码为 0000 0000 0000 0101,i|j 的二进制码为 0000 0000 0000 0111
k=i^j;	表达式正确,结果为 k=6,i^j 的二进制码为 0000 0000 0000 0110
k=i&j;	表达式正确,结果为 k=1,i&j 的二进制码为 0000 0000 0000 0001
k=~i;	表达式正确,结果为 k=−4,i 的二进制码为 0000 0000 0000 0011,~i 的二进制码为 1111 1111 1111 1100,第一位为 1 表示是负数的补码,转换为原码是 1000 0000 0000 0100,有关补码问题见 2.4 节
k=j>>2;	表达式正确,结果为 k=1,j 右移两位为 0000 0000 0000 0001
k=i<<2;	表达式正确,结果为 k=12,i 左移两位为 0000 0000 0000 1100
k=i>>2.5;	表达式错误,位运算操作数不可以是浮点数
k=(i>>2)/(j>>2);	表达式正确,结果为 k=0,j 右移两位为 1,i 右移两位为 0,0/1=0

3.3.5 条件运算符及其表达式

条件运算符是 C 语言中唯一的三目运算符,由问号"?"和冒号":"组成。"三目"是指有三个操作数。条件表达式的一般形式为:

表达式 1? 表达式 2:表达式 3;

条件表达式的语法规则:当表达式 1 的值为真(1)时,其结果为表达式 2 的值;当表达式 1 的值为假(0)时,其结果为表达式 3 的值。

提示:表达式 1 通常是关系表达式或逻辑表达式。

条件表达式示例如表 3-22 所示。

表 3-22 条件表达式示例

表 达 式	说 明
int i=2, j=5; int x, y, z;	声明变量并赋值,后面表达式均使用此变量
x=(i>j)? i:j;	表达式正确,结果为 x=j=5
y=(i>j)? i+j:i−j;	表达式正确,结果为 y=i−j=2−5=−3
z=(i<j)? i+j:i−j;	表达式正确,结果为 z=i+j=2+5=7

3.3.6 逗号运算符及其表达式

逗号表达式由逗号运算符","将两个或多个表达式连接起来。逗号表达式的一般形式为:

表达式 1, 表达式 2,…,表达式 n;

逗号表达式的语法规则:从前向后,按顺序逐个计算各个表达式,先计算表达式 1,再计算表达式 2,一直计算到表达式 n;最后结果为表达式 n 的结果。

说明：变量说明和函数参数表中出现的逗号只是作为变量之间的间隔,不能构成逗号表达式。逗号表达式示例如表 3-23 所示。

表 3-23 逗号表达式示例

表达式	说明
int i=2,x, y, z;	声明变量并赋值,后面表达式均使用此变量
x=i*2,i+3;	表达式正确,结果为 x=i*2=4,i 值不变,依旧是 2,逗号表达式结果没有使用
y=(i*2, i+3);	表达式正确,结果为 y=i+3=5,i 值不变,依旧是 2,逗号表达式结果赋值给 y
z=(i=i+5, i*2, i+8);	表达式正确,结果为 z=i+8=7+8=15,i 值在第一个表达式 i=i+5 中变为 7,第二个表达式 i*2=7*2=14,但此结果没有使用

3.3.7 求字节运算符

sizeof 运算符是求字节数的运算符,它是一个单目运算符,用于返回某数据类型、变量或常量在内存中所占字节的长度。sizeof 运算符的一般形式为:

sizeof(数据类型名|变量名|常量)

求字节运算表达式示例如表 3-24 所示。

表 3-24 求字节运算表达式示例

表达式	说明
sizeof(short);	表达式正确,结果为 2,短整数在内存中占 2 字节
float x;	声明变量 x
sizeof(x);	表达式正确,结果为 4,x 是单精度浮点型变量,在内存中占 4 字节
sizeof(char);	表达式正确,结果为 1,字符型在内存中占 1 字节
sizeof(2+3.14);	表达式正确,结果为 8,2+3.14 是双精度浮点型常量,在内存中占 8 字节

3.3.8 数据类型转换

C 语言允许表达式中混合有不同类型的常量和变量,运算时需要进行数据类型转换。C 语言中数据类型转换分为自动转换和强制转换两种。

自动转换规则：按数据长度增加的方向转换,将较短的数据类型值转换成较长的数据类型值,以保证数据精度不变。若两种类型字节数不同,则转换成字节数高的类型;若两种类型字节数相同,但一种有符号,一种无符号,则转换成无符号的类型。

强制转换表达式形式：

(数据类型符)表达式;

或

(数据类型符)变量;

强制转换规则：将表达式或变量的值临时转换成小括号内指定的数据类型,但不改变变量原来的数据类型。

数据类型转换示例如表 3-25 所示。

表 3-25 数据类型转换示例

表　达　式	说　　明
int i＝3，j，k； float x＝2.5，y＝3.6； float z，w；	声明变量并赋值，后面表达式均使用此变量
j＝i＊x；	表达式正确，结果为 j＝7，因为 i＊x＝3＊2.5＝7.5，整数 7 赋给 j
k＝i/2；	表达式正确，结果为 k＝1，因为两个整数运算，结果还是整数
y＝i＊x；	表达式正确，结果为 y＝3＊2.5＝7.500000
z＝i/2；	表达式正确，结果为 z＝1.000000，而不是 1.500000
w＝(float)i/2；	表达式正确，结果为 w＝1.500000，将 i 强制类型转换为浮点数再参与计算，但 i 的数据类型不会改变，依旧是整型
k＝(int)(x＋y)；	表达式正确，结果为 6，先计算 x＋y＝2.5＋3.6＝6.1，再将双精度浮点数 6.1 取整数赋值给 k
k＝(int)x＋y；	表达式正确，结果为 5，先将 x 强制转换为整型，变为 2，再计算 x＋y＝2＋3.6＝5.6，然后再将双精度浮点数 5.6 取整数赋值给 k

3.3.9 运算符优先级及结合性

C 语言共有各类运算符 44 个，按优先级可分为 11 个类别，共 15 个优先级，15 级最高，1 级最低。一般情况下，程序会优先计算优先级高的运算符组成的表达式，用小括号可以改变它们的运行顺序。运算符的优先级与运算方向见表 3-26。

表 3-26 运算符的优先级与运算方向

类　别	运　算　符	名　　称	优先级	结合性
小括号	()	强制类型转换、参数表	15(最高)	自左向右
下标	[]	数组元素下标		
成员	->、.	结构或联合成员		
逻辑	！	逻辑非(单目运算)	14	自右向左
位	~	按位取反(单目运算)		
算术自增、自减	++、--	自增 1，自减 1(单目运算)		
指针	&、＊	取地址、取内容(单目运算)		
算术	＋、－	正、负号(单目运算)		
长度	sizeof	求字节运算(单目运算)		
算术	＊、/、%	乘、除、模(取余)	13	
	＋、－	加、减	12	
位	<<	按位左移	11	
	>>	按位右移		
关系	>=、>	大于等于、大于	10	自左向右
	<=、<	小于等于、小于		
	==、!=	相等、不等于	9	
位	&	按位与	8	
	^	按位异或	7	
	|	按位或	6	
逻辑	&&	逻辑与	5	
	||	逻辑或	4	

续表

类　别	运　算　符	名　称	优先级	结合性
条件	?:	条件(三目运算)	3	自右向左
赋值	=	赋值	2	
自反赋值	+=、-=	加赋值、减赋值	2	自右向左
	*=、/=	乘赋值、除赋值		
	%=	模赋值		
	&=	按位与赋值		
	^=	按位异或赋值		
	|=	按位或赋值		
	<<=	按位左移赋值		
	>>=	按位右移赋值		
逗号	,	逗号运算符	1(最低)	自左向右

说明：

(1) 表 3-26 中出现的自反赋值运算符是由两个运算符组成的，是一种简写方式，只适合于算术运算和位运算。例如，a%=b 就是 a=a%b 的简写；x*=y+7 是 x=x*(y+7) 的简写，而不要错误写成 x=x*y+7，因为自反运算优先级低。

(2) 符号"="为赋值运算符，作用是将赋值运算符右边的表达式的值赋给其左边的变量。在赋值号"="的左边只能是变量，而不能是常量或表达式。例如，不能写成"2=x;"或"x+y=a+b;"。

(3) 一般而言，单目运算优先级比较高，赋值运算优先级低，逗号运算优先级最低。算术运算优先级高于关系运算和逻辑运算。在一个表达式中有多个优先级相同的运算时，则按照运算符的结合方向进行运算。

(4) C 语言中运算符的结合性分为两种：左结合性(自左向右)和右结合性(自右向左)。多数运算符具有左结合性，单目运算、三目运算和赋值运算符具有右结合性。

例如，算术运算符是左结合性，如有表达式 x+y-z，则从左向右计算，相当于对表达式 (x+y)-z 的运算。赋值运算符是右结合性运算符，表达式 x=y=z，应先运行 y=z，后运行 x=y，相当于 x=(y=z) 运算。

(5) 建议在复杂表达式中使用小括号来明确表示运算的优先级。

(6) 一个等号"="是赋值运算符，两个等号"=="是比较是否相等的关系运算符，使用时不要混淆，否则会导致错误。

复杂表达式示例如表 3-27 所示。

表 3-27　复杂表达式示例

表　达　式	说　明
int i = 3, j = 3, k = 3; int x = 1, y = 2, z = 7;	声明变量并赋值，后面表达式均使用此变量
i == j && j == k;	表达式正确，结果为 1(真)，判断多个值是否相等就应该先两两判断，再用逻辑运算符连接

表 达 式	说 明
i==j==k;	表达式语法无问题,表达式结果为0(假),是新手经常犯的错误,运算过程是:先判断i==j成立,结果为1(真),再判断1==k不成立,结果为0(假)。比较三个数是否相等的正确写法是:i==j && j==k
x=y=z;	表达式语法无问题,这是赋值语句,不是判断是否相等的语句。新手经常将判断相等的两个等号误写为一个等号,此表达式的结果是将x和y都赋为z的值,都变为7,赋值操作正确,表达式结果为真
i+=i-=i*i;	表达式正确,运算结果为i=-12,运算过程是从右向左:先计算i=i-(i*i)=3-3*3=-6,再计算i=i+i=-6-6=-12
y=++i+j++;	表达式正确,运算结果为y=7,此表达式可分解为三个表达式:i=i+1=3+1=4;y=i+j=4+3=7;j=j+1=3+1=4
z=--x&&++y;	表达式正确,运算结果为z=0,x=x-1=0,y=2值未变。因为逻辑短路,x值变为0已经能够决定逻辑与运算的结果,因此++y未运行
5=x+y;	表达式错误,赋值运算符左侧必须是变量
x+2=z;	表达式错误,赋值运算符左侧不可以是表达式
'x'='y';	表达式错误,赋值运算符左侧必须是变量,带单引号的'x'表示字符型常量x

【例3-4】 下列叙述错误的是( )。

A. C程序中♯include和♯define行均不是C语句

B. 除逗号运算符外,赋值运算的优先级最低

C. 在C语言中,j++;是赋值语句

D. 在C程序中,+、-、×、÷、%是算术运算符,可用于整型和实型运算

答案:D

解析:求余运算的两个操作数必须都是整数,不可以是实数。

【例3-5】 若变量均已正确定义,以下合法的C语言赋值语句是( )。

A. x=y==5;   B. x=n%2.5;   C. x+n=1;   D. x=5=4+1;

答案:A

解析:B错,求余运算中操作数2.5不是整数;C错,只可以为变量赋值,不可以给表达式赋值;D错,不可以给常量赋值;A对,结果是x=0或者x=1,取决于y是否等于5。

3.3.10 表达式的书写规则

表达式是由运算符连接常量、变量、函数所组成的式子。每个表达式都按照其中运算符的优先级和结合性进行运算,最终获得一个运算结果,该结果就是表达式的值,该结果的数据类型就是表达式的数据类型。建议在复杂表达式中使用括号明确运算顺序,表达式的书写规则如下:

(1) C语言表达式中的分界括号都是小括号,大括号和中括号有另外的用途和含义。

(2) 表达式中的乘号不可省略,如2x+3y必须写成2*x+3*y,否则会显示语法出错。

(3) C语言中比较多个数值大小的表达式应该两两判断,不能沿用数学中的表示方法。例如,数学表达式x<=y<=z,在C语言中应该写为x<=y && y<=z,否则,虽然语法检

测没有问题,但结果是错误的。

(4) 数学表达式中的一些符号,在 C 语言中应该使用数学函数,例如,对 b^2-4ac 求平方根,在 C 语言中应该使用平方根函数 sqrt(),写为 sqrt(b * b—4 * a * c)。使用数学函数应该先将 math.h 头文件包含到源程序中。

3.4 标准输入输出函数

C 语言的输入、输出操作都是通过调用系统函数来实现。常用的标准输入/输出函数有如下几种。

(1) 格式化输入/输出函数:scanf()/printf()。

(2) 字符输入/输出函数:getc()/putc()、getch()/putch()、getchar()/putchar()。

(3) 字符串输入/输出函数:gets()/puts()。

不同的函数在功能上有所不同,使用时应根据具体的要求选择合适的输入、输出函数。

3.4.1 格式化输出函数

格式化输出函数的作用:按照控制字符串指定的格式,向标准输出设备(一般为显示器)输出指定的输出项。

一般形式:printf("控制字符串",输出项列表)。

如图 3-4 所示,printf()函数参数包括两部分:<控制字符串>和<输出项列表>。

<输出项列表>可以是常量、变量、表达式,其类型和个数必须与<控制字符串>部分的<格式说明>中的格式字符串的类型和个数一致。有多个输出项时,各项之间用逗号分隔。当<控制字符串>中只有普通字符时,则不需要<输出项列表>。例如,printf("请输入一个整数\n");是经常用到的输入提示语,直接在屏幕上输出。

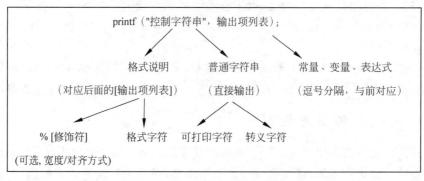

图 3-4 格式化输出函数一般形式

<控制字符串>必须用双引号括起来,可以由<格式说明>和<普通字符串>两部分组成,普通字符串直接在屏幕上输出。

1. 格式说明

格式说明的一般形式为:%[修饰符]格式字符。

格式字符规定了对应输出项的输出格式。在格式字符前面,还可用字母 l 和 h(大小写均可)来说明是用 long 型或 short 型格式输出数据。

常用格式字符如表 3-28 所示。

表 3-28 printf()函数输出格式字符

格式字符	含 义	格式字符	含 义
d	输出 int 型十进制带符号整数	Ld 或 ld	输出十进制带符号长整数
u	输出十进制无符号整数	Hd 或 hd	输出十进制带符号短整数
o	输出八进制无符号整数	Lu 或 lu	输出十进制无符号长整数
x 或 X	输出十六进制无符号整数	Hu 或 hu	输出十进制无符号短整数
f	以小数形式输出 float 型数据	c	输出 char 型单个字符
Lf 或 lf	以小数形式输出 double 型数据	s	输出字符串
E 或 e	以科学计数法输出浮点数	p	指针类型,输出十六进制地址
G 或 g	按照 e 和 f 格式中较短的输出	%	输出百分号%

[修饰符]是可选的,用于确定数据输出的宽度、精度、小数位数、对齐方式等,默认则按系统默认设定。常用修饰符如表 3-29 所示。

表 3-29 printf()函数常用修饰符

修饰符	格式说明	含 义
m	%md	以宽度 m 输出整数,不足 m 位时在前面补空格
0m	%0md	以宽度 m 输出整数,不足 m 位时在前面补数字 0
m.n	%m.nf	以宽度 m 输出浮点数,其中小数为 n 位(默认 6 位),小数点占 1 位;当 m 小于数字实际宽度时,整数按实际宽度输出,小数四舍五入进位;如省略 m,只写.n,则不限制输出的数字长度,只限制保留 n 位小数
-	%-md %-m.nf	输出的数据左对齐,默认是右对齐。对齐只起到美观的作用,不会影响数据的值
#	%#o	#用于 o 和 x 前,输出的八进制码前面加 0,十六进制码前面加 0x
*	%*d	灵活控制宽度,用常量或变量定义宽度

printf()函数的修饰符、格式符示例如表 3-30 所示。

表 3-30 printf()函数的修饰符、格式符示例

printf()函数示例	说 明

int i=33, k=3;
char m='A';
float x=12.865;
	声明变量并赋值,后面使用这些变量

printf("%d", i);	输出 33,按实际位数输出十进制带符号整数,占 2 位
printf("%4d", i);	输出 33,输出 4 位十进制带符号整数,前面补 2 个空格
printf("%04d", i);	输出 0033,输出 4 位十进制带符号整数,不足 4 位前面补 0
printf("%1d", i);	输出 33,输出 1 位十进制带符号整数,给出的位数小于数据实际位数时按实际位数输出,实际输出占 2 位
printf("%*d", 5, i);	输出 33,占 5 位,不足 5 位前面补 3 个空格
printf("%0*d", 5, i);	输出 00033,占 5 位,不足 5 位前面补 3 个 0
printf("%*d", k, i);	输出 33,占 3 位,前面补一空格,因为 k=3
printf("%0*c", 5, m);	输出 0000A,占 5 位

续表

printf 函数示例	说明
printf("%-5c,", m);	输出 A ,占 5 位,一表示数据左对齐,后面 4 个空格
printf("%-05c,", m);	输出 A ,占 5 位,一表示数据左对齐,左对齐时修饰符 0 无效,在后面补 4 个空格,不是补 0
printf("%-04d", i);	输出 33 ,占 4 位,一表示数据左对齐,不足 4 位后面补空格,左对齐时修饰符 0 无效,均在后面补空格
printf("%o", i);	输出 41,格式符 o 表示八进制,41 是 33 的八进制数,八进制常量以数字 0 开头,但格式符 o 输出的八进制数不包括 0
printf("%#o", i);	输出 041,格式符 o 表示八进制,加上修饰符 # 表示输出的八进制前面加上数字 0
printf("%x", i);	输出 21,格式符 x 表示十六进制,21 是 33 的十六进制数,十六进制常量以 0x 开头,但格式符 x 输出的十六进制数不包括 0x
printf("%#x", i);	输出 0x21,格式符 x 表示十六进制,加上修饰符 # 表示输出的十六进制数前面加上 0x
printf("%f", x);	输出 12.865000,浮点数默认输出 6 位小数
printf("%7.2f", x);	输出 12.86,数据一共 7 位,小数点占一位,不足 7 位在前面补空格。小数部分四舍五入保留两位小数
printf("%.1f", x);	输出 12.9,格式符中只给出小数位数,四舍五入保留一位小数,总长度没有限制,按数据实际长度输出
printf("%%");	输出%,因为百分号%是格式字符的标志,要想输出一个%,则需要连写两个%

2. 普通字符串

普通字符包括可打印字符和转义字符。可打印字符在屏幕上原样显示,转义字符是不可打印的字符,是一些控制字符,控制产生特殊的输出效果。常用转义字符见表 3-7。例如,'\n'表示回车换行,自动换到新一行;'\t'表示水平制表符,作用是调到下一个制表位。一般情况下,水平制表位的宽度是 8 个字符,'\t'表示移到下一个制表位的列上(8 的倍数+1)。

printf()函数输出普通字符示例如表 3-31 所示。

表 3-31　printf()函数输出普通字符示例

printf()函数示例	说明
printf("请输入一个整数:");	输出"请输入一个整数:",光标停留在当前行
printf("请输入一个整数:\n");	输出"请输入一个整数:",光标停留在下一行开始位置
printf("A\tB");	输出"A B",A 和 B 中间间隔 7 个空格,凑满一个制表位,在下一个制表位输出 B
printf("ABC\tB");	输出"ABC B",C 和 B 中间间隔 5 个空格,凑满一个制表位,在下一个制表位输出 B
printf("A\nB");	输出:A 　　　B 分两行输出 A 和 B
printf("\"hello! \"");	输出""hello!"",输出的是带双引号的字符串,要输出双引号,需要用\进行转义

续表

printf()函数示例	说　明
printf("\'hello! \'");	输出"'hello!'"，输出的是前后带单号的字符串，要输出单引号，需要用\进行转义
printf("\101");	输出"A"，101是大写字母A的八进制ASCII码，\ddd表示输出八进制ASCII码对应的字符
printf("\x42");	输出"B"，大写字母B的十六进制ASCII码是42，\xhh表示输出两位十六进制ASCII码对应的字符
printf("%%hi!%%");	输出"%hi!%"，因为百分号%是格式字符的标志，要想输出一个%，则需要连写两个%

提示：有符号整数可以用%u格式输出，反之，一个无符号整数也可以用%d格式输出，输出其在内存中存放的数据。

【例3-6】 分析程序运行结果。

```
#include <stdio.h>
void main()
{   int a, b, c;
    a = 25; b = 025; c = 0x25;
    printf("%d %d %d\n", a, b, c);
}
```

运行结果：25 21 37

分析：%d表示输出十进制带符号整数；025表示是八进制数25，转为十进制数是21；0x表示十六进制数，0x25转换为十进制数是37。

【例3-7】 分析程序运行结果。

```
#include <stdio.h>
void main()
{   char c; int n = 100;
    float f = 10;   double x;
    x = f * = n/ = (c = 50);
    printf ("%d, %f\n", n, x);
}
```

运行结果：2，20.000000

分析：自反运算结合性是自右向左，
依次计算 c=50；n=n/c=100/50=2；
f=f*n=10*2=20；x=f=20；
输出整数 n=2，x=20；
x是浮点数，小数点后默认6个0。

问题：如何在输出浮点数x时只输出两位小数？

解决办法：修改语句为 printf ("%d, %.2f\n", n, x);；浮点数格式符f前加宽度修饰符。

3.4.2 格式化输入函数

格式化输入函数的作用：从键盘上按指定格式输入数据，并将输入的数据赋值给指定的变量。

一般形式：scanf("控制字符串",输入项列表)；

如图 3-5 所示，scanf()函数与 printf()函数类似，也包括两部分：<控制字符串>和<输入项列表>。

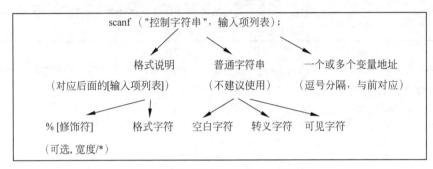

图 3-5　格式化输入函数一般形式

<输入项列表>由一个或多个变量的地址组成，变量名前面加上地址符"&"表示变量的地址，多个变量地址之间用逗号","分隔（注意：<输入项列表>和 printf()函数的<输出项列表>有区别，<输出项列表>中是变量的名字，不加地址符"&"）。后面章节会学到用数组名和指针可以直接表示地址，可以省略地址符"&"。

如有 int a,b；则：&a,&b 就可是<输入项列表>。

提示：<输入项列表>中变量的类型和顺序应该与<控制字符串>中格式说明的类型和顺序一致。

<控制字符串>规定了数据的输入格式，字符串必须用双引号括起来，<控制字符串>可以由<格式说明>和<普通字符串>两部分组成。一般情况下不提倡加普通字符串，如果加入了普通字符串，在输入数据时就必须在屏幕上原样输入。

1. 格式说明

格式说明的一般形式为：%[修饰符]格式字符

格式字符规定了对应输入项的格式，表示方法与 printf()函数相同。在格式字符前面可以增加修饰符。scanf()函数输入格式字符如表 3-32 所示。

表 3-32　scanf()函数输入格式字符

格式字符	含　义	格式字符	含　义
d	输入 int 型十进制带符号整数	ld	输入十进制带符号长整数
		hd	输入十进制带符号短整数
u	输入十进制无符号整数	lu	输入十进制无符号长整数
		hu	输入十进制无符号短整数
o	输入八进制无符号整数	lo	输入八进制无符号长整数
		ho	输入八进制无符号短整数

续表

格式字符	含 义	格式字符	含 义
x	输入十六进制无符号整数	lx	输入十六进制无符号长整数
		hx	输入十六进制无符号短整数
f	以小数形式输入 float 型数据	lf	以小数形式输入 double 型数据
e	以科学计数法输入浮点数		
c	输入 char 型单个字符		
s	输入字符串		

修饰符包括字段宽度修饰符和 * 号,还有 l 和 h。字段宽度修饰符限制输入数据的有效范围,* 表示按规定格式输入但不赋值给变量,作用是跳过相应的数据。

修饰符是可选的,主要有以下三种。

1) 字段宽度

字段宽度修饰符用数字表示,其作用是限定输入数据的有效范围,超过这个范围则截断数据。

如"scanf("%3d",&a);",其变量 a 的宽度限定为 3 位,有效值范围为 -99~999。若超过宽度,系统会截断,只取前 3 位。

【例 3-8】 分析程序。

```
# include < stdio.h >
int main()
{   int a, b;
    scanf("%d%3d", &a, &b);
    printf("a = %d b = %d\n", a, b);
}
```

运行结果:

输入:123456 123456

输出:a=123456 b=123

程序说明:以空格分隔输入两个 123456,变量 a 对应的格式符没有宽度限制,存入 123456,变量 b 对应的格式符限制宽度 3,所以只取前 3 位,存入 123,舍掉后面的 456。

2) l 和 h

字母(L,l)和(H,h)表示输入数据类型的长短,大小写作用相同,具体用法见表 3-32。

(L,l)和整数类型一起使用,表示长整型,和浮点型一起使用表示双精度浮点型。

(H,h)和整数类型一起使用,表示短整型。

3) 字符"*"

* 的作用是跳过相应的数据,输入的数据不赋给变量。

【例 3-9】 分析程序。

```
# include < stdio.h >
int main()
{   int x = 0, y = 0, z = 0;
    scanf("%d%*d%d", &x, &y, &z);
    printf("x = %d y = %d z = %d\n", x, y, z);
}
```

运行结果：

输入：11 22 33

输出：x＝11 y＝33 z＝0

程序说明：格式符"％*d"表示跳过一个整数，输入的 22 被跳过，没有赋给任何变量，y＝33，z 未读到数据，依旧是原值 0。

2. 普通字符

普通字符包括空白字符、转义字符和可见字符。如果 scanf() 控制字符串中有普通字符，则输入时需要原样输入。

1) 空白字符

空格符(Space)、制表符(Tab)或换行符(Enter)都是空白字符，但它们的 ASCII 码是不一样的。

空白字符的作用：对输入的数据起分离作用。

运行 scanf() 函数时，输入数据默认用空格符、制表符和换行符作为每个输入值结束的标志，以换行符作为此函数所有数据输入结束的标志。

例如，scanf("%d%d%d", &a, &b, &c); 语句中的控制字符串"%d%d%d"表示输入三个整数，三个%d 格式符之间没有加任何普通字符，则输入数据时可以用一个或多个空格、回车和 Tab 键分隔输入的数据，三个数都输入完毕按回车键结束输入。

若输入的数据中含有字符型的数据时，需要做一些技术处理，否则有可能出错。

例如：

int a;   char ch;
scanf("%d%c", &a, &ch);

若输入为：64 q

则结果为：a＝64，ch＝

结果并不是 a＝64，ch＝q。

若要让结果为：a＝64, ch＝q

scanf 语句需要改为：scanf("%d%*c%c", &a, &ch);

修改说明：使用"%*c"格式符跳过中间的空格，空格也是一个字符。

提示：要注意数值型数据和字符型数据的取值特点。若要同时输入这两种类型的数据，可先输入字符型数据，后输入数值型数据，以减少错误的发生。

2) 转义字符：\n,\t

转义字符属空白字符，对输入的数据一般不产生影响，但还是建议在 scanf() 控制字符串中不加入除格式符之外的任何字符。

3) 可见字符

可见字符是指 ASCII 码中所有通过键盘输入的可见字符，如数字、字母、其他符号等。但在程序运行时，这些可见字符并不会直接显示在屏幕上，而是要求用户按原样输入，充当每个变量输入值完毕的标志。这时，输入数据的间隔不再使用空格符、制表符和换行符。

再次提示：在 scanf() 控制字符串中，不建议使用普通字符；如果使用了，可见字符需要"原样输入"，否则会有不可预料的后果。

scanf() 函数的修饰符、格式符示例如表 3-33 所示。

表 3-33 scanf() 函数的修饰符、格式符示例

scanf()函数示例	说明

short b;
scanf("%d", &b);
printf("%hd\n", b);
	输入 32767,输出 32767,是短整型的最大值,数据正确
	输入 −32768,输出 −32768,是短整型的最小值,数据正确
	输入 32790,输出 −32746。因为输入值超过 short 范围,数据出错
	输入 −32790,输出 32746。因为输入值超过 short 范围,数据出错

int a; scanf("%d", &a);	输入 987654321,a 中存入 987654321,符合 int 范围,数据正确 输入 −987654321,a 中存入 −987654321,符合 int 范围,数据正确
int a; scanf("%3d", &a);	输入 123456,但 a 中存入的值是 123,只取前 3 位 输入 −123456,但 a 中存入的值是 −12,取前 3 位,符号占 1 位
int a, b; scanf("%d%d", &a, &b);	输入:12 34 a 中存入 12,b 中存入 34,数据正确 输入:12,34 a 中存入 12,正确,b 中数据出错。因为 scanf()格式符中没有用逗号","这个普通字符,输入数据时不可以用逗号分隔两个数据,可以用空格、Tab 或回车换行符三种格式符分隔
int a, b; scanf("%d,%d", &a, &b);	输入:12 34 a 中存入 12,b 中数据出错。因为 scanf()格式符中有普通字符逗号","输入数据时必须用逗号分隔两个数据,不可以用默认的空格、Tab 或回车换行符三种格式符分隔 输入:12,34 a 中存入 12,b 中存入 34,数据正确。scanf()函数格式符中有普通字符,输入数据时必须原样输入
char c; scanf("%c", &c);	输入:hello c 中存入的是 h,字符型变量只能存一个字符 输入:97 c 中存入 9,存的是字符 9,而不是数字 9
char f[10]; scanf("%s", &f);	输入:hello f 中存入 hello,f 是字符型数组,字符型数组可以存字符串,字符型变量只能存一个字符
char f[10]; scanf("%s", f);	输入:hello f 中存入 hello,f 是字符型数组,数组名就表示数组的首地址,可以省略取地址的符号 &
char f[10]; scanf("%c", &f);	输入:hello f[0]中存入 h,并未将字符串 hello 存入数组 f 中,因为使用的格式符是 c,c 表示只读入一个字符
char c; scanf("%d", &c);	输入:97 c 中存入 a,因为 scanf()函数中用的格式符是整型 d,而不是字符型 c。整型和字符型可以互换,为字符型变量输入整型数据,变量中存入将该整数作为 ASCII 码对应的字符
float g; scanf("%f", &g);	输入:12.34 g 中存入 12.34,数据正确 输入:5 g 中存入 5.0,数据正确

续表

scanf()函数示例	说明
float g; scanf("%d", &g);	输入：12.34 g 中存入 0.0，数据错误。因为格式符 d 表示整型，与数据类型浮点型不符 输入：5 g 中存入 0.0，同样错误，数据类型与格式符必须相符，只有整型和字符型可以互换
double e; scanf("%lf", &e);	输入：12.34 e 中存入 12.34，数据正确 输入：5 e 中存入 5.0，数据正确
double e; scanf("%f", &e);	输入：12.34 e 中数据错误。因为格式符不匹配，双精度浮点数应该用格式符 lf

float g;
scanf("%.2f", &g);
printf("g=%.2f", g);
	输入 1.22，输出结果却不是 1.22。因为 scanf()函数中不可以加入"%.2f"表示小数位数的修饰符，该修饰符应该用在 printf()函数中

【例 3-10】 分析程序运行结果。

```
#include<stdio.h>
void main()
{   int a, b;
    printf("请输入：");
    scanf("%3d%3d", &a, &b);
    printf("a=%d, b=%d\n", a, b);
}
```

运行结果：

请输入：112345678

　　　　a=112，b=345

程序说明：scanf()函数中两个格式符都限定了 3 位的宽度，系统会自动截取数据，多余的数据无效。

【例 3-11】 分析程序运行结果。

```
#include<stdio.h>
void main()
{   int a, b;
    printf("请输入：");
    scanf("a=%d, b=%d", &a, &b);
    printf("a=%d, b=%d\n", a, b);
}
```

运行结果：

错误的输入：

请输入：100 4568

　　　　a=－858993460，b=－858993460

正确的输入：
请输入：a=100，b=4568
　　　　a=100，b=4568

程序说明：建议在 scanf() 函数中不要加普通字符；如有加普通字符，输入数据时必须原样输入，否则读入的数据会出错。

3.4.3 字符输出函数

C 语言中有专门处理字符型数据的输出函数。表 3-34 中为几种常用的字符输出函数。VC 编译器中，putchar() 和 putc() 函数在 stdio.h 头文件中定义，putch() 函数在 conio.h 头文件中定义。

表 3-34 常用字符输出函数

函 数 原 型	函 数 功 能	返 回 值
int putc(int ch, FILE * stream)	将 ch 所对应字符输出到 stream 指定的文件流中，stdout 表示屏幕，也可以输出到其他文件流中	成功：ch 失败：EOF
int putch(int ch)	将 ch 所对应字符输出到屏幕	成功：ch 失败：EOF
int putchar(int ch)	将 ch 所对应字符输出到屏幕	成功：ch 失败：EOF

putch() 和 putchar() 的功能都是向屏幕输出一个字符，与 printf() 函数中 %c 的功能相同，但 putch() 是一个函数，而 putchar() 其实不是函数，而是函数 putc(ch, stdout) 的一个宏。putchar(ch) 与 putc(ch, stdout) 功能完全相同，putc() 函数具有更多的功能。

putc(ch, stdout)、putch(ch) 和 putchar(ch) 中的 ch 参数可以是字符常量、字符变量和整型表达式，也可以是控制字符或转义字符。例如 putch('\n') 和 putchar('\\') 等，都是合法的。

如果参数 ch 是整型表达式，要求其表达式的值在 ASCII 码表有效范围内，输出的是该值作为十进制 ASCII 码对应的字符。例如 putc(97, stdout);、putch(98); 和 putchar(99);，分别输出小写字母 a、b、c。

【例 3-12】 分析程序运行结果。

```
#include <stdio.h>
#include <conio.h>
int main()
{
    char c1 = 'X', c2 = 'Y', c3 = 'Z';
    int d1 = 97, d2 = 98;
1   putc(c1, stdout);              //输出字符变量
2   putch(c2);
3   putchar(c3);
    putch('\n');                    //换行
4   putch('x');                     //输出常量
    putchar('\n');                  //换行
5   putchar(d1);                    //输出整数 ASCII 对应字符
```

```
6   putch(d2);
}
```

运行结果：

XYZ
x
ab

程序说明：语句 1、2、3 用三个不同函数输出三个变量的值，输出结果为 XYZ。语句 4 输出字符型常量 x。语句 5、6 输出整数 97、98 作为 ASCII 码对应的字母 a 和 b。

提示：使用 putch()函数需要加入头文件 conio.h。

【例 3-13】 分析程序运行结果。

```
#include <stdio.h>
int main()
{   int a; char b;
    b = 'b';
    a = b + 1;
    putchar(a);
    putchar('\n');
    putchar(b);
}
```

运行结果：

c
b

程序说明：字符型和整型可以互换，字符型＋1 表示取该字符在 ASCII 码表中下一个字符，小写字母 b 的下一个字符是小写字母 c。

3.4.4 字符输入函数

与字符输出函数相对应，C 语言也专门提供了专用的字符输入函数，用于读入字符，存在字符型变量中。表 3-35 列出几种常用的字符输入函数。其中只有 getch()函数在 conio.h 头文件中定义，而不是在 stdio.h 头文件中定义。

表 3-35 常用的字符输入函数

函数原型	函数功能	返 回 值
int getc(FILE * stream);	从指定的输入流 stream 中读取字符，stdin 表示从键盘读入，也可以从其他输入流读入	成功：字符 失败：-1
int getch();	将键盘输入的字符放入缓冲区，输入的字符不显示在屏幕上	成功：字符 失败：-1
int getchar();	将键盘输入的字符放入缓冲区，输入的字符会显示在屏幕上，须回车	成功：字符 失败：-1

与字符输出函数相对应，getchar()是 getc(stdin)函数的一个宏，它们的功能完全相同，但 getc()函数具有更多的功能。

getch()和 getchar()函数的功能都是读入一个从键盘输入的字符，存到字符型变量中，不需要输入参数，它们的功能与 scanf()函数中%c 的功能相同，但也有所区别。使用字符输入函数需要注意以下几个方面。

(1) 用字符输入函数接收字符时，并不是从键盘输入一个字符后立即响应，而是将输入的内容先读入缓冲区，待输入结束后再一并运行。

(2) 字符输入函数一次只能接受一个字符，如果是多个输入，只有第一个字符有效。

(3) 使用 getch()函数输入字符后，输入的字符不会显示在屏幕上；而使用 getchar()和 getc()输入，屏幕上会显示输入的字符。

(4) getch()函数输入字符后，不用回车，直接读入；而使用 getchar()和 getc()输入，需要用回车符结束输入，会先将输入内容存入缓冲区，回车之后再读入。

(5) 与 scanf()输入函数不同，字符输入函数将空格符、制表符、换行符也作为字符接收；而 scanf()函数把空格符、制表符、换行符作为输入数据的分隔符，不能读入。

【例 3-14】 分析程序。

```c
#include <stdio.h>
void main()
{
    char c1, c2;
    c1 = getch();
    putchar(c1);putchar('\n');
    c2 = getchar();
    putchar(c2);putchar('\n');
}
```

运行结果：

x
y
y

程序说明：

(1) 运行程序，输入字母 x，屏幕上立即显示 x，并将光标移动到下一行。这个 x 是 putchar(c1);语句运行的结果，使用 getch()语句输入字符时不需要按下回车键结束输入，但输入的字符也不在屏幕上显示。

(2) 输入字母 y，屏幕上显示字母 y，光标停留等待按下回车键结束输入。回车后屏幕上又显示一个字母 y，第二个 y 是 putchar(c2);语句运行的结果。使用 getchar()函数读数据，输入的字母在屏幕上显示，但需要按下回车键结束。

【例 3-15】 分析如下程序。

```c
#include <stdio.h>
int main()
{
    char c1, c2, c3;
```

```
        printf("请输入字符 c1:");
        c1 = getc(stdin);              //输入字符存入 c1
        putc(c1, stdout);              //输出 c1 的值
        printf("\n请输入字符 c2:");
        c2 = getchar();                //输入字符存入 c2
        putchar(c2);                   //输出 c2 的值
        printf("\n请输入字符 c3:");
        c3 = getch();                  //输入字符存入 c3
        putch(c3);                     //输出 c3 的值
}
```

运行结果：

请输入字符 c1:A
A
请输入字符 c2:

请输入字符 c3:B

程序说明：

(1) 程序运行，显示"请输入字符 c1:"，然后运行 c1=getc(stdin)语句，等待用户输入。

(2) 输入字符 A(在屏幕上显示)，按回车键结束，屏幕上输出字符 A；同时输出"请输入字符 c2:"和一个空行，紧接着又输出"请输入字符 c3:"，此时才停下来等待输入。这是因为输入的字符 A 和回车符都被存入缓冲区，按下回车键结束输入后，语句 c1=getc(stdin); 读取缓冲区中的 A，语句 putc(c1, stdout); 输出 A; 之后，语句 c2=getchar(); 读到缓冲区里的回车符，语句 putchar(c2); 输出回车符(一个空行)。

(3) 输入字符 B(屏幕上不显示输入的内容)，输出 B(这是 putch(c3); 语句运行的结果)。

【例 3-16】 分析如下程序。

```
#include <stdio.h>
int main()
{   char ch;
    while ((ch = getchar()) == '0')
        printf("#");
}
```

输入：1230

运行结果：

输入：0123

运行结果：#

输入：00123

运行结果：##

程序说明：getchar()函数每次只能读入一个字符，读入后判断是否是字符 0，是，则输出#号，再读下一个字符进行判断；不是，则退出循环。

提示：程序设计时，根据情况选择适合的输入输出函数。使用字符输入输出函数时，一般会考虑配对使用。经常会将字符输入函数与循环条件语句合并为一个语句，如例 3-16。

3.4.5 字符串输出函数

C 语言提供专门输入输出字符串的函数，输出字符串的函数是 puts()。

一般形式：int puts(字符串或字符数组);

作用：将字符串或字符数组中存放的字符串输出到终端（显示器）上，一次只能输出一个字符串。输出时，遇到 '\0' 结束，并换行。

【例 3-17】 分析程序运行结果。

```c
#include <stdio.h>
int main()
{   char a[10] = "1234\0abcd";
    puts(a);
    puts("Hello!\0How are you?");
    puts("OK!\nI see!");
}
```

运行结果：

```
1234
Hello!
OK!
I see!
```

程序说明：'\0' 为字符串结束标志，puts() 函数遇到 '\0' 结束输出，并换行，后面的内容不再输出。

3.4.6 字符串输入函数

C 语言提供的专门输入字符串的函数是 gets()。

一般形式：gets(字符数组);

作用：专门用于读字符串，从标准设备（一般是键盘）读入字符串（包括空格），直到遇回车符结束。

【例 3-18】 分析程序运行结果。

```c
#include <stdio.h>
int main()
{   char a[10], b[10];
    puts("请输入字符串 1: ");
    gets(a);
    puts(a);
    printf("请输入字符串 2: ");
    scanf("%s", b);
    printf("%s\n", b);
}
```

运行结果：

请输入字符串 1:
abc 1234
abc 1234
请输入字符串 2: abc 1234
abc

程序说明：gets()函数能读入空格，scanf()函数不可以；puts()函数自动换行，printf()函数需用\n换行。

提示：gets()函数可以用于读入带空格的字符串，但一次只能读入一个字符串，而且必须确保输入的字符串长度(个数)小于字符数组大小。而 scanf()函数不能读入空格，它将空格作为字符串结束的标志。

3.5 程序范例

【例 3-19】 分析程序运行结果。

```c
#include<stdio.h>
void main()
{
    int a;char c = 10;
    float f = 100.0;double x;
    a = f/ = c * = (x = 6.5);
    printf("%d %d %3.1f %3.1lf\n", a, c, f, x);
}
```

运行结果：1 65 1.5 6.5

程序说明：这是一道混合运算题，事先需要知道运算符的优先级和结合性，查看表 3-26 知道赋值运算和自反运算的优先级相同,结合性是自右向左。先计算 x=6.5，然后依次计算

c=c*x=10*6.5=65；
f=f/c=100/65≈1.54；
a=f=(1.54)取整数 a=1。

提示：注意数据类型变化。浮点数存入整型变量，只取整数，不进行四舍五入。

【例 3-20】 分析程序运行结果。

```c
#include<stdio.h>
void main()
{ int x = 11, y = 22;
  printf("%d\n", (x, y));
}
```

运行结果：22

程序说明：(x, y)表示逗号表达式，结果为最后一个表达式的值。如果去掉小括号,改为 printf("%d\n", x, y);，则输出结果是 11，后一个变量 y 没有对应格式符,不输出。

【例 3-21】 分析程序运行结果。

```
#include <stdio.h>
void main()
{
    int x = 'd';
    printf("%c\n", 'Y'-(x-'a'+1));
}
```

运行结果：U

程序说明：这是字符型和整型转换的问题。x-'a'表示将变量 x 中的字符与字符 a 的 ASCII 码相减，等于 3；字符 Y 减去整数 4 表示比大写 Y 的 ASCII 码小 4 的那个字符，就是大写字符 U。

【例 3-22】 分析程序运行结果。

```
#include <stdio.h>
void main()
{   char c1, c2, c3, c4, c5, c6;
    printf("请输入：");
    scanf("%c%c%c%c",&c1,&c2,&c3,&c4);
    c5 = getchar();
    c6 = getchar();
    putchar(c1);
    putchar(c2);
    printf("%c%c\n", c5, c6);
}
```

运行结果：

请输入：123 45678

输出：1245

程序说明：格式符%c 表示读入字符型数据，每次只读入一个字符。c1、c2、c3 读入的分别是 1、2 和 3，c4 读入的是空格，c5 和 c6 分别读入 4 和 5。

提示：使用 scanf()函数输入多个数值型数据时，可以默认用空格、Tab 制表符和回车键分隔数据。但输入字符型数据时，这三个符号都会作为一个字符读入，不能作为分隔符。

【例 3-23】 分析程序运行结果。

```
/*求三个整数的平均值*/
#include <stdio.h>
void main()
{
    int a, b, c;
    float average;
    printf("请输入三个数：");
    scanf("%d%d%d", &a, &b, &c);
    average = (a+b+c)/3.0;
    printf("平均分：%-7.2f\n", average);
}
```

运行结果：
请输入三个数：11 15 18
平均分：14.67
问题：
如果改为 average=(a+b+c)/3;是什么结果？为什么要除以 3.0？输出格式符"%-7.2f"是什么意思？如果去掉负号"-"是什么效果。

3.6 常见错误

【案例 3-1】 输出格式问题。

```
#include <stdio.h>
int main()
{   int a=2, b=3;
    printf("a=%ad, b=%d", a, b);
}
```

输出结果：a=ad, b=2

而不是：a=2, b=3

错误分析：输出格式符%ad 中间多了一个普通字符 a。

修改为：printf("a=%d, b=%d", a, b);。

【案例 3-2】 输出格式问题。

```
#include <stdio.h>
int main()
{   int D=2;
    printf("D=%D", D);
}
```

输出结果：D=D

而不是：D=2

错误分析：整型数输出格式符是小写字母 d，不能写成大写字母。

修改为：printf("D=%d", D);。

【案例 3-3】 缺少地址符问题。

```
#include <stdio.h>
void main()
{   int a, b;
    printf("请输入：");
    scanf("%d%d", a, b);
    printf("a=%d, b=%d\n", a, b);
}
```

运行结果：编译、组建都没有问题，但运行程序输入数据后出现异常，程序停止运行。

错误分析：scanf()函数中的输入项列表必须是变量地址，不可以直接写变量名。printf()函数的输出项列表是直接写变量名，注意两个函数语法有区别。这是初学者的常见错误！

修改为：scanf("%d%d", &a, &b);。

本 章 小 结

本章是 C 语言程序设计的基础内容,后面的章节都要用到本章内容。编写 C 语言程序时应注意以下几项。

(1) 标识符不要使用关键字,尽量"见名知意",提高程序的可读性。

(2) 变量必须先定义后使用。变量有三要素:变量名、变量类型、变量值。变量名对应在内存中的地址,变量类型决定在内存中分配的字节数,变量值存储在分配的内存空间中。

(3) 不同类型变量有不同取值范围,避免不同类型变量之间赋值,以免数据丢失,造成程序运行结果错误,甚至有更严重的情况发生。

(4) 正确使用格式化输入输出函数 printf() 和 scanf(),格式符要与数据类型对应,以免造成数据错误。

(5) 输入输出字符型、字符串数据时也可以使用专门的函数,字符输入输出函数有 getc()/putc()、getch()/putch() 和 getchar()/putchar(),字符串的输入输出函数是 gets()/puts()。其中 getch()/putch() 定义在 conio.h 头文件中,其他都定义在 stdio.h 头文件中。

(6) 代码书写要规范,语句缩进,适当使用注释。

(7) 正确使用运算符,复杂的表达式尽量用括号来区分优先级,增加程序可读性。

(8) 关系表达式和逻辑表达式常用于分支结构和循环结构中的条件判断。

习　　题

一、选择题

1. 以下标识符不是关键字的是(　　)。
   A. SWITCHS　　　B. break　　　　C. return　　　　D. char
2. 以下不能定义为用户标识符的是(　　)。
   A. Main　　　　　B. _0　　　　　　C. _int　　　　　D. sizeof
3. 以下不合法的标识符是(　　)。
   A. J2_KEY　　　　B. Double　　　　C. 4d　　　　　　D. _g
4. 按照 C 语言规定的用户标识符命名规则,不能出现在标识符中的是(　　)。
   A. 大写字母　　　B. 连接符　　　　C. 数字字符　　　D. 下画线
5. 以下选项中,不能作为合法常量的是(　　)。
   A. 1.234e05　　　　　　　　　　　B. 1.234e0.5
   C. 1.234e+5　　　　　　　　　　　D. 1.234e0
6. 以下选项中合法的 C 语言常量的是(　　)。
   A. -80　　　　　B. -080　　　　　C. -8e1.0　　　　D. -80.0e
7. 下面选项中,合法的一组数值常量的是(　　)。
   A. 028　　　　　　B. 12　　　　　　C. 177　　　　　　D. 0x8a
   　.5e-3　　　　　　0xa23　　　　　 4c1.5　　　　　　10,000
   　-0Xf　　　　　　4.5e0　　　　　　0abc　　　　　　 3.e5

8. 下面4个选项中,均是合法整型常量的选项是(　　)。
   A. 160　　　　　　B. －0xcdf　　　　C. －01　　　　　D. －0x48a
      －0xffff　　　　　 01a　　　　　　　986,012　　　　　2e5
      011　　　　　　　 0xe　　　　　　　0668　　　　　　 0x

9. 下面4个选项中,均是不合法浮点数的选项是(　　)。
   A. 160.　　　　　　B. 123　　　　　　C. －.18　　　　　D. －e3
      0.12　　　　　　 2e4.2　　　　　　 123e4　　　　　　.234
      E3　　　　　　　 .e5　　　　　　　0.0　　　　　　　1e3

10. 下面正确的字符常量是(　　)。
    A. "C"　　　　　　B. "\\"　　　　　　C. 'W'　　　　　　D. ''

11. 下列4组选项中,均不是C语言关键字的选项是(　　)。
    A. define　　　　　B. getc　　　　　　C. include　　　　　D. while
       IF　　　　　　　 char　　　　　　　scanf　　　　　　　go
       type　　　　　　 printf　　　　　　case　　　　　　　 pow

12. 下列4组选项中,均是C语言关键字的选项是(　　)。
    A. auto　　　　　　B. switch　　　　　C. signed　　　　　D. if
       enum　　　　　　 typedef　　　　　　union　　　　　　 struct
       include　　　　　continue　　　　　 scanf　　　　　　 type

13. C语言中的标识符只能由字母、数字和下画线3种字符组成,且第一个字符(　　)。
    A. 必须为字母
    B. 必须为下画线
    C. 必须为字母或下画线
    D. 可以是字母、数字和下画线中任一种字符

14. 以下叙述中正确的是(　　)。
    A. 在C语言中,main函数必须位于程序的最前面
    B. C语言的每行中只能写一条语句
    C. C语言本身没有输入输出语句
    D. 在对一个C程序进行编译的过程中,可以发现注释中的拼写错误

15. 以下叙述中正确的是(　　)。
    A. C程序中注释部分可以出现在程序中任意合适的地方
    B. 大括号{}只能作为函数体的定界符
    C. 构成C程序的基本单位是函数,所有函数名都可以由用户命名
    D. 分号是C语句之间的分隔符,不是语句的一部分

16. 以下叙述中不正确的是(　　)。
    A. 一个C源程序可由一个或多个函数组成
    B. 一个C源程序必须包含一个main函数
    C. 在C程序中,注释说明只能位于一条语句的后面
    D. C程序的基本组成单位是函数

17. 在 C 语言中, int、char 和 short 三种类型数据在内存中所占用的字节数(　　)。
    A. 由用户自己定义　　　　　　　　　B. 均为 2 字节
    C. 是任意的　　　　　　　　　　　　D. 由所用机器的机器字长决定
18. 以下不属于 C 语言的数据类型是(　　)。
    A. unsigned long int　　　　　　　B. long short
    C. unsigned int　　　　　　　　　　D. signed short int
19. 以下正确的字符串常量是(　　)。
    A. "\\\"　　　　　　　　　　　　　　B. 'abc'
    C. Olympic Games　　　　　　　　　D. " "
20. 以下 4 个程序完全正确的是(　　)。
    A. ＃include＜stdio.h＞
       int main()
       {/* programming/ *
           printf("programming!\n");}
    B. ＃include＜stdio.h＞
       int main()
       {/* /programming/ */
           printf("programming!\n");}
    C. ＃include＜stdio.h＞
       int main()
       {/* / * programming * / * /
           printf("programming!\n");}
    D. ＃include＜stdio.h＞
       int main()
       {/* programming */
           printf("programming!\n");}
21. 以下正确的叙述是(　　)。
    A. 在 C 语言中,每行中只能写一条语句
    B. 若 a 是实型变量,C 程序中允许赋值 a=10,因此实型变量允许存放整数
    C. 在 C 程序中,无论是整数还是实数,都能被准确无误地表示
    D. 在 C 程序中,％是只能用于整数运算的运算符
22. 逗号表达式"(a=3*5, a*4), a+15"的值是(　　)。
    A. 15　　　　B. 60　　　　C. 30　　　　D. 不确定
23. 以下定义和语句的输出结果是(　　)。

    char c1 = 'a', c2 = 'f';
    printf("%d, %c\n", c2-c1, c2-'a'+'B');

    A. 2, M　　　B. 5, !　　　C. 2, E　　　D. 5, G
24. 若有以下定义,则能使值为 3 的表达式是(　　)。

    int k = 7, x = 12;

    A. x％=(k％=5)　　　　　　　　　B. x％=(k-k％5)
    C. x％=k-k％5　　　　　　　　　　D. (x％=k)-(k％=5)
25. 假设所有变量均为整型,则表达式 x=(a=2,b=5,b++,a+b)的值为(　　)。
    A. 7　　　　B. 8　　　　C. 6　　　　D. 2
26. 假设所有变量均为整型,则表达式 x=(i=4,j=16,k=32)后 x 的值为(　　)。
    A. 4　　　　B. 16　　　　C. 32　　　　D. 52

27. 若有代数式 $|x^3+\log_{10}^x|$，则正确的 C 语言表达式是（　　）。
    A. fabs(x*3+log(x))　　　　　　　　B. fabs(pow(x, 3)+log(x))
    C. abs(pow(x, 3.0)+log(x))　　　　D. fabs(pow(x, 3.0)+log(x))

28. 设变量 n 为 float 类型，m 为 int 类型，则以下能实现将 n 中的数值保留小数点后两位，第三位进行四舍五入运算的表达式是（　　）。
    A. n=(n*100+0.5)/100.0
    B. m=n*100+0.5, n=m/100.0
    C. n=n*100+0.5/100.0
    D. n=(n/100+0.5)*100.0

29. 若变量均已正确定义并赋值，以下合法的 C 语言赋值语句是（　　）。
    A. x=n%2.5　　　　　　　　B. x=5=4+1
    C. x+n=i　　　　　　　　　　D. x=y==5

30. 以下运算符中优先级最高的是（　　）。
    A. <　　　　B. +　　　　C. &&　　　　D. !

31. putchar 函数可以向终端输出一个（　　）。
    A. 字符或字符变量值　　　　　　　　B. 字符变量值
    C. 字符串　　　　　　　　　　　　　D. 整型变量表达式

32. 已知字符'A'的 ASCII 码是 65，字符变量 c1 的值是'A'，c2 的值是'D'，运行语句 printf("%d, %d", c1, c2-2); 后，输出结果是（　　）。
    A. A, B　　　　B. A, 68　　　　C. 65, 66　　　　D. 65, 68

33. 以下不正确的叙述是（　　）。
    A. 在 C 语言中，逗号运算符的优先级最低
    B. 在 C 语言中，APH 和 aph 是两个不同的变量
    C. 若 a 和 b 类型相同，运行赋值表达式 a=b 后，b 中的值将放入 a 中，而 b 中的值不变
    D. 从键盘输入数据时，整型变量只能输入整型数值，实型变量只能输入实型数值

34. 以下程序的运行结果是（　　）。
    ```
    #include<stdio.h>
    int main()
    {   unsigned int x = 0xffff;
        printf("%u\n", x);  }
    ```
    A. -1　　　　B. 65535　　　　C. 32767　　　　D. 0xFFFF

35. 设 x, y 为整型变量，x=11, y=5，则语句 printf("%d, %d\n", x++, --y); 的输出结果是（　　）。
    A. 11, 5　　　　B. 12, 4　　　　C. 11, 4　　　　D. 12, 5

36. 以下程序的运行结果是（　　）。
    ```
    #include<stdio.h>
    void main()
    { char x = 'd';    printf("%c\n", x+10); }
    ```
    A. n　　　　B. d　　　　C. d+10　　　　D. 100

37. 有定义语句：int x, y; scanf("%d, %d", &x, &y); ，若变量 x 得到值 11，y 得到值 12，下面四组输入中错误的是（　　）。（多选）

A. 11 12 <回车>　　　　　　　　　　B. 11，12 <回车>
C. 11，<回车>12 <回车>　　　　　　D. 11 < Tab >12 <回车>

38. 运行以下程序，若从键盘上输入数据，使 m＝123，n＝456，p＝789,则正确的输入是（　　）。

```
# include < stdio.h >
int main()
{ int m, n, p;
  scanf("m=%dn=%dp=%d", &m, &n, &p);
  printf("%d%d%d\n", m, n, p);
}
```

A. m=123n=456p=789　　　　　　B. m=123 n=456 p=789
C. m=123，n=456，p=789　　　　　D. 123 456 789

39. 假设变量均已正确定义，若要通过 scanf("%d%c%d%c"，&a1，&c1，&a2，&c2);语句为变量 a1，a2 赋数值 10 和 20,c1，c2 赋字符 X 和 Y,以下所示输入形式中正确的是（　　）。

A. 10 X　20 Y<回车>　　　　　　B. 10 X20 Y<回车>
C. 10 X<回车>　　　　　　　　　D. 10X<回车>
　　20 Y<回车>　　　　　　　　　　　20Y<回车>

40. 若要求从键盘上读入含有空格的字符串,应使用的函数是（　　）。
A. getc()　　　B. gets()　　　C. getchar()　　　D. scanf()

41. 对以下程序,当输入 a<回车>后,下面叙述正确的是（　　）。

```
# include < stdio.h >
int main()
{ char c1 = '1', c2 = '2';
  c1 = getchar();    c2 = getchar();
  putchar(c1);       putchar(c2);  }
```

A. 变量 c1 被赋予字符 a,c2 被赋予回车符
B. 程序等待用户输入第 2 个字符
C. 变量 c1 被赋予字符 a,c2 仍然是原字符 2
D. 变量 c1 被赋予字符 a,c2 无确定值

42. 设 a,b 和 c 都是 int 型变量,且 a=3,b=4,c=5 则下面的表达式中,值为零的表达式是（　　）。

A. 'a' && 'b'　　　　　　　　　　B. a<=b
C. a || b+c&&b-c　　　　　　　　D. !((a<b)&&! C || 1)

43. 设 ch 是 char 型变量,其值为 A 字符,如下表达式 ch 的值是字符（　　）:
ch= (ch>= 'A'&& ch <= 'Z') ? (ch + 32):ch;
A. A　　　B. a　　　C. Z　　　D. z

44. 若 x 和 y 都是 int 型变量,x=100,y=200,且有程序段 printf("%d",(x,y));;,则输出结果是（　　）。
A. 200
B. 100

C. 100,200   D. 输出格式不够,输出不确定的值

45. C 语言中最简单的数据类型包括(　　)。
    A. 整型、实型、逻辑型   B. 整型、单精度型、双精度、字符型
    C. 整型、字符型、逻辑型   D. 整型、实型、逻辑型、字符型

46. C 语言中,运算对象必须是整型的运算符是(　　)。
    A. %   B. /   C. %和/   D. **

47. 数学关系 x≥y≥z,它对应 C 语言表达式是(　　)。
    A. (x>=y)&&(y>=z)   B. (x>=y) AND (y>=z)
    C. (x>=y>=z)   D. (x>=y)&(y>=z)

48. 设有"int x=10,y=3,z;",则语句 printf("%d\n",z=(x%y,x/y));的输出结果是(　　)。
    A. 1   B. 0   C. 4   D. 3

49. C 语言表达式 10！=9 的值是(　　)。
    A. true   B. 非零值   C. 0   D. 1

50. 合法的 C 语言字符常量是(　　)。
    A. '\t'   B. "A"   C. 65   D. A

二、填空题

1. 字符变量以(　　)类型表示,它在内存中占(　　)位。

2. 在一个 C 语言源程序中,多行注释的分界符分别为(　　)和(　　)。

3. C 语言中的标识符只能由三种字符组成,它们是(　　)、(　　)和(　　),且第一个字符必须为(　　)。

4. 若 a 是 int 型变量,则运行表达式 a=25/3%3 后 a 的值为(　　)。

5. C 程序中数据有常量和变量之分,其中,用一个标识符代表一个常量的,称为(　　)常量。C 语言规定在程序中对用到的所有数据都必须指定其数据类型,对变量必须做到先(　　),后使用。

6. C 语言中,用关键字(　　)定义单精度实型变量,用关键字(　　)定义双精度实型变量,用关键字(　　)定义字符型变量。

7. 在 C 语言中,以 16 位 PC 机为例,一个 char 型数据在内存中所占的字节数为(　　);一个 int 型数据在内存中所占的字节数为(　　),则 int 型数据的取值范围为(　　)。一个 float 型数据在内存中所占的字节数为(　　);一个 double 型数据在内存中所占的字节数为(　　)。

8. 设 C 语言中的一个基本整型数据在内存中占 2 字节,若欲将整数 135791 正确无误地存放在变量 a 中,应采用的类型说明语句是(　　)。

9. C 的字符常量是用(　　)引号括起来的 1 个字符,而字符串常量是用(　　)引号括起来的字符序列。

10. C 语言中,用'\'开头的字符序列称为转义符。转义符'\n'的功能是(　　);转义符'\r'的功能是(　　)。

11. 若有定义 char c='\010';,则变量 c 中包含的字符个数为(　　)。

12. C语言中,&作为双目运算符是表示的是(　　),而作为单目运算符时表示的是(　　)。

13. 在C语言的赋值表达式中,赋值号左边必须是(　　)。

14. 自增运算符++、自减运算符--,只能用于(　　),不能用于常量或表达式。++和--的结合方向是"自(　　)至(　　)"。

15. 在C语言中,格式化输入操作是由库函数(　　)完成的,格式化输出操作是由库函数(　　)完成的。

16. 写出下列数所对应的其他进制数(D表示十进制数,B表示二进制数,O表示八进制数,H表示十六进制数)。

$32_D = (\quad)_B = (\quad)_O = (\quad)_H$

17. 写出下列数所对应的其他进制数。

$75_D = (\quad)_B = (\quad)_O = (\quad)_H$

18. 假设已指定i为整型变量,f为float变量,d为double型变量,e为long型变量,有式子 10+'a'+i*f-d/e,则结果为(　　)型。

19. 若有定义 int x=3,y=2; float a=2.5,b=3.5;,则表达式(x+y)%2+(int)a/(int)b 的值为(　　)。

20. 5/3 的值为(　　),5.0/3 的值为(　　)。

21. 若有以下定义,int m=5,y=2;,则运行表达式 y+=y-=m*=y 后的y值是(　　)。

22. 若a是int型变量,则表达式(a=4*5,a+2),a+6 的值为(　　)。

23. 若x和n均为int型变量,且x的初值为12,n的初值为5,则运行表达式 x%=(n%=2)后,x的值为(　　)。

24. 表达式 8/4*(int)2.5/(int)(1.25*(3.7+2.37))值的数据类型为(　　)。

25. 假设m是一个三位数,从左到右用a,b,c表示每一位的数字,若从左到右数字是bac的三位数,则在C语言中用m表示bac的表达式是(　　)。

26. 运行语句(a=3.0+5,a*4),a+=-6;后,变量a及表达式的值分别为(　　)和(　　)。

27. 以下语句的运行结果是(　　)。

　　int a = 1;
　　printf ("%d\\%s\\%s", a, "abc", "def");

28. getchar()函数的作用是(　　)。

29. 运行以下程序后,用户输入123456abc,输出结果为(　　)。

```
#include <stdio.h>
void main()
{  int a, b;
   char  c;
   scanf ("%3d%2d%3c", &a, &b, &c);
   printf("%d, %d, %c", a, b, c);
}
```

30. 以下程序的运行结果是(   )。

```c
# include <stdio.h>
void main()
{   int i = 10;
    { i++;
      printf ("%d", i ++);
    }
    printf ("%d\n", i );
}
```

第 4 章　数据结构与简单的算法设计

学习目标

- 了解数据结构与算法的基本概念；
- 了解几种基本数据结构；
- 掌握算法的结构以及描述方法；
- 掌握算法的流程图表示，能熟练绘制流程图。

4.1　算法概念

算法(Algorithm)被公认为计算机学科的灵魂。最早的算法可追溯到公元前 2000 年，在古巴比伦人留下的陶片上，古巴比伦的数学家提出了一元二次方程及其解法。

所谓算法，即解决一个问题而采取的方法和步骤，可以理解为有基本运算规定的算法顺序所构成的完整的解决步骤。算法用某种编程语言写出来就是程序，但程序不一定都是算法。程序不一定满足有穷性。

算法与数据结构关系紧密。在算法设计时先要确定相应的数据结构，而在讨论某一种数据结构时也必然会涉及相应的算法。解决特定类型问题的算法可以选择不同的数据结构，而且选择恰当与否会直接影响算法的效率。著名的计算机科学家尼古拉斯·沃斯曾提出：程序设计＝数据结构＋算法。

4.1.1　算法的性质

一个算法，尤其是一个成熟的算法，应该具有以下 6 个特性：

(1) 算法名称：每个算法都应该有一个名字。在 C 语言中，算法名通常就是函数名。
(2) 输入：算法可能会有若干个输入。
(3) 输出：算法至少有一个或多个输出，表示算法运算的结果。
(4) 有效性：算法的每一步都有确定的含义，是计算机可以进行操作和运算的。
(5) 正确性：算法的结果必须正确，能够解决相应的问题。
(6) 有限性：一个算法必须在运行有穷步骤之后结束，且每一步都可在有穷时间内完成。

4.1.2　算法的结构

早期的非结构化语言中都有 goto 语句，它允许程序从一个地方直接跳转至另一个地方，这样做的好处是使程序设计十分方便灵活。但随着程序规模的扩大，一大堆的跳转语句,使得程序的流程十分复杂紊乱,可读性较差,排错更是十分困难。C语言是一种结构化的程序语言。所谓结构化程序是指,问题可以分解成相互独立的几个部分,每个独立部分可以通过简单的语句或结构来实现。经过研究,任何复杂的算法都可以由顺序结构、分支结构和循环结构这三种基本结构组成。C语言程序算法描述就是以下三种结构:

(1) 顺序结构。是简单的线性结构,程序在运行过程中是按语句的先后顺序来运行的。

(2) 分支结构。程序在运行过程中,会根据条件的不同有选择的运行不同的功能。

(3) 循环结构。程序在运行过程中,在一定的时间段内或一定的条件下,重复地运行某个功能,直到时间已到或条件不再满足。

4.2 基本数据结构

4.2.1 数据结构概念

数据是计算机处理的符号总称。数据可以是数值型数据,也可以是非数值型数据。数值数据主要有整数和浮点数,主要用于工程计算和科学计算。非数值数据则包括字母、表格、程序代码、符号序列、图形以及工程问题中的树、图、网、结点等。

数据元素之间的关系称为"结构"。有4种基本结构如表4-1所示。

表 4-1 基本数据结构

结构名称	说 明	图 例
集合关系	无序的松散关系	
线性关系	一一对应关系	
树状关系	一对多关系	
图关系	多对多关系	

数据结构研究数的逻辑结构和物理存储结构以及它们之间的相互关系,并对这种结构定义相应的运算,而且确保经过这些运算后所得到的新结构仍然是原来的结构类型。数据结构是计算机存储组织数据的方式。

4.2.2 数据结构类型

在任何问题中,数据元素之间都不会是孤立的,在它们之间都存在各种各样的关系。这种数据元素之间的关系称为结构。下面介绍几种常用的数据结构。

1. 集合结构

集合结构中,数据元素之间的关系是"属于同一个集合"。由于集合是数据元素之间关系极为松散的一种结构,因此,也可用其他数据结构来表示集合结构。

2. 线性结构

线性表是最简单,也是最常用的一种数据结构。在线性表中,数据元素之间是一对一的关系,即除了第一个和最后一个数据元素之外,其他数据元素都是首尾相接的。在实际应用中,线性表的形式有字符串、一维数组、栈、队列、链表等数据结构。

3. 栈

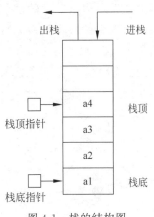

栈是一种特殊的线性表,其最大的特点是先进后出。栈的插入和删除运算限定在的某一端进行。允许插入和删除的一端称为栈顶,另一端称为栈底。处于栈顶位置的数据元素称为栈顶元素。在如图 4-1 所示的栈中,元素以 a1,a2,…,an 的顺序进栈,因此,栈底元素是 a1,栈顶元素是 an。不含任何数据元素的栈称为空栈。

栈的结构就像一个很窄的死胡同,栈顶相当于胡同口,栈底相当于胡同底部。进、出胡同可看作栈的插入和删除运算,数据进出都在栈顶进行。栈常见的操作有进栈(Push)、出栈(Pop)、取最栈顶元素(Top)、判断栈是否为空。在程序的递归运算中,经常需要用到栈这种数据结构。

图 4-1 栈的结构图

4. 队列

队列和栈的区别是:栈是先进后出,队列是先进先出。队列也是一种运算受限的线性表,在队列中,允许插入的一端称为队尾,允许删除的一端称为队头。新插入的元素只能添加到队尾,被删除的元素只能是排在队头的元素,如图 4-2 所示。

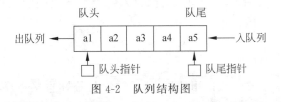

图 4-2 队列结构图

队列与现实生活中购物排队十分相似。排队的规则是不允许"插队",新加入的成员只能排在队尾,队中全体成员只能按顺序向前移动,当到达队头并获得服务后离队。然而,购物队中任何成员可以中途离队,而这个队列是不允许的。

队列经常用作"缓冲区"。例如,有一批从网络传输来的数据,处理需要较长的时间,而数据到达的时间间隔并不均匀,有时长,有时短。如果采用先来先处理,后来后处理的算法,可以创建一个队列,用来缓存这些数据,出队一笔,处理一笔,直到队列为空。

5. 树状结构

树状结构广泛存在于客观世界中,如人类的族谱、各种社会组织机构、各种事物的分类等。树在计算机领域得到了广泛应用。例如,操作系统中的目录结构;源程序编译时,可用树表示源程序的语法结构;在数据库系统中,树状结构也是信息的重要组织形式之一。简单地说,一切具有层次关系或包含关系的问题都可用树来描述。

如图 4-3 所示，这张图看上去像一棵倒置的树，"树"由此得名。用图示法表示任何树状结构时，通常根在上、叶在下。树的箭头方向总是从上到下，即从父结点指向子结点；因此，可以简单地用连线代替箭头，这是画树状结构时的约定。树状结构是一种重要的非线性结构。

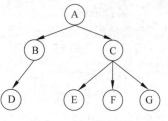

图 4-3 树状结构图

6. 图状结构

图状结构是比树状结构更复杂的非线性结构。数据之间的关系可以是任意的，图中任意两个元素都有可能相关。图中元素之间是一种多对多的关系。图中的数据元素称为顶点(Vertex)，顶点之间的逻辑关系用边来表示。图中的边按有无方向分为无向图和有向图，无向图由顶点和边组成，有向图由顶点和弧构成。如果图中的边没有权值关系，一般定义边长为 1；如果图中的边有权值，则构成的图称为网图，如图 4-4 所示。

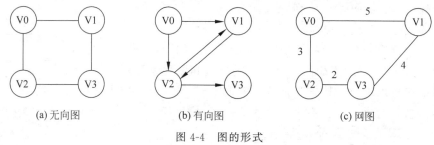

图 4-4 图的形式

4.3 算法的描述

算法的描述方法有很多种，常用的有自然语言、流程图、伪代码、PAD 图等。下面主要介绍自然语言描述和流程图描述。

4.3.1 自然语言描述

自然语言就是人们日常交流使用的语言，用文字性描述直接将算法步骤表述出来。自然语言描述算法的优点是简单，便于人们对算法的阅读。但是自然语言表示算法时文字冗长，容易出现歧义；而且用自然语言描述分支和循环结构时不直观。

【例 4-1】 计算并输出 z＝x/y 的值。

算法描述如下。

S1：定义变量 x,y,并输入值；

S2：判断 y 是否为 0；

S3：如果 y＝0；则输出错误提示信息,转到 S6；

S4：否则计算 z＝x/y；

S5：输出 z；

S6：算法结束。

【例 4-2】 判定某一年是否是闰年,将结果输出。

闰年的条件是：

(1) 能被 4 整除，但不能被 100 整除的年份都是闰年，如 1996 年、2004 年是闰年；

(2) 能被 100 整除，又能被 400 整除的年份是闰年，如 1600 年、2000 年是闰年。

不符合这两个条件的年份不是闰年。

算法描述如下。

S1：定义变量年份 y，并输入值；

S2：若 y 不能被 4 整除，则输出 y "不是闰年"，然后转到 S6；

S3：若 y 能被 4 整除，不能被 100 整除，则输出 y "是闰年"，然后转到 S6；

S4：若 y 能被 100 整除，又能被 400 整除，输出 y "是闰年"，否则输出 "不是闰年"，然后转到 S6；

S5：输出 y "不是闰年"；

S6：算法结束。

【例 4-3】 求和 sum＝1＋2＋3＋4＋5＋…＋n，输出 sum 的值。

算法描述如下。

S1：定义变量 n，并给定一个大于 0 的正整数值；

S2：定义一个整型变量 i，设其初始值 1；

S3：定义整型变量 sum，设置其初始值为 0；

S4：如果 i 小于等于 n，则转到第 5 步，否则转到第 8 步；

S5：将 sum 的值加上 i 的值后，重新赋值给 sum；

S6：将 i 的值加 1，重新赋值给 i；

S7：转到第 4 步；

S8：输出 sum 的值；

S9：算法结束。

通过上面几个例子可以看出，自然语言表示的含义往往不太严格，要根据上下文才能判断其正确含义，描述包含分支和循环的算法时也不方便。因此，除了那些很简单的问题外，一般不用自然语言描述算法。

4.3.2 流程图描述

流程图是由流向线和几何图形框连接而成的。其中流向线指明算法的流程走向，图形框用来表示各种操作指令。使用流程图描述问题的处理步骤，形象直观，便于阅读。美国国家标准化协会（American National Standard Institute，ANSI）规定了一些常用的流程图符号，如图 4-5 所示。

开始结束框：代表算法的开始和结束，每个算法都必须有且仅有一个开始和一个结束。

数据框：代表算法中数据的输入或输出，也可以用处理框代替。

处理框：表示算法对数据的处理，通常为程序的表达式语句。

判断框：代表算法中的分支情况，判断条件只有满足和不满足两种情况。

流向线：用来连接各个流程图框，表示算法的流程走向。

连接点：当同一个算法流程图在不同页时，在分割点画连接点，来连接两页的流程图。

一般而言，算法流程图完全可以用图 4-5 所示的 6 个流程图符号来表示，通过流向线将各个框图连接起来。这些框图和流向线的有序组合就可以构成众多不同的算法描述。

对于结构化的算法,流程图组合只包含三种基本结构:顺序结构、分支结构和循环结构。

1. 顺序结构

顺序结构是一种简单的线性结构,由处理框和流向线组成,根据流向线所示的方向,按顺序运行各矩形框的指令。流程图的基本形状如图 4-6 所示。

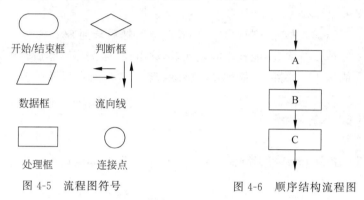

图 4-5 流程图符号　　　　图 4-6 顺序结构流程图

指令 A、指令 B、指令 C 可以是一条指令语句,也可以是多条指令,顺序结构的运行顺序为从上到下地运行,即 A→B→C。

2. 分支结构

分支结构由判断框、处理框和流向线组成,先要对给定的条件进行判断,根据条件结果的真假分别运行不同的处理框。其流程图的基本形状有两种,如图 4-7 所示。

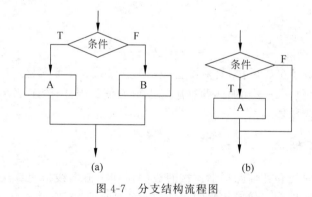

(a)　　　　　　　　　(b)

图 4-7 分支结构流程图

图 4-7(a)所示情况的运行顺序为:先判断条件,当条件为真时,运行 A,否则运行 B。

图 4-7(b)所示情况的运行顺序为:先判断条件,当条件为真时,运行 A,否则什么也不运行。

3. 循环结构

同选择分支结构一样,循环结构也是由判断框、处理框和流向线组成的。但循环结构在条件为真的情况下,重复运行 A 框中的内容。循环结构有两种基本形态:while 型循环和 do-while 型循环。

1) while 型循环

while 型循环的流程图如图 4-8 所示。while 型循环的运行顺序为:先判断条件,如果条件为真,则运行 A;然后再进入条件判断,构成一个循环,一旦条件为假,则跳出循环,进入下一个处理框。

2）do-while 型循环

do-while 型循环的流程图如图 4-9 所示。do-while 型循环的运行顺序为：先运行 A，再判断条件，若条件为真，则重复运行 A，一旦条件为假，则跳出循环，进入下一个处理框。

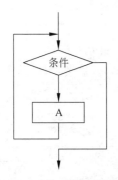

图 4-8　while 型循环流程图

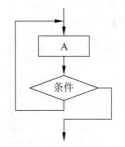

图 4-9　do-while 型循环流程图

在图 4-8 和图 4-9 中，A 被称为循环体，条件被称为循环控制条件。使用循环结构时，要注意以下几个方面。

（1）在循环体中的指令有可能不止一条。在指令中必须要有对条件的值进行修改的语句，使得经过有限次循环后，循环一定能结束。

（2）while 型循环中循环体可能一次都不运行，而 do-while 型循环则至少运行一次。

（3）do-while 型循环可以转化成为 while 型循环结构，但 while 型循环不一定能转化为 do-while 型循环。例如，将图 4-9 所示的 do-while 循环转化成 while 循环，如图 4-10 所示。

【例 4-4】　计算并输出 z＝x/y 的值。

流程图表示如图 4-11 所示。

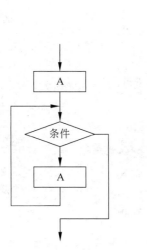

图 4-10　do-while 型循环转换成 while 型循环

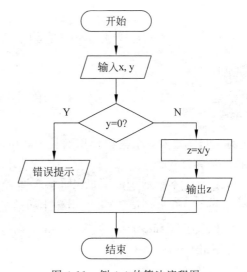

图 4-11　例 4-4 的算法流程图

【例 4-5】 判定某一年是否是闰年,将结果输出。

闰年的条件是:

(1) 能被 4 整除,但不能被 100 整除的年份都是闰年,如 1996,2004 年是闰年;

(2) 能被 100 整除,又能被 400 整除的年份是闰年。如 1600,2000 年是闰年。不符合这两个条件的年份不是闰年。

流程图表示如图 4-12 所示。

【例 4-6】 求和 sum=1+2+3+4+5+…+n,输出 sum 的值。

流程图表示如图 4-13 所示。

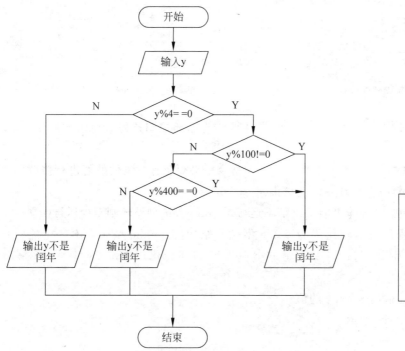
图 4-12 例 4-5 的算法流程图

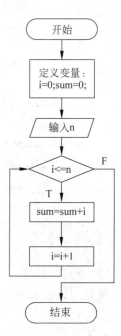
图 4-13 例 4-6 的算法流程图

4.4 算法设计范例

【例 4-7】 输入三个整数 a,b,c,找出其中最小值并输出。

自然语言描述如下。

S1:定义三个整型变量 a,b,c,并输入值;

S2:比较 a 和 b 的值,将 a,b 中较小的值赋值给 min;

S3:比较 min 和 c 的值,如果 c<min,则将 c 的值赋给 min;

S4:输出 min;

S5:算法结束。

流程图描述如图 4-14 所示。

【**例 4-8**】 输入一个正整数 n，求出 1＋1/2＋1/3＋…＋1/n 的值。

自然语言描述如下。

S1：定义整型变量 n，给定一个大于 0 的初值；

S2：定义一个整型变量 i，设其初始值 1；

S3：定义整型变量 sum，其初始值设置为 0；

S4：如果 i 小于等于 n，则转到第 5 步，否则转到第 8 步；

S5：将 sum 的值加上 1/i 的值后，重新赋值给 sum；

S6：将 i 的值加 1，重新赋值给 i；

S7：转到第 4 步；

S8：输出 sum 的值；

S9：算法结束。

流程图描述如图 4-15 所示。

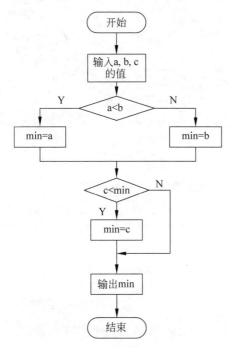
图 4-14 例 4-7 的算法流程图

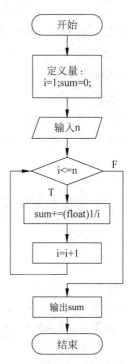
图 4-15 例 4-8 的算法流程图

本 章 小 结

算法是解决问题的方法和要遵循的步骤，程序的功能是通过算法来描述的。

用自然语言描述算法的方法一般适用于简单的问题，复杂的问题通常用流程图描述。

算法并不唯一，采用什么方法来解决问题可以获得更大的收益是算法研究的一个方面。

习 题

一、选择题

1. 算法就是为了解决某一特定问题而设计的(　　)步骤。
   A. 有限的　　　　　B. 无限的　　　　　C. 顺序的　　　　　D. 制定的
2. 关于算法下列表述错误的是(　　)。
   A. 算法的每一步都必须是确定的,不能有二义性
   B. 算法就是指解决问题的方法和步骤
   C. 算法就是计算方法
   D. 算法可用多种程序设计语言实现
3. 数据结构线性表中数据元素直接的关系是(　　)。
   A. 一对一　　　　　B. 一对多　　　　　C. 多对多　　　　　D. 没关系
4. 数据结构树状结构中数据元素直接的关系是(　　)。
   A. 一对一　　　　　B. 一对多　　　　　C. 多对多　　　　　D. 没关系
5. 栈结构的特点是(　　)。
   A. 在栈底入栈　　　　　　　　　　　　B. 先进先出
   C. 先进后出　　　　　　　　　　　　　D. 在栈底出栈
6. 以下不是算法的描述方法是(　　)。
   A. 伪代码　　　　　　　　　　　　　　B. 流程图
   C. 自然语言　　　　　　　　　　　　　D. 数据库
7. 下列算法描述方法中,使用图形来进行描述的是(　　)。
   A. 自然语言　　　　　　　　　　　　　B. 伪代码
   C. 流程图　　　　　　　　　　　　　　D. 程序
8. 流程图中,菱形框是(　　)。
   A. 输入、输出框　　　　　　　　　　　B. 连接框
   C. 处理框　　　　　　　　　　　　　　D. 判断框
9. 判断框有(　　)。
   A. 一个入口多个出口　　　　　　　　　B. 一个入口两个出口
   C. 多个入口多个出口　　　　　　　　　D. 一个入口一个出口
10. 流程图的分支结构有(　　)。
    A. 一个入口多个出口　　　　　　　　　B. 一个入口两个出口
    C. 多个入口多个出口　　　　　　　　　D. 一个入口一个出口

二、算法设计题

1. 输入一个整数,判断该数是不是偶数。画出该问题的算法流程图。
2. 输入一个整数,判断该数是不是素数。画出该问题的算法流程图。
3. 依次输入10个数,输出其中最大的数。画出该问题的算法流程图。
4. 输入一个整数,判断该数是否能同时被3和5整除。画出该问题算法流程图。
5. 输入三个实数 a,b,c,求解对应的一元二次方程 $ax^2+bx+c=0$ 的根,分别考虑有两

个不等的实根和两个相同的实根。画出该问题的算法流程图。

三、简答题

1. 什么是算法？
2. 算法的性质有哪些？
3. 什么是数据结构？
4. 列举几种数据结构，并分析它们的特点。
5. 列举几种算法描述方法。
6. 列举算法的几种基本结构。

第 5 章 分支结构

学习目标

- 正确地判断和使用逻辑表达式和关系表达式；
- 掌握各种形式 if 语句的语法和用法，注意嵌套 if 结构中 if 和 else 的匹配关系；
- 掌握 switch 语句语法和使用方法，注意 switch 语句的控制流程；
- 掌握 switch 语句中 break 语句的使用以及 switch 语句的嵌套；
- 熟练使用 if 结构和 switch 结构解决简单的应用问题。

5.1 if 结构

在日常生活中大家可能经常遇到这样的问题，如果今天天气好我就出去郊游，否则就在家看电视。对于这种需要根据不同情况执行不同操作的问题，计算机该如何处理？顺序语句只能按照语句的先后顺序来运行，显然不能根据判断结果选择处理方式，这要求程序本身具有判断能力。本章介绍的分支结构正是为解决这一类问题而设定的。本章将会介绍 C 语言中的几种分支结构，包括 if 结构和 switch 结构。

if 结构是最常见的分支结构，if 语句是单分支结构，if-else 构成双分支结构，同时可以利用 if 语句或者 if-else 语句的嵌套实现多分支结构。

5.1.1 if 语句

if 语句是最简单的分支语句，是一种单分支结构，其语法形式为：

```
if(<表达式>)
{
    <语句 A>
}
```

上述结构中的<表达式>一般为条件表达式或者逻辑表达式，用一对小括号括起来。if 语句的功能是先判断<表达式>的逻辑值，若该逻辑值是"真"，则进入分支运行<语句 A>，否则什么也不运行。式中，<语句 A>是分支语句，可以是一条语句也可以是多条语句，如果分支结构只有一条语句。则大括号可以省略。

if 结构的流程图如图 5-1 所示。

【例 5-1】 若有定义 int a＝3,b＝1;，判断下列表达式逻辑值

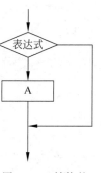

图 5-1 if 结构的流程图

真假。

a>0   a>=0   a>b   a==b   a!=b   a==1   a=1
a=b   a=0   a&&b   a||b   !a   !b--   !--b

分析：a>0 为真，a>=0 为真，a>b 为真，a==b 为假，a!=b 为真，a==1 为假，a=1 为真，a=b 为真，a=0 为假，a&&b 为真，a||b 为真，!a 为假，!b-- 为假，!--b 为真。

注意：一个等号表示赋值，两个等号表示比较大小。a=b，则 a 的值由 3 变为 1；a==b 是判断 a 和 b 的值是否相等，相等则结果为 1，不等则结果为 0。

【例 5-2】 从键盘任意输入一个实数 a，求其绝对值并输出。

分析：根据题目要求，当 a 是负数时，需要求其相反数；当 a 为非负数，则不需要做任何改变。

```
1   #include<stdio.h>              //包含头文件 stdio.h,因为用到输入输出函数
2   void main(){                    //主函数名字固定为 main
3       float a;                    //定义单精度浮点型变量,可以存小数
4       printf("请输入一个实数：");  //在屏幕上输出提示
5       scanf("%f", &a);            //从键盘输入一个浮点数,存到变量 a 中
6       if (a<0)                    //判断输入的数小于 0
7       {
8           a = -a;                 //负数变为正数
9       }
10      printf("a的绝对值为: %f\n", a); //输出绝对值数值
11  }
```

运行结果：

请输入一个实数：-10
a的绝对值为：10.000000

请输入一个实数：7.7
a的绝对值为：7.700000

第三次提示：如果使用 VC 2010 环境，可在 main 函数体语句最后面，结尾大括号前面，增加 getchar();语句，避免画面一闪而过。

5.1.2 if-else 语句

if-else 语句是由关键字 if 和 else 构成的二分支结构，其语法形式为：

```
if(<表达式>)
{
    <语句 A>
} else
{
    <语句 B>
}
```

上述结构中的<表达式>一般为条件表达式或者逻辑表达式，用一对小括号括起来。if-else 语句的功能是先判断<表达式>的逻辑值，若该逻辑值是"真"，则运行<语句 A>，否则运行<语句 B>。式中，<语句 A>、<语句 B>都是分支语句，可以是一条语句也可以是多条语句，如果只有一条语句，则大括号可以省略。一次条件判断结束，<语句 A>、<语句 B>只能运行其一，不可能同时都运行。

if-else 结构的流程图如图 5-2 所示。

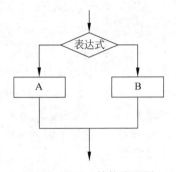

图 5-2 if-else 结构流程图

【例 5-3】 从键盘输入一个整数 n，判断该数的奇偶，如果 n 是偶数输出"n 是偶数"；如果 n 不是偶数输出"n 是奇数"。

分析：根据题目要求，判断 n 是否为偶数，也就是 n 除以 2 的余数是否为 0。根据不同的结果需要输出不同的信息，很显然应该使用二分支结构。

```
1    # include < stdio.h >              //包含头文件 stdio.h,因为用到输入输出函数
2    void main(){                        //主函数名字固定为 main,返回值为空值
3        int n;                          //定义变量
4        printf("请输入一个整数: ");     //在屏幕上输出提示
5        scanf("%d", &n);                //从键盘输入一个整数,存入变量 n 中
6        if (n%2 == 0)                   //余数等于 0 则为真,不等于 0 则为假
7        {   printf("%d是偶数\n", n); }
8        else
9        {   printf("%d是奇数\n", n); }
10   }
```

运行结果：

请输入一个整数：12　　请输入一个整数：15
12是偶数　　　　　　　15是奇数

上述程序也可以写成这样，观察一下判断条件的变化。

```
1    # include < stdio.h >
2    void main(){
3        int n;
4        printf("请输入一个整数: ");
5        scanf("%d", &n);
6        if (n%2)                        //余数为 1 则为真,余数为 0 则为假
7        {   printf("%d是奇数\n", n); }
8        else
9        {   printf("%d是偶数\n", n); }
10   }
```

【例 5-4】 编写程序，通过输入 x 的值，计算分段函数 y 的值。

$$y = \begin{cases} x, & x \geqslant 0 \\ x^2, & x < 0 \end{cases}$$

分析：根据题目要求，对于输入的 x 值要进行判断，在 $x<0$ 和 $x\geqslant 0$ 的情况下，y 的取值不同。

```
1   #include<stdio.h>
2   void main(){
3       float x, y;
4       printf("请输入一个实数：");
5       scanf("%f", &x);              //读入一个单精度浮点数
6       if (x<0)
7       {   y = x * x;   }
8       else
9       {   y = x;   }
10      printf("y = %f\n", y);
11  }
```

运行结果：

请输入一个实数：-6
y=36.000000

请输入一个实数：6
y=6.000000

5.1.3 if 语句的嵌套

if 语句的嵌套是指在 if 或者 else 的分支结构中包含另外的 if 语句或者 if-else 语句，也就是前面所述的 if 结构中<语句 A>、<语句 B>可以是 if 语句或者 if-else 语句。if 语句的嵌套层次原则上可以是任意多层，但通常情况下不建议使用层数较多的嵌套。if 语句的嵌套形式一般分为两种：规则嵌套和不规则嵌套。

1. 规则嵌套

规则嵌套是每一层的 if 或 else 分支嵌套着另一个 if-else 结构。其语法形式如下：

```
if(<表达式 1>)
{
    <语句 A>
}
else if(<表达式 2>)
{
    <语句 B>
}
else if(<表达式 3>)
{
    <语句 C>
}
…
else if(<表达式 n>)
{
    <语句 X>
}
else
{
    <语句 X+1>
}
```

上述结构的功能是先判断<表达式1>的逻辑值,若该逻辑值是"真",则运行<语句A>,否则判断<表达式2>的逻辑值,若为"真",则运行<语句B>,否则继续判断<表达式3>的逻辑值……以此类推。

规则嵌套的流程图如图5-3所示。

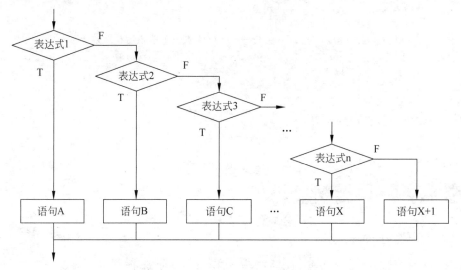

图5-3 if-else的规则嵌套流程图

【例5-5】 编写程序,通过输入 x 的值,计算分段函数 y 的值。

$$y = \begin{cases} x & (x < 1) \\ 2x - 1 & (1 \leqslant x < 10) \\ 3x - 1 & (x \geqslant 10) \end{cases}$$

分析:根据题目要求,对于输入的 x 值要进行判断。在 $x<1$、$1 \leqslant x<10$ 和 $x \geqslant 10$ 三种情况下,y 值的计算公式不同。

```
1    #include <stdio.h>
2    void main()
3    {
4        float x, y;
5        printf("请输入一个实数:");
6        scanf("%f",&x);
7        if(x<1)
8        { y = x;}
9        else if(x<10)
10       { y = 2*x-1; }
11       else
12       { y = 3*x-1; }
13       printf("y的值为: %f\n", y);
14   }
```

运行结果:

请输入一个实数:0.45　　　请输入一个实数:5.4　　　请输入一个实数:10.1
y的值为:0.450000　　　　y的值为:9.800000　　　　y的值为:29.300001

问题：else if 语句中为何不需要写为 x>=1 && x<10，却只写 x<10 条件？

【例5-6】 从键盘输入学生百分制成绩 score，输出成绩等级 A、B、C、D。A 等为 85 分以上，B 等为 70~84 分，C 等为 60~69 分，D 等为 60 分以下。

分析：将百分制成绩分为 4 个等级输出，需要进行多层判断。

```
1   #include<stdio.h>
2   void main()
3   {
4       int score;
5       printf("请输入一个百分制成绩：");
6       scanf("%d",&score);
7       if(score>=0&&score<=100)
8       {
9           if(score>=85)
10          {
11              printf("成绩为A等\n");
12          }else if(score>=70)
13          {
14              printf("成绩为B等\n");
15          }else if(score>=60)
16          {
17              printf("成绩为C等\n");
18          }else
19          {
20              printf("成绩为D等\n");
21          }
22      }else
23          printf("您输入的不是百分制分数\n");
24  }
```

运行结果：

请输入一个百分制成绩：90　　请输入一个百分制成绩：80　　请输入一个百分制成绩：-10
成绩为A等　　　　　　　　　成绩为B等　　　　　　　　　您输入的不是百分制分数

在使用 if-else 嵌套结构时需要注意以下几点。

(1) C 语言规定，else 总是与在它上面、距它最近且尚未匹配的 if 配对。

(2) 程序书写采用缩进方式，将同一层的分支结构对齐，这样可以增加程序的美观性和可读性。

(3) 程序设计时，if-else 结构不宜太多，2~3 层左右，否则对程序的运行效率会有所影响。

2. 任意嵌套

与规则嵌套不同，任意嵌套是在 if-else 结构中的任一分支中嵌入 if 结构或者 if-else 结构。实际问题中，大部分都是任意嵌套的形式。

对于初学者来说，多重 if-else 结构最容易出错的就是 if 与 else 的配对问题。建议大家在编写程序时，先写好分支结构的左右大括号，再在大括号中间编写分支语句或者其他的分支结构，避免遗漏右边大括号造成的程序错误。同时建议，对于只有一条语句的分支也不要省略大括号,避免出现不必要的逻辑错误。

【例 5-7】 试比较下列两段程序的差异。

程序一:

```c
#include<stdio.h>
void main()
{
    int a=1,b=-1;
    if(a>0)
        if(b>0)
            a++;
        else a--;
    printf("a=%d\n",a);
}
```

运行结果:

a=0

程序二:

```c
#include<stdio.h>
void main()
{
    int a=1,b=-1;
    if(a>0)
    {
        if(b>0)
            a++;
    }
    else a--;
    printf("a=%d\n",a);
}
```

运行结果:

a=1

5.2 switch 结构

通过上面的学习我们了解到,对于多种分支的情况,我们可以采用 if 语句和 if-else 语句的多重嵌套来实现。但是如果需要判断的分支很多,嵌套层次就会变得复杂,而且程序运行效率会降低。为了解决这个问题,C 语言提供了 switch 语句专门处理多路分支的情形。

switch 语句是一种多路分支语句,其语法形式如下:

```
switch(<表达式>)
{
case <值1>: 语句序列1;
         break;
case <值2>: 语句序列2;
         break;
```

```
        …
    case <值 n-1>: 语句序列 n-1;
            break;
    case <值 n>: 语句序列 n;
            break;
    default: 语句序列 n+1;
}
```

其运行过程为:当 switch 后面的<表达式>的值与某个 case 后面的"值 i"相同时,就运行 case 后面的语句序列 i;当运行到 break 语句时,跳出 switch 语句,运行后面的程序语句。如果没有任何一个 case 后面的值与<表达式>的值相等,则运行 default 后面的语句序列,直到 switch 语句结束。

switch 结构可以没有 default 标号,此时如果没有任何一个 case 后面的值与<表达式>的值相等,则直接跳出 switch 结构。

switch 语句运行的流程图如图 5-4 所示。

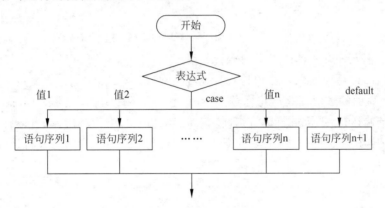

图 5-4 switch 语句流程图

【例 5-8】 输入成绩等级 A、B、C、D,要求按照考试成绩的等级输出百分制分数段。A 等为 85 分以上,B 等为 70~84 分,C 等为 60~69 分,D 等为 60 分以下。

分析:这是一个多分支选择问题,根据 4 个等级输出对应的百分制分数范围。如果用 if 语句来至少要三层的嵌套,使用 switch 则只需一次匹配即可。

```
1    #include<stdio.h>
2    void main(){
3        char grade;
4        printf("请输入一个成绩等级:");
5        scanf("%c",&grade);              //读入一个字符
6        switch(grade)                     //switch 多分支
7        {
8            case 'A': printf("85-100\n");break;
9            case 'B': printf("70-84\n");break;
10           case 'C': printf("60-69\n");break;
11           case 'D': printf("60 以下\n");break;
12           default:printf("输入错误!\n");
13       }
14   }
```

运行结果：

```
请输入一个成绩等级：A     请输入一个成绩等级：D     请输入一个成绩等级：F
85-100                   60以下                     输入错误！
```

在使用 switch 语句时还应注意以下几点。

(1) switch 后面的<表达式>，一般是 int 型、char 型和枚举型中的一种，不能是 float 型或者 double 型。同时，每个 case 后面"值"的类型应该与 switch 后面的<表达式>的类型一致。

(2) case 后面的语句序列可以是一条语句也可以是多条语句，但语句序列的大括号可以省略，如：

```
switch(i){
    case 1:  { a++;   b++;   break;}         //  { }可省略
    case 2:  a--;   b--;   break;            //省略了{ }
    default: break;
}
```

(3) 每个 case 后面的数值必须各不相同，否则会出现相互矛盾的现象。因为对<表达式>的同一值，不允许有两种或以上的运行方案。

(4) 每个 case 后面的数值必须是常量或者是常量表达式，不能包含变量。

(5) case 后面的数值仅起语句标号作用，并不进行条件判断。系统一旦找到入口标号，就从此标号开始运行，不再进行标号判断，直到遇见 break 语句跳出，或者运行到 switch 语句结束。例如，在例 5-8 中，如果去掉各个 case 子句中的 break 语句，将连续输出，效果如下。

```
1    #include<stdio.h>
2    void main(){
3        char grade;
4        printf("请输入一个成绩等级：");
5        scanf("%c",&grade);
6        switch(grade)
7        {
8            case 'A':  printf("85-100\n");
9            case 'B':  printf("70-84\n");
10           case 'C':  printf("60-69\n");
11           case 'D':  printf("60以下\n");
12           default:   printf("输入错误！\n");
13       }
14   }
```

运行结果：

```
请输入一个成绩等级：A
85-100
70-84
60-69
60以下
输入错误！
```

提示：如果 case 子句和 default 子句都带有 break 语句，那么它们之间的顺序不影响

switch 分支的功能。如果 case 子句和 default 子句有的带有 break 语句,有的没有,那么它们之间的顺序变化可能会影响输出结果。

5.3 程序范例

【例 5-9】 已知某公司员工的保底月薪为 1500,某月所接工程的绩效 profit(整数)与绩效提成的关系如下所示,计算员工的当月薪水。

工程绩效 profit	提成比率
profit < 1000	没有提成
1000 <= profit < 2000	10%
2000 <= profit < 5000	15%
5000 <= profit < 10000	20%
profit >= 10000	25%

分析:这是一个典型的多分支问题,员工最终的薪水=保底月薪+工程绩效 * 提成比率,可以使用 if-else 的嵌套结构,也可以使用 switch 结构。

方法一:

```
1   #include<stdio.h>              //包含头文件
2   void main()                    //主函数
3   {
4       int profit;                //定义变量
5       float salary = 0;
6       printf("请输入当月绩效:");
7       scanf("%d",&profit);       //输入绩效
8       if(profit<1000)            //1000 以下没有提成
9       {
10          salary = 1500;
11      }else if(profit<2000)      //大于等于 1000,小于 2000,提成 10%
12      {
13          salary = 1500 + profit * 0.1;
14      }else if(profit<5000)      //大于等于 2000,小于 5000,提成 15%
15      {
16          salary = 1500 + profit * 0.15;
17      }else if(profit<10000)     //大于等于 5000,小于 10000,提成 20%
18      {
19          salary = 1500 + profit * 0.2;
20      }else                      //大于等于 10000,提成 25%
21      {
22          salary = 1500 + profit * 0.25;
23      }
24      printf("当月薪水为:%.2f",salary);   //输出薪水
25  }
```

运行结果:

```
请输入当月绩效:800
当月薪水为:1500.00
```

```
请输入当月绩效:8000
当月薪水为:3100.00
```

方法二：

使用 switch 语句，需要对 profit 值判断，但是 profit 可能是很大的值，不可能在程序中一一穷举。分析本题可知，提成的变化都是 1000 的整数倍，我们可以将 profit 值除以 1000 再进行匹配。

```
1    #include<stdio.h>
2    void main()
3    {
4        int profit;
5        float salary = 0;
6        printf("请输入当月绩效：");
7        scanf("%d",&profit);
8        switch(profit/1000)                        //判断绩效除以 1000 的值
9        {
10           case 0: salary = 1500; break;          //1000 以下没有提成
11           case 1: salary = 1500 + profit * 0.1;break;   //1000=<绩效<2000,提成 10%
12           case 2:
13           case 3:
14           case 4: salary = 1500 + profit * 0.15;break;  //2000=<绩效<3000,提成 15%
15           case 5:
16           case 6:
17           case 7:
18           case 8:
19           case 9: salary = 1500 + profit * 0.2;break;   //5000=<绩效<10000,提成 20%
20           default: salary = 1500 + profit * 0.25;       //绩效大于 10000,提成 25%
21       }
22       printf("当月薪水为：%.2f",salary);
23   }
```

运行结果：

请输入当月绩效：800　　请输入当月绩效：8000
当月薪水为：1500.00　　当月薪水为：3100.00

提示：不是所有的多分支都能用 switch 语句，能枚举每一个可能取值才能用 switch 语句，但所有的多分支都可以用嵌套 if-else 语句实现。

【**例 5-10**】 写一程序，从键盘输入年份 year，判断其是否为闰年。闰年的条件是：能被 4 整除但不能被 100 整除，或者能被 400 整除。

分析：如果 X 能被 Y 整除，则余数为 0，即 X%Y==0。

```
1    #include<stdio.h>
2    void main()
3    {
4        int year;
5        printf("请输入年份：");
6        scanf("%d", &year);
7        if(year%4 == 0 && year%100 != 0)       //能被 4 整除,不能被 100 整数
8        {
9            printf("%d是闰年\n", year);
10       }else if(year%400 == 0)                //能被 400 整除
```

```
11      {
12          printf("%d是闰年\n", year);
13      }else
14      {
15          printf("%d不是闰年\n", year);
16      }
17  }
```

运行结果：

```
请输入年份：2000      请输入年份：2012      请输入年份：2019
2000是闰年            2012是闰年            2019不是闰年
```

本 章 小 结

程序设计三种基本结构是：顺序结构、分支结构、循环结构。C语言中分支结构通过 if-else 语句和 switch 语句实现。

if-else 语句可以实现单分支和双分支结构，使用嵌套 if-else 结构可以实现多分支。

switch 语句可以实现多分支结构，但不是所有的多分支都可以用 switch 结构实现。switch 结构中要注意用好 break 语句。

if-else 语句和 switch 语句可以嵌套使用。

习 题

一、选择题

1. 以下程序的运行结果是(　　)。

```
#include <stdio.h>
int main()
    { int m = 5;
      if (m++>5) printf ("%d\n", m);
      else       printf ("%d\n", m--);  }
```

A. 4   B. 5   C. 6   D. 7

2. 以下程序的运行结果为(　　)。

```
int a=1, b=2, c=2, t=0;
if(a<b) {t=a;a=b;b=t;c++;}
printf("%d, %d, %d",a, b, c);
```

A. 1，2，0   B. 2，1，0
C. 1，2，1   D. 2，1，3

3. 设有 int a=1, b=2, c=3, d=4, m=2, n=2;，运行(m=a>b)&&(n=c>d)后 n 的值是(　　)。

A. 1   B. 2
C. 3   D. 4

4. 对 if 语句中表达式的类型,下面说法正确的是( )。
   A. 必须是关系表达式
   B. 必须是关系表达式或逻辑表达式
   C. 必须是关系表达式或算术表达式
   D. 可以是任意表达式

5. 以下错误的 if 语句是( )。
   A. if(x＞y)　z＝x;
   B. if(x＝＝y)　z＝0;
   C. if(x！＝y)　printf("％d", x)　else　printf("％d", y);
   D. if(x＜y)　{x＋＋;　y--;}

6. 已知 int x＝10, y＝20, z＝30;;语句 if(x＞y) z＝x;x＝y;y＝z;运行后,x,y,z 的值是( )。
   A. x＝10, y＝20, z＝30
   B. x＝20, y＝30, z＝30
   C. x＝20, y＝30, z＝10
   D. x＝20, y＝30, z＝20

7. 当 a＝1, b＝3, c＝5, d＝4 时,运行完下面一段程序后 x 的值是( )。

   ```
   if(a < b)
     if(c < d)   x = 1;
     else
       if(a < c)
         if(b < d)  x = 2;
         else  x = 3;
       else  x = 6;
   else  x = 7;
   ```

   A. 1
   B. 2
   C. 3
   D. 6

8. 有如下程序,正确的输出结果是( )。

   ```
   #include <stdio>
   void main()
   {  int a = 15, b = 21, m = 0;
      switch(a % 3)
      { case 0:m++;break;
        case 1:m++;
        switch(b % 2)
           {  default:m++;
              case 0:m++;break;   }
      }
      printf("%d\n", m);
   }
   ```

   A. 1
   B. 2
   C. 3
   D. 4

9. 若 a, b, c1, c2, x, y 均是整型变量,错误的 switch 语句是( )。
   A. switch(a＋b)
      {
        case 1：y＝a＋b; break;
        case 0：y＝a－b; break;
        case 3：y＝b－a; break;
      }
   B. switch(a＊a＋b＊b)
      {
        case 3:break;
        case 1：y＝a＋b; break;
      }

C. switch a
 {
  case c1：y＝a＋b；break；
  case c2：y＝a－b；break；
  default：y＝b－a；
 }

D. switch(a－b)
 {
  default：y＝a＊b；break；
  case 3：
  case 4：y＝b－a；break；
 }

10. 若希望当 A 的值为奇数时，表达式的值为"真"，A 的值为偶数时，表达式的值为"假"，则以下不能满足要求的表达式是( )。
 A. A％2＝＝1　　　　　　　　B. ！(A％2＝＝0)
 C. ！(A％2)　　　　　　　　D. A％2

11. 若有定义语句 int a, b; double x;，则下列选项中没有错误的是( )。
 A. switch (x％2)　　　　　　B. switch ((int)x/2.0)
  { case 0：a＋＋；break；　　{ case 0：a＋＋；break；
   case 1：b＋＋；break；　　 case 1：b＋＋；break；
   default：a＋＋；b＋＋；}　default：a＋＋；b＋＋；}
 C. switch((int)x％2)　　　　D. switch((int)(x)％2)
  { case 0：a＋＋；break；　　{ case 0.0：a＋＋；break；
   case 1：b＋＋；break；　　 case 1.0：b＋＋；break；
   default：a＋＋；b＋＋；}　default：a＋＋；b＋＋；}

12. 以下选项中与 if(a＝＝1) a＝b；else a＋＋；语句功能不同的 switch 语句是( )。
 A. switch(a) {case 1：a＝b；break；default：a＋＋；}
 B. switch(a＝＝1) {case 0：a＝b；break；case 1：a＋＋；}
 C. switch(a) {default：a＋＋；break；case 1：a＝b；}
 D. switch(a＝＝1) {case 1：a＝b；break；case 0：a＋＋；}

13. 选项中与如下嵌套 if 语句等价的语句是( )。

```
if(a < b)
    if(a < c)  k = a; else  k = c;
else if(b < c) k = b;  else k = c;
```

 A. k＝(a＜b)? a：b；k＝(b＜c)? b：c；
 B. k＝(a＜b)? (b＜c? a：b)：(b＞c)? b：c)；
 C. k＝(a＜b)? (a＜c? a：c)：(b＜c? b：c)；
 D. k＝(a＜b)? a：b；k＝(a＜c)? a：c；

14. 以下程序的运行结果是( )。

```
# include <stdio.h>
int main()
{ int x = 1, y = 0;
  if(!x) y++;
  else if(x == 0)
    if (x)   y += 2;
    else    y += 3;
```

```
        printf("%d\n", y);    }
```
  A. 3   B. 2   C. 1   D. 0

15. 以下程序的运行结果是( )。

```
#include <stdio.h>
int main()
{  int x=1, y=2, z=3;
   if(x>1)
     if(y>x) putchar('A');
     else    putchar('B');
   else
     if(z<x) putchar('C');
     else    putchar('D');  }
```

  A. A   B. B   C. C   D. D

16. 以下叙述中正确的是( )。

  A. if 语句只能嵌套一层

  B. 改变 if-else 语句的缩进格式,会改变程序的运行流程

  C. 不能在 else 子句中再嵌套 if 语句

  D. if 子句和 else 子句中可以是任意的合法的 C 语句

17. 以下程序的运行结果是( )。

```
#include <stdio.h>
void main()
{  int x=1, a=0, b=0;
   switch(x)
   { case 0: b++;
     case 1:  a++;
     case 2:  a++; b++;
   }
   printf("a=%d, b=%d\n", a, b);  }
```

  A. a=2, b=1 B. a=1, b=1 C. a=1, b=0 D. a=2, b=2

18. 以下程序的运行结果是( )。

```
#include <stdio.h>
void main()
{   float x=2.0, y;
    if(x<0.0)    y=0.0;
    else if(x<10.0)  y=1.0/x;
    else    y=1.0;
    printf("%f\n", y);  }
```

  A. 0.000000 B. 0.250000 C. 0.500000 D. 1.000000

二、填空题

1. C 语言用( )表示假,( )表示真。

2. 写出下列各逻辑表达式的值。设有 int a=3, b=4, c=5, x, y。

  (1) a+b>c&&b==c   ( )

(2) a||b+c&&b-c   (   )
(3) !(a>b)&&!c||1   (   )
(4) !(x==a)&&(y==b)&&0   (   )
(5) !(a+b)+c-1&&b+c/2   (   )

3. 以下程序的运行结果是(　　)。

```
#include <stdio.h>
void main()
{
    int a = 1, b = 2, c = 3;
    if(a = c)    printf("%d\n", c);
    else         printf("%d\n", b);
}
```

4. 以下程序的运行结果是(　　)。

```
#include <stdio.h>
int main()
{
    int ch1 = 0, ch2 = 5;
    if(ch1!= 3) printf("ch1:%d", ch1);
    else        printf("ch2:%d", ch2);
}
```

5. 若从键盘输入 58，以下程序的运行结果是(　　)。

```
#include <stdio.h>
int main()
{
    int a;
    scanf("%d", &a);
    if(a>50)    printf("%d", a);
    if(a>40)    printf("%d", a);
    if(a>30)    printf("%d", a);
}
```

6. 以下程序的运行结果是(　　)。

```
#include <stdio.h>
int main()
{
    int a = 100;
    if(a>100)    printf("%d\n", a>100);
    else         printf("%d\n", a<=100);
}
```

7. 以下程序的运行结果是(　　)。

```
#include <stdio.h>
int main()
{ int a = 1, b = 0;
    switch(a)
```

```
    { case 1: switch (b)
            { case 0: printf(" ** 0 ** "); break;
              case 1: printf(" ** 1 ** "); break;}
      case 2: printf(" ** 2 ** "); break;
    }
}
```

三、编程题

1. 编写程序,输入一个整数,判断该数的正负性和奇偶性。

2. 从键盘输入一个字符,如果是大写字母,就转换成小写;如果是小写字母,就转换成大写;如果是其他字符原样保持并将结果输出。

3. 从键盘输入一个数,判断其是否是 5 的倍数而不是 7 的倍数。如果是,输出 Yes,否则输出 No。

4. 编写程序,输入一个整数,当其为 65 时输出 A,66 时输出 B,67 时输出 C,其他值时输出 END。

第 6 章　循 环 结 构

学习目标
- 掌握 for 循环、while 循环和 do-while 循环语句的使用；
- 掌握循环语句的嵌套使用；
- 掌握 break 语句和 continue 语句的用法。

在前面章节所学习的顺序结构和选择结构中,所有的程序语句最多只能被运行一次。但在一些实际情况中,有一些语句需要被运行多次,这个时候就需要使用循环结构。C 语言中提供了三种循环结构语句,分别是 for 循环语句、while 循环语句和 do-while 循环语句。每一种循环语句结构都有其各自的语法特征和最适用的场合。在大多数情况下,这三种循环语句能够互相替代。

6.1　for 循环结构

for 循环语句的基本形式为：

for(<初始表达式>; <条件表达式>; <循环变量表达式>)
{
　　<循环体语句>
}

在 for 循环语句中,关键字 for 后面是由( )括起来的三条表达式语句,各表达式之间用分号隔开,其后是由{ }括起来的循环体语句。for 循环语句的运行过程如下：

(1) 运行初始表达式。

(2) 运行条件表达式。如果条件表达式的值为真,则运行循环体语句；如果条件表达式的值为假,则跳出 for 循环语句,运行循环结构外的语句。

(3) 循环体语句运行结束之后,运行循环变量表达式,更新循环变量。

(4) 跳转至步骤(2),直到条件表达式为假,循环结束。

for 循环语句流程图如图 6-1 所示。通常情况下,for 循环的循环体语句是由多条语句组成的复合语句,这时候要用一组大括号括起来。如果循环体语句只包含一条语句,则可以省略大括号。

反过来说,当 for 循环体语句没有使用大括号时,循环运行的是紧跟在 for 语句后面的一条语句。如以下程序示例中,程序示例 6.1 不等价于示例 6.2,程序示例 6.2 等价于示例 6.3。

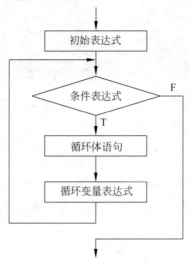

图 6-1 for 循环流程图

示例 6.1：
```
for(i=1;i<=5;i++)
{
    printf(" * ");
    printf("\n");
}
```

示例 6.2：
```
for(i=1;i<=5;i++)
    printf(" * ");
    printf("\n");
```

示例 6.3：
```
for(i=1;i<=5;i++)
{
    printf(" * ");
}
printf("\n");
```

6.1.1　for 循环语句的特征

在 for 循环语句中，必须注意 for 循环所具有的如下几个特征。

(1) <初始表达式>可以省略，但是必须保留初始表达式之后的";"，同时在 for 循环语句之前对循环变量赋初始值。此时，for 循环语句的结构形式为：

```
<初始表达式>;
for(; <条件表达式>; <循环变量表达式>)
{
    <循环语句>
}
```

如程序示例 6.4 等价于程序示例 6.5。

示例 6.4：
```
int i;
for(i=1;i<=5;i++)
{
    printf(" * ");
    printf("\n");
}
```

示例 6.5：
```
int i=1;
for( ;i<=5;i++)
{
    printf(" * ");
    printf("\n");
}
```

(2) <条件表达式>可以省略，同样，省略之后必须保留条件表达式之后的";"，但一般不将其省略。此时，for 循环语句的结构形式为：

```
for(<初始表达式>;;<循环变量表达式>)
{
    <循环语句>
}
```

此时,相当于循环条件永远为真,for 循环语句会一直运行,直到"数据溢出"。如程序示例 6.6 所示。

示例 6.6：

```
int i;
for(i = 1;;i++)
{
    printf(" * ");
    printf("\n");
}
```

(3) <条件表达式>可以是关系表达式、数值表达式等。只要表达式的值为真,就会运行循环体语句。例如：

for(i=100;i;i--),此时条件表达式是 i 的值,只要 i 的值不为零,for 循环语句便会一直运行。

(4) <循环变量表达式>也可以省略,但在循环体语句中必须要有修改循环变量的语句,以使条件表达式的值为假时,循环语句能正常结束。如程序示例 6.7 等价于程序示例 6.8。

示例 6.7：

```
for(i = 1;i <= 5; )
{
    printf(" * ");
    printf("\n");
    i++;
}
```

示例 6.8：

```
for(i = 1; i <= 5;i++)
{
    printf(" * ");
    printf("\n");
}
```

(5) 三个表达式可以同时省略。此时 for 循环语句的形式变为 for(;;),亦为无限循环。程序应避免这种情况的发生。

(6) 初始表达式、循环变量表达式可以是逗号表达式。如程序示例 6.9 等价于示例 6.10。

示例 6.9：

```
for(i = 1, sum = 0; i <= 100; i++, i++)
{
    sum = sum + i;
}
```

示例 6.10：

```
sum = 0;
for(i = 1 ; i <= 100;i = i + 2)
{
    sum = sum + i;
}
```

(7) 可以直接在 for 循环后面加分号结束循环,即 for(<初始表达式>;<条件表达式>;<循环变量表达式>);,这时候表示循环语句为空。当判断条件为真的时候,什么都不运行,直到判断条件为假,循环结束。

(8) 强调一下,for 循环中的三个表达式都可以省略,但两个分号不可省略。

6.1.2 for 循环语句示例

【例 6-1】 编写程序,在屏幕上打印十个"*",如下所示:

****

分析:打印一个*,可以使用 printf("*");语句来实现。如果要打印十个*,那么要将 printf("*");语句重复运行 10 次。因此,在当前问题中,需要使用一个变量作为次数的计数器,每运行一次 printf("*");语句,计数器自增 1。

根据程序分析,例 6-1 程序如下所示:

```
/*example6_1.c 在屏幕上打印 10 个**/
#include<stdio.h>              //引用头文件
void main()                    //主函数
{
    int i;                     //i 为计数器,也称循环变量
    for(i=1;i<=10;i++)         //循环 10 次
    {
        printf("*");}          //循环体语句,运行 10 次
    printf("\n");              //换行
}
```

运行结果:

****

【例 6-2】 编写程序,用 for 循环实现 1+2+3+…+100 的和。

分析:在这个数学问题里面,首先定义一个变量 sum 来存放 100 个数的和。因此,使用 i 作为循环变量,将 i 从 1 增加到 100。运行流程图如图 6-2 所示。

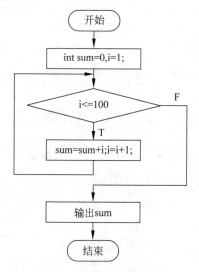

图 6-2 例 6-2 运行流程图

根据程序分析和算法流程图,例 6-2 程序如下:

```
/*example6_2.c 计算 1+2+3+…+100 的和 */
```

```c
#include <stdio.h>
void main()
{
    int i, sum;                              //i 为循环变量,sum 存放前 i 项的和
    sum = 0;
    for(i = 1;i <= 100;i++)                  //循环 100 次
        sum = sum + i;                       //运行 100 次
    printf("1 + 2 + 3 + … + 100 = %d\n", sum); //运行 1 次
}
```

运行结果：

1 + 2 + 3 + … + 100 = 5050

【例 6-3】 编写程序,从键盘上输入一个正整数 n,用 for 循环实现 n!。

分析：n!＝n×(n−1)×(n−2)×…×2×1。在计算阶乘时,我们可以从 1! 开始计算,2!＝2×1!,3!＝3×2!,以此类推,直到 n!。因此,我们首先要定义循环变量 i 和变量 sn。变量 sn 用来存放 n! 的结果值。根据对程序的分析,例 6-3 的程序代码如下：

```c
/* example6_3.c 计算 n! */
#include <stdio.h>
void main()
{
    int i, n;                           //i 为循环变量, 取值范围为[1, n]
    int sn = 1;                         //sn 存放 i!的结果,初始值为 1
    printf("输入一个正整数：");
    scanf("%d", &n);                    //从键盘输入一个整数,存入 n
    for(i = 1;i <= n;i++)               //循环 n 次
        sn = sn * i;                    //计算阶乘,运行 n 次
    printf("n!= %d\n", sn);             //输出计算结果,运行 1 次
}
```

运行结果：

```
输入一个正整数：5
n!=120
```

【例 6-4】 输出 100～200 之间不能被 3 整除的整数,并统计这些整数的个数,要求每行输出 8 个数。

分析：在这个问题里面,我们定义一个循环变量 i,初始值为 100,循环到 i 为 200 时结束。对于 i 的每一个值,判断其能否被 3 整除,用求余运算,将对 3 取余结果不为 0 的整数输出,同时计数器 count 自增 1。

```c
/* example6_4.c 输出 100～200 不能被 3 整除的整数,并统计这些整数的个数 */
#include <stdio.h>
void main()
{
    int i;                              //i 为循环变量, 取值范围为[100, 200]
    int count = 0;                      //count 存放个数,初始值为 0
    for(i = 100;i <= 200;i++)
    {
        if(i % 3 != 0)                  //如果不能被 3 整除
        {
            count++;
```

```
            printf("%d\t", i);
            if(count%8 == 0)            //每输出8个整数后换行
                printf("\n");
        }
    }
    printf("\n100～200 不能被 3 整除的有%d个\n", count);
}
```

运行结果：

```
100  101  103  104  106  107  109  110
112  113  115  116  118  119  121  122
124  125  127  128  130  131  133  134
136  137  139  140  142  143  145  146
148  149  151  152  154  155  157  158
160  161  163  164  166  167  169  170
172  173  175  176  178  179  181  182
184  185  187  188  190  191  193  194
196  197  199  200
100～200不能被3整除的有68个
```

6.2　while 循环结构

while 循环结构的基本形式为：

```
while(条件表达式)
{
    循环体语句;
    循环变量表达式;
}
```

在 while 循环语句中，关键字 while 后面是一对小括号括起来的条件表达式，之后是由一对大括号括起来的循环体语句以及循环变量表达式。while 循环语句的语法功能为：

(1) 计算条件表达式的值。如果该值为"真"，则运行大括号里面的循环体语句；如果该值为"假"，则循环运行结束，转向运行 while 循环后面的语句。

(2) 循环体语句运行完成之后，重复运行步骤(1)。

通常情况下，while 循环的循环体语句是由多条语句组成的复合语句，这时候要用一组大括号括起来。如果循环体语句只包含一条语句，则可以把大括号省略。反之，当 while 循环语句没有使用大括号时，循环运行的是紧跟在 while 循环后面的一条语句。如程序示例 6.11 不等价于示例 6.12，程序示例 6.12 等价于示例 6.13。

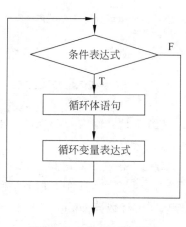

图 6-3　while 循环流程图

示例 6.11：

```
i = 1;
while(i <= 5)
{
    printf(" * \n");
    i++;
}
```

示例 6.12：

```
i = 1;
while(i <= 5)
    printf(" * \n");
    i++;
```

示例 6.13：

```
i = 1;
while(i <= 5)
{
    printf(" * \n");
}
    i++;
```

6.2.1 while 循环语句的特征

在 while 循环语句中,必须要注意如下几个特征。

(1) <循环变量表达式>不可缺少,其作用是更新循环变量的值,使循环能正常结束。

(2) 若没有<循环变量表达式>,程序则有可能出现无限循环而发生错误。

(3) 由于 while 循环是先计算<条件表达式>的值,后决定是否运行<循环体语句>。因此,<循环体语句>有可能一次也没有被运行。

(4) 可以直接在 while 循环后面加分号结束循环,即 while(条件表达式);,这时候表示循环语句为空。当判断条件为真的时候,什么都不运行,直到判断条件为假,循环结束。

(5) while 循环与 for 循环的流程图完全一致。

6.2.2 while 循环语句示例

【例 6-5】 编写程序,用 while 语句实现在屏幕上打印十个"*"。如下所示:

****

分析:定义 i 作为循环变量,打印一个*,需要运行一次 printf("*");,打印十个*共需要循环十次。根据对程序的分析,例 6-5 程序代码如下:

```
/* example6_5.c 用 while 语句实现在屏幕上打印十个"*" */
#include <stdio.h>
void main()
{
    int i = 1;                //i 为循环变量, 取值范围为[1, 10]
    while(i <= 10)            //循环 10 次
    {
        printf("*");
        i++;
    }
    printf("\n");
}
```

运行结果:

****

问题:此题目使用 for 循环和 while 循环实现的流程图是否有区别?

【例 6-6】 编写程序,用 while 语句实现 1+2+3+…+100 的和。

分析:首先定义一个变量 sum 来存放累加的和,定义 i 作为循环变量,将 i 从 1 增加到 100。根据对程序的分析,例 6-6 程序代码如下:

```
/* example6_6.c 计算 1+2+3+...+100 的和 */
#include <stdio.h>
void main()
{
    int i, sum;               //i 为循环变量,sum 存放前 i 项的和
    i = 1;                    //从 1 开始加
```

```
    sum = 0;                    //存和的变量赋初值为 0
    while(i <= 100)             //循环 100 次
    {
        sum = sum + i;          //把每个 i 值累加
        i++;                    //取下一个加数
    }
    printf("1 + 2 + 3 + ... + 100 = %d\n", sum);
}
```

运行结果：

1 + 2 + 3 + … + 100 = 5050

【例 6-7】 编写程序，从键盘上输入一个正整数 n，用 while 循环实现 n!。

分析：根据例 6-3 对 n! 的分析，我们定义一个循环变量 i 和一个变量 sn，变量 sn 用来存放 n! 的结果值。根据对程序的分析，例 6-7 的程序代码如下：

```
/* example6_7.c 计算 n! */
#include <stdio.h>
void main()
{
    int i = 1, n;               //i 为循环变量，取值范围为[1, n]
    int sn = 1;                 //sn 存放前 i!，初始值为 1
    printf("输入一个正整数：");
    scanf("%d", &n);
    while(i <= n)               //循环 n 次
    {
        sn = sn * i;            //计算阶乘
        i++;
    }
    printf("n!= %d\n", sn);
}
```

运行结果：

输入一个正整数：5
n!=120

【例 6-8】 统计 1~100 之间能被 3 整除的整数的个数，要求用 while 循环实现。

分析：定义一个循环变量 i，初始值为 1，到 i 为 100 时循环结束。对于每一个 i 值，判断其能否被 3 整除，当对 3 进行取余结果为 0 时计数器 count 自增 1。

```
/* example6_8.c 统计 1~100 之间不能被 3 整除的整数的个数 */
#include <stdio.h>
void main()
{
    int i = 1;                  //i 为循环变量，取值范围为[1, 100]
    int count = 0;              //count 存放个数，初始值为 0
    while(i <= 100)             //循环 100 次
    {
        if(i % 3 == 0)          //判断是否能被 3 整除
            count++;
```

```
        i++;
    }
    printf("1~100 之间能被 3 整除的有%d 个\n", count);
}
```

运行结果：

1~100 之间能被 3 整除的有 33 个。

6.3 do-while 循环结构

do-while 的基本形式为：

```
do
{
    循环体语句；
    循环变量表达式；
}while(条件表达式);
```

在 do-while 循环语句里面：首先是关键字 do,其次是{}括起来的循环体语句和循环变量表达式,然后是 while 关键字,跟着()括起来的条件表达式,最后以";"结束。do-while 循环语句的基本流程为：

（1）先运行{}里的循环体语句和循环变量表达式；

（2）判断循环条件是否为"真"。如果为"真",则循环还没有结束,返回步骤(1)继续运行；如果为"假",则循环结束,转向运行 do-while 循环后面的语句。

do-while 循环语句流程图如图 6-4 所示。在 do-while 循环语句中,要注意以下几点：

（1）do-while 语句中循环体语句至少会被运行一次。

（2）在 do-while 语句之前对循环变量进行定义赋值。

（3）do-while 循环语句一定以分号结束。

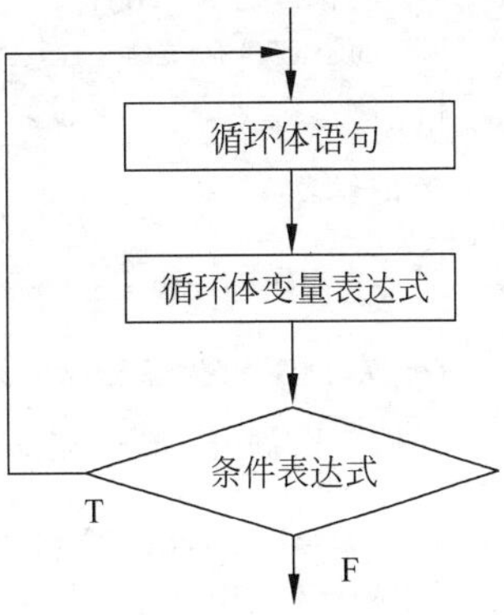

图 6-4 do-while 循环流程图

6.3.1 do-while 循环语句示例

【例 6-9】 编写程序,用 do-while 语句实现在屏幕上打印十个"＊"。如下所示：

＊＊＊＊＊＊＊＊＊＊

分析：根据在 for 循环和 while 循环语句中对该问题的分析,程序代码如下：

```
/*example6_9.c 用 do-while 语句实现在屏幕上打印十个"*"    */
#include <stdio.h>
void main()
{
    int i = 1;
    do
    {
```

```
        printf(" * ");
        i++;
    }while(i<=10);              //条件表达式为真会继续循环,不要漏掉分号
    printf("\n");
}
```

运行结果:

****

【例 6-10】 编写程序,用 do-while 语句实现 1+2+3+…+100 的和。

分析:根据在 for 循环和 while 循环语句中对该问题的分析,程序代码如下:

```
/* example6_10.c 计算 1+2+3+...+100 的和 */
#include <stdio.h>
void main()
{
    int i, sum;                 //i 为循环变量,用变量 sum 存放前 i 项的和
    i = 1;
    sum = 0;
    do{
        sum = sum + i;
        i++;
    }while(i<=100);             //条件表达式值为"真"时,会继续循环,并且不要漏掉分号
    printf("1+2+3+...+100 = %d\n", sum);
}
```

运行结果:

1+2+3+…+100=5050

【例 6-11】 编写程序,从键盘上输入一个正整数 n,用 do-while 循环实现 n!。

分析:根据 for 循环和 while 循环对 n! 的分析,用 do-while 循环实现 n! 的程序代码如下:

```
/* example6_11.c 计算 n! */
#include <stdio.h>
void main()
{
    int i = 1, n;               //i 为循环变量,取值范围为[1, n]
    int sn = 1;                 //sn 存放前 i!的值,初始值为 1
    printf("输入一个正整数: ");
    scanf("%d", &n);
    do
    {
        sn = sn * i;
        i++;
    }while(i<=n);               //条件表达式值为"真"时,会继续循环,并且不要漏掉分号
    printf("n!= %d\n", sn);
}
```

运行结果:

输入一个正整数: 6
n!=720

6.3.2 for、while 和 do-while 循环的比较

for 循环、while 循环和 do-while 循环的区别主要在以下几个方面。

(1) do-while 与 while 和 for 循环的区别：

do-while 循环是先运行循环体语句,再判断条件,所以 do-while 循环的循环体语句至少会被运行一次,这一特征不同于 for 循环和 while 循环。for 循环和 while 循环都是先判断条件,条件为"真"才运行循环体语句。如果判断条件一开始便为"假"的情况,循环体语句一次都不被运行。

(2) for 循环和 while 循环的算法流程图描述是一致的。因此,for 循环能够和 while 循环相互转换,do-while 循环一定能够转化成 for、while 循环,而 for、while 循环不一定能够转化成 do-while 循环。

(3) for 循环通常适合于循环次数确定的情况,而 while 循环通常适用于循环次数不确定的情况。

(4) 对大多数问题,do-while 循环、while 循环和 for 循环是可以互换的。

【例 6-12】 打印出所有的"水仙花数"。所谓"水仙花数"是指一个三位数,其各位数字立方和等于该数本身。例如,153 是一个"水仙花数",因为 $153 = 1^3 + 5^3 + 3^3$。用 for 循环、while 循环和 do-while 循环分别来实现水仙花数。

分析：利用循环控制 100～999 中的数,每个数分解出个位,十位,百位。对于一个三位数 i,百位＝i/100(两个整数相除结果为整数),十位＝(i/10)％10 或者十位＝(i％100)/10,个位＝i％10。判断是否为水仙花数的条件为其各位数字的立方和等于该数本身。

(1) for 循环语句实现。

```
//例 6-12 for 循环实现水仙花数
#include <stdio.h>
void main()
{
    int i;                                  //循环变量
    int a, b, c;                            //a 存放百位,b 存放十位,c 存放个位
    int count = 0;                          //记录水仙花数的个数
    printf("for 循环统计的水仙花数为：");
    for(i = 100; i <= 999; i++)
    {
        a = i/100;                          //百位
        b = i/10 % 10;                      //十位
        c = i % 10;                         //个位
        if(i == a*a*a + b*b*b + c*c*c)      //判断各位数字立方和是否等于该数本身
        {
            printf("%d  ", i);
            count++;
        }
    }
    printf("\n 水仙花数共有%d 个\n", count);
}
```

运行结果：

for 循环统计的水仙花数为: 153 370 371 407
水仙花数共有 4 个

(2) while 循环语句实现。

```c
//例6-12 while循环实现水仙花数
#include <stdio.h>
void main()
{
    int i = 100;                                    //循环变量,赋初值
    int a, b, c;                                    //a存放百位,b存放十位,c存放个位
    int count = 0;                                  //记录水仙花数的个数
    printf("while循环统计的水仙花数为: ");
    while(i <= 999)
    {
        a = i/100;                                  //百位
        b = i/10 % 10;                              //十位
        c = i % 10;                                 //个位
        if(i == a*a*a + b*b*b + c*c*c)              //判断各位数立方和是否等于该数本身
        {
            printf("%d  ", i);
            count++;
        }
        i++;                                        //修改循环变量
    }
    printf("\n水仙花数共有%d个\n", count);
}
```

运行结果:

while 循环统计的水仙花数为: 153 370 371 407
水仙花数共有 4 个

(3) do-while 循环语句实现。

```c
//例6-12 do-while循环实现水仙花数
#include <stdio.h>
void main()
{
    int i = 100;                                    //循环变量
    int a, b, c;                                    //a存放百位,b存放十位,c存放个位
    int count = 0;                                  //记录水仙花数的个数
    printf("do-while循环统计的水仙花数为: ");
    do
    {
        a = i/100;                                  //百位
        b = i/10 % 10;                              //十位
        c = i % 10;                                 //个位
        if(i == a*a*a + b*b*b + c*c*c)              //判断各位数立方和是否等于该数本身
        {
            printf("%d  ", i);
            count++;
        }
```

```
        i++;                                  //修改循环变量
    }while(i<=999);
    printf("\n水仙花数共有%d个\n", count);
}
```

运行结果：

do-while 循环统计的水仙花数为：153   370   371   407
水仙花数共有 4 个

6.4　break 和 continue 语句在循环里的作用

6.4.1　break 语句

break 语句的基本形式为：

```
break;
```

break 语句可以用在 switch 语句和循环语句里面，用来跳出控制语句结构。如果用在 switch 结构中，则是跳出 switch 结构而运行 switch 结构以后的语句。当 break 语句用于 for 循环、while 循环、do-while 循环语句中时，可使程序终止循环而运行循环语句后面的语句。break 语句通常与 if 语句一起使用，满足某条件时跳出循环。

【例 6-13】　输出 100~200 之间第一个能被 9 整除的数。

分析：从 100 到 200，判断每一个整数能否被 9 整除，如果发现能够被 9 整除的数，则输出并结束循环。根据对程序的分析，例 6-13 程序代码如下：

```
//例 6-13 输出 100~200 中第一个能被 9 整除的数
#include <stdio.h>
void main()
{
    int i;
    for(i=100;i<=200;i++)
    {
        if(i%9==0)                            //判断能否被 9 整除
        {
            printf("100-200 中第一个能被 9 整除的数是：%d\n", i);
            break;                            //已找到该数据,结束循环
        }
    }
}
```

运行结果：

100-200 中第一个能被 9 整除的数是：108

解析：在 for 循环运行过程中，i 的值从 100 开始进行对 9 取余运算，每循环一次 i 增加 1。当 i=108 时，if 条件成立，运行 printf 语句和 break 语句。遇到 break 语句，for 循环被结束，也就是说 i 从 109 往后均不再运行。

6.4.2 continue 语句

continue 语句的基本形式为：

continue;

continue 语句用在循环结构中，用来结束当前循环，跳过循环体中剩余的语句，提前进入下一次循环。continue 语句常与 if 条件语句一起使用，用来加速循环。while 语句和 do-while 语句遇到 continue 语句时，程序会立刻转到条件表达式，开始下一轮循环；而在 for 语句中遇到 continue 语句时，程序会立刻转到循环变量表达式，更新循环变量，开始下一轮循环。

【例 6-14】 编写程序，输出在 1~10 中不能被 3 整除的数。

分析：能被 3 整除，就是对 3 取余运算余数为 0。

```c
/* example6_14.c 输出 1~10 中不能被 3 整除的数 */
#include <stdio.h>
void main()
{
    int i;                                    //i 为循环变量
    for(i = 1;i <= 10;i++)
    {
        if(i % 3 == 0)
            continue;
        printf("%d\t", i);
    }
}
```

运行结果：

1   2   4   5   7   8   10

解析：循环 10 次，对从 1 到 10 的每一个数，判断该数对 3 取余数是否等于 0。如果余数等于 0 时，运行 continue 语句，跳过后面的 printf 语句，转向运行++，进入下一次循环；如果余数不为 0，不运行 continue 语句，运行 printf 语句。

思考：不使用 continue 语句也可以实现此功能，如何实现？

对比 break 语句和 continue 语句，break 语句的作用是退出当前循环，转向运行循环后面的语句，或退出当前 switch 结构而运行 switch 结构之后的语句。continue 语句只能用在循环结构，作用是中断此次循环，提前开始下一次循环。

【例 6-15】 对比示例 6.14 和示例 6.15 两个程序，写出程序的运行结果。

示例 6.14：

```c
#include <stdio.h>
void main()
{
    int x;
    for(x = 1;x <= 10;++x)
    {
```

示例 6.15：

```c
#include <stdio.h>
void main()
{
    int x;
    for(x = 1;x <= 10;++x)
    {
```

```
            if(x == 5)                              if(x == 5)
                break;                              {
            printf("% d\t", x);                         printf("continue at x = % d\n", x);
        }                                               continue;
        printf("\nbreak at x = % d\n", x);          }
    }                                               printf("% d\t", x);
                                                }
                                            }
```

分析:示例 6.14 中,如果 x==5 成立,运行 break 语句,此时 for 循环结束,x 取值为 6、7、8、9、10 均不再运行。而示例 6.15 中,如果 x==5 成立,运行 continue 语句,提前结束本次循环,continue 后面的 printf("%d\t", x);语句不再运行,转向运行 x 取值为 6 的循环,也就是说 x 取值为 6、7、8、9、10 依然会运行。

示例 6.14 运行结果:

```
1       2       3       4
break at x=5
```

示例 6.15 运行结果:

```
1       2       3       4       continue at x=5
6       7       8       9       10
```

6.5 循环结构的嵌套

循环结构的嵌套,指的是在某一种循环结构的语句中包含另一个循环结构。理论上,循环嵌套的深度不受限制,但实际中不提倡使用嵌套层次太多的循环结构。循环嵌套语句在运行的时候,先运行内层循环,再运行外层循环。循环结构嵌套时,要注意以下几点。

(1) 嵌套的层次不能交叉;
(2) 嵌套的内外层循环不能使用同名的循环变量;
(3) 并列结构的内外层循环允许使用同名的循环变量。

【例 6-16】 编写程序,从键盘上输入 m 和 n 的值,在屏幕上打印出 m 行 n 列的矩形图案。例如,当输入 m 的值为 6,n 的值为 5,则打印出的图案如下:

```
*****
*****
*****
*****
*****
*****
```

分析:打印一行"*"可以用一个循环语句实现,要打印多行"*",就是把打印一行"*"的循环语句运行多次,用两重循环实现。程序运行流程图如图 6-5,程序代码如下:

```
/* example, 6_16.c 在屏幕上打印出"*"的矩形图案 */
# include <stdio.h>
void main()
{   int m, n;
```

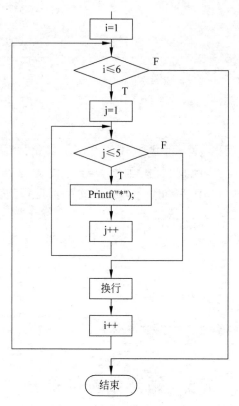

图 6-5 例 6-16 运行流程图

```
    int i, j;                              //i 外层循环变量,j 内层循环变量
    printf("请输入两个整型值: ");
    scanf("%d%d", &m, &n);                 //读入两个整数
    if(m > 0&&n > 0)
    {
        for(i = 1;i <= m;i++)              //外层循环,表示行号
        {
            for(j = 1;j <= n;j++)          //内层循环,表示列号
                printf(" * ");
            printf("\n");                  //每一个外层循环换行
        }
    }
    else
    {
        printf("输入数据错误.\n");
    }
}
```

【例 6-17】 在屏幕上打印九九乘法表。

分析:乘法口诀表有 9 行 9 列,每行列数不同,其中第 i 行有 i 列。利用循环嵌套,程序代码如下:

```
//example6_17.c 在屏幕上打印九九乘法表
#include <stdio.h>
```

```
void main()
{
    int i, j;                          //双重循环,两个循环变量,i代表行数,j代表列数
    for(i = 1;i <= 9;i++)              //外层循环,表示行,一共 9 行
    {
        for(j = 1;j <= i;j++)          //内层循环,表示列,每行列数和行号相关
            printf("%d*%d=%d\t", j, i, i*j);
        printf("\n");                  //每一个外层循环运行一次回车换行
    }
}
```

运行结果:

```
1*1=1
1*2=2   2*2=4
1*3=3   2*3=6   3*3=9
1*4=4   2*4=8   3*4=12  4*4=16
1*5=5   2*5=10  3*5=15  4*5=20  5*5=25
1*6=6   2*6=12  3*6=18  4*6=24  5*6=30  6*6=36
1*7=7   2*7=14  3*7=21  4*7=28  5*7=35  6*7=42  7*7=49
1*8=8   2*8=16  3*8=24  4*8=32  5*8=40  6*8=48  7*8=56  8*8=64
1*9=9   2*9=18  3*9=27  4*9=36  5*9=45  6*9=54  7*9=63  8*9=72  9*9=81
```

【例 6-18】 编写程序来解决鸡兔同笼的问题。已知一只鸡有一个头两个脚,一只兔有一个头四个脚(没有例外),现笼中有 40 个头,100 只脚,求鸡和兔子各多少只。

分析:假设鸡有 x 只,兔有 y 只,根据题意描述可以得到两个表达式,x+y=40,2*x+4*y=100。下面要解决的问题就是 x 和 y 的值分别是多少。这里可以采用穷举法,即对 x 和 y 的值逐个进行尝试。根据两个表达式,可以得到 x<=40,y<=25。这里要使用的是两层的 for 循环嵌套。例 6-18 源程序代码如下:

```
/* example6_18.c 鸡兔同笼问题    */
#include<stdio.h>
void main()
{
    int x, y;                                  //x 表示鸡的个数,y 表示兔的个数
    for(x = 0;x <= 40;x++)                     //鸡的数量,可能为 0 到 40 只
    {
        for(y = 0;y <= 25;y++)                 //兔的数量,可能为 0 到 25 只
        {
            if(x + y == 40&&2*x + 4*y == 100)  //判断鸡和兔子的数量是否符合条件
                printf("鸡有%d只,兔有%d只\n", x, y);
        }
    }
}
```

运行结果:

鸡有 30 只,兔有 10 只

这里我们用 for 循环实现了鸡兔同笼的问题,那么请大家尝试用 while 循环、do-while 循环的嵌套来实现这个问题。在这两种方法里面,尤其要注意循环变量赋初始值以及循环变量的更新。

思考:尝试用循环嵌套语句实现以下 7 种图案。在每一种图案里面,要考虑总共需要打印多少行,每一行打印的 * 的个数和所在行数的关系。这里不再一一给出程序代码。

6.6 程序范例

【例6-19】 从键盘上输入一个整数,并判断该数是否是一个素数。

分析:除了1和它本身之外没有任何约数的数是素数。判断一个整数是否是素数的方法,用该数分别去除以2到该数的平方根。如果能被整除,则表明此数不是素数,反之是素数。示例6-19的程序代码如下:

```c
//example6_19.c 判断一个整数是否是素数
#include<stdio.h>
#include<math.h>
void main(){
    int m;                      //存输入的整数
    int i;                      //循环次数变量
    int k;                      //存m的平方根
    printf("输入一个整数:");
    scanf("%d",&m);

    k=(int)sqrt(double(m));     //求平方根
    for(i=2;i<=k;i++)           //如果完成所有循环,那么m为素数
        if(m%i==0)              //条件成立,不是素数,结束循环
            break;
    if(i>k)                     //最后一次循环,会运行i++,此时i=k+1,所以有i>k
        printf("%d是素数.\n",m);
    else
        printf("%d不是素数.\n",m);
}
```

运行结果:

输入一个整数:53
53是素数。

思考:在例6-19给出了for循环判断素数的方法,这个问题也可以用while循环或do-while循环实现,请自己动手改写程序。

【例6-20】 输出200~300之间的所有素数,要求每行输出8个素数,并统计素数的个数。

分析:根据例6-19我们知道如何判断一个数据是否是素数,那么判断多个数据是否为素数需要循环多次该段程序,需要两重循环。我们用i作为外层循环变量,遍历200~300所有的数据,j作为内层循环变量遍历2至i的平方根,判断是否是素数。根据对该程序的

分析,例 6-20 源程序代码如下:

```c
//example6_20.c 输出 200~300 间所有的素数,并统计素数个数
#include<stdio.h>
#include<math.h>
void main(){
    int count = 0;                  //统计素数的个数
    int i, j;                       //两重循环变量
    int k;                          //存 i 的平方根
    for(i = 200;i<=300;i++)         //外层循环,遍历 200~300 所有数
    {
        k = (int)sqrt((double)(i)); //对 200~300 每个数求平方根
        for(j = 2; j<=k; j++)       //如果完成所有循环,那么 m 为素数
            if(i%j == 0)
                break;
        if(j>k)                     //最后一次循环,会运行 i++,此时 i=k+1,所以有 i>k
        {
            printf("%d\t", i);      //输出该数
            count++;                //素数数量+1
            if(count%8 == 0)        //判断 8 个换行
                printf("\n");
        }
    }
    printf("200~300 间素数的个数有%d 个\n", count);
}
```

运行结果:

```
211    223    227    229    233    239    241    251
257    263    269    271    277    281    283    293
200~300间素数的个数有16个
```

【例 6-21】 输入 n,计算 y=0! +1! +2! +…+ n!。例如输入 n=5,则输出 y=154。

分析:首先要解决的问题是如何计算 n!,其次要解决的问题是如何求多个数据的和,这两个问题都需要使用循环语句完成。例 6-21 源程序代码如下:

```c
/*example6_21.c 计算 y = 0! + 1! + 2! + 3! + … + n!   */
#include<stdio.h>
void main()
{
    int n, i;                   //n 为要计算的值,i 为循环变量
    int sum = 1;                //sum 存放前 i 项的和,初始值为 1,因为 0!=1
    int s = 1;                  //存放 i 的阶乘,初始值为 1
    printf("请输入一个正整数: ");
    scanf("%d", &n);
    if(n<0)
    {
        printf("输入数据非法\n");
    }
    else
    {
        for(i = 1; i<=n; i++)
```

```
        {
            s = s * i;              //计算 i!的值
            sum = sum + s;          //sum 的值 0! + 1! + 2! + … + i!
        }
        printf("0! + 1! + 2! + … + %d!= %d\n", n, sum);
    }
}
```

运行结果:

```
请输入一个正整数: 5              请输入一个正整数: -5
0! + 1! + 2! + …+5!=154         输入数据非法
```

常 见 错 误

【案例 6-1】 分号问题。

```
#include<stdio.h>
int main()
{   int i = 5;
    while (i<5) ;
        printf("#");
}
```

输出结果: #

错误分析: 循环条件 i<5 不满足,循环体内语句应该一次都不运行,为什么会输出一个 # 号呢?

因为在 while 子句后面多了一个分号,表示循环体内是个空语句,而语句 printf("#"); 并不属于循环体,所以会固定运行一次。

while 子句后面多个分号是个常见错误!

本 章 小 结

循环结构是让程序重复运行某些语句。本章主要讨论了 3 种循环语句: for 循环、while 循环和 do-while 循环。一般情况下,三种循环语句可以相互转换,并且可以嵌套使用。

循环语句中,可以使用 break 语句、continue 语句来改变循环语句的运行过程。其中 break 语句用来结束整个循环,运行循环体外的第一条语句;continue 语句的作用是结束当前次循环,提前进入下一次循环。break 语句、continue 语句通常和 if 语句一起使用。

while 循环和 for 循环都要先判断条件再运行循环体语句。因此,有可能一次也不运行循环体语句,而 do-while 循环不论怎样都会先运行一次循环体语句。

使用循环结构时要注意避免以下几个方面的问题:

(1) 循环体语句为复合语句,但没有使用大括号。

(2) 程序发生无限循环。

(3) 混淆 break 语句与 continue 语句的功能。

习　　题

一、选择题

1. 对于 for(表达式 1;;表达式 3)可理解为(　　)。
   A. for(表达式 1;0;表达式 3)　　　　B. for(表达式 1;1;表达式 3)
   C. for(表达式 1;表达式 1;表达式 3)　　D. for(表达式 1;表达式 3;表达式 3)

2. 对下面程序段描述正确的是(　　)。

   ```
   int x = 0, s = 0;
   while (!x!= 0) s += ++x;
   printf("%d", s);
   ```

   A. 运行程序段后输出 0　　　　　　B. 运行程序段后输出 1
   C. 程序段中的控制表达式是非法的　　D. 程序段循环无数次

3. 若 i 为整型变量,则以下循环语句的循环次数是(　　)。

   ```
   for(i = 2;i == 0;)   printf("%d", i--);
   ```

   A. 无限次　　　　B. 0 次　　　　C. 1 次　　　　D. 2 次

4. 定义如下变量 int n＝10;,则下列循环的输出结果是(　　)。

   ```
   while(n > 7)   { n--; printf("%d\n", n);}
   ```

   A. 10　　　　　　B. 9　　　　　　C. 10　　　　　　D. 9
   　　9　　　　　　　　8　　　　　　　　9　　　　　　　　8
   　　8　　　　　　　　7　　　　　　　　8　　　　　　　　7
   　　　　　　　　　　　　　　　　　　　　7　　　　　　　　6

5. 以下程序段的运行结果是(　　)。

   ```
   int n = 0;
      while (n++<= 2)
          printf("%d", n);
   ```

   A. 012　　　　　B. 123　　　　　C. 234　　　　　D. 错误信息

6. 以下程序段的运行结果是(　　)。

   ```
   int x = 0, y = 0;
   while (x < 15) y++, x += ++y;
   printf("%d, %d", y, x);
   ```

   A. 20,7　　　　B. 6,12　　　　C. 20,8　　　　D. 8,20

7. 以下程序的运行结果是(　　)。

   ```
   #include<stdio.h>
   void main()
     { int s = 0, i = 1;
         while (s <= 10)
           { s = s + i * i;    i++;  }
   ```

```
      printf("%d", --i);
    }
```

A. 4　　　　　B. 3　　　　　C. 5　　　　　D. 6

8. 函数 pi 的功能是根据以下近似公式求 π 值,横线上需要填写(　　)。

公式:$(π*π)/6 = 1 + 1/(2*2) + 1/(3*3) + .. + 1/(n*n)$

```
#include <math.h>
void main()
{ double s = 0.0; int i, n;
  scanf("%ld", &n);
  for(i = 1; i <= n; i++)
    s = s + _____;
  s = (sqrt(6*s));
  printf("s = %e", s);
}
```

A. 1/i*i　　　　　　　　　　　B. 1.0/i*i
C. 1.0/(i*i)　　　　　　　　　D. 1.0/(n*n)

9. 以下程序段的运行结果是(　　)。

```
for(x = 10; x > 3; x--)
  { if(x%3) x--;
    --x; --x;
    printf("%d", x);
  }
```

A. 6 3　　　　　B. 7 4　　　　　C. 6 2　　　　　D. 7 3

10. 语句 while(!e); 中的条件 !e 等价于(　　)。

A. e==0　　　　B. e!=1　　　　C. e!=0　　　　D. ~e

11. 以下程序段的运行结果是(　　)。

```
for(i = 1; i <= 5;)
  printf("%d", i);
  i++;
```

A. 12345　　　B. 1234　　　　C. 15　　　　　D. 无限循环

12. 以下程序的运行结果是(　　)。

```
#include <stdio.h>
void main()
{ int n = 4;
  while (n--) printf("%d", n--);
}
```

A. 2 0　　　　B. 3 1　　　　C. 3 2 1　　　　D. 2 1 0

13. 运行下面程序段后,k 的值是(　　)。

```
int i, j, k;
for(i = 0, j = 10; i < j; i++, j--)    k = i + j;
```

A. 9　　　　　B. 11　　　　　C. 8　　　　　D. 10

14. 下面程序是计算 n 个数的平均值,横线上应填写( )。

```
#include<stdio.h>
void main()
{ int i, n;
  float x, avg = 0.0;
  scanf("%d", &n);
  for(i = 0; i < n; i++)
   { scanf("%f", &x);
     avg = avg + _____; }
     avg = _____;
  printf("avg = %f\n", avg);   }
```

A. i   B. x   C. x   D. i
 avg/i   avg/n   avg/x   avg/n

15. 以下程序的功能是:从键盘上输入若干个学生成绩,统计并输出最高成绩和最低成绩,输入负数时结束输入,横线上应填写( )。

```
#include<stdio.h>
void main()
{ float x, amax, amin;
  scanf("%f", &x);
  amax = x;
  amin = x;
  while (_____)
   { if (x > amax) amax = x;
     if (_____) amin = x;
     scanf("%f", &x);     }
  printf("\namax = %f\namin = %f\n", amax, amin);   }
```

A. x <= 0 B. x > 0 C. x > 0 D. x >= 0
 x > amin x <= amin x > amin x < amin

16. 阅读以下程序,程序的运行结果是( )。

```
#include<stdio.h>
void main()
{ int x;
  for(x = 5; x > 0; x--)
    if (x-- < 5) printf("%d, ", x);
    else printf("%d, ", x++);   }
```

A. 4, 3, 2, B. 4, 3, 1, C. 5, 4, 2, D. 5, 3, 1,

17. 以下程序的运行结果是( )。

```
#include<stdio.h>
void main() { int n = 9;    while(n > 6) {n--; printf("%d", n);} }
```

A. 987 B. 876 C. 8765 D. 9876

18. 以下程序的运行结果是( )。

```
#include<stdio.h>
```

```
void main()
  { int i, sum = 0;
    for(i = 1; i <= 3; sum++) sum += i;
    printf("%d\n", sum);  }
```

A. 6   B. 3   C. 死循环   D. 0

19. 以下循环体的运行次数是(   )。

```
#include <stdio.h>
void main()
  { int i, j;
    for(i = 0, j = 1; i <= j + 1; i += 2, j--)    printf("%d \n", i);  }
```

A. 3   B. 2   C. 1   D. 0

20. 在运行以下程序时,如果从键盘上输入:ABCdef<回车>,则输出为(   )。

```
#include <stdio.h>
void main()
  { char ch;
    while ((ch = getchar()) != '\n')
    { if (ch >= 'A' && ch <= 'Z') ch = ch + 32;
      else if (ch >= 'a' && ch < 'z') ch = ch - 32;
      printf("%c", ch);
    }
    printf("\n");
  }
```

A. ABCdef   B. abcDEF   C. abc   D. DEF

21. 以下程序的运行结果是(   )。

```
#include <stdio.h>
void main()
  { int i = 10, j = 0;
    do { j = j + 1;   i--;   }while(i > 2);
    printf("%d\n", j);
  }
```

A. 50   B. 52   C. 51   D. 8

22. 以下函数的功能是求 x 的 y 次方,横线上应填写(   )。

```
#include <stdio.h>
void main()
  { int i, x, y;
    double z;
    scanf("%d %d", &x, &y);
    for(i = 1, z = x; i < y; i++)
      z = z * _____;
    printf("x^y = %e\n", z);
  }
```

A. i++   B. x++
C. x   D. i

23. 以下程序的运行结果是(   )。

    ```
    #include<stdio.h>
    void main()
     { int x=23;
       do { printf("%d",x--);   }while(!x);   }
    ```

    A. 321   B. 23
    C. 不输出任何内容   D. 陷入死循环

24. 以下程序段的运行结果是(   )。

    ```
    int i,j,m=0;
    for(i=1;i<=15;i+=4)
      for(j=3;j<=19;j+=4)    m++;
    printf("%d\n",m);
    ```

    A. 12   B. 15   C. 20   D. 25

25. 以下程序的运行结果是(   )。

    ```
    #include<stdio.h>
    void main()
     { int i;
       for(i=1;i<6;i++)
        { if (i%2!=0) {printf("#");continue;}
          printf("*");
        }
       printf("\n");
     }
    ```

    A. #*#*#   B. #####   C. *****   D. *#*#*

26. 以下程序的运行结果是(   )。

    ```
    #include<stdio.h>
    void main()
     { int x=10,y=10,i;
       for(i=0;x>8;y=++i)    printf("%d %d",x--,y); }
    ```

    A. 10 1 9 2   B. 9 8 7 6   C. 10 9 9 0   D. 10 10 9 1

27. 以下程序的运行结果是(   )。

    ```
    #include<stdio.h>
    void main()
     { int y=10;
       do {y--;} while (--y);
       printf("%d\n",y--);    }
    ```

    A. -1   B. 1   C. 8   D. 0

28. 以下程序的运行结果是(   )。

    ```
    #include<stdio.h>
    int main()
     { int i,k=0,a=0,b=0;
    ```

```
        for(i=1;i<=4;i++)
    {   k++;
            if (k%2==0) {a=a+k;continue;}
            b=b+k;        a=a+k;        }
        printf("k=%d a=%d b=%d\n", k, a, b);
    }
```

A. k=5 a=10 b=4   B. k=3 a=6 b=4

C. k=4 a=10 b=3   D. k=4 a=10 b=4

29. 以下程序段的运行结果是(   )。

```
    int k, n, m;
    n=10;m=1;k=1;
    while (k<=n) {m*=2;k+=4;}
    printf("%d\n", m);
```

A. 4   B. 16   C. 8   D. 32

30. 以下程序的运行结果是(   )。

```
    #include<stdio.h>
    void main()
    {int y=9;
        for(;y>0;y--)   {if(y%3==0)   {printf("%d", --y);   continue;}   }   }
```

A. 741   B. 852   C. 963   D. 875421

二、填空题

1. 编程计算 1+3+5+……+101 的值，请在横线上填写适当的语句。

```
    #include<stdio.h>
    void main()
    {   int i, sum=0;
        for (i=1;_____;_____)
            sum=sum+i;
        printf("sum=%d\n", sum);
    }
```

2. 以下程序的功能是计算 1+3+5+7+……+99 的值，请填空。

```
#include<stdio.h>
int main ()
{ int i, s=0;
  for (i=1; i<100; i+=2)
  {_____①_____;}
  printf ("%d\n", s);
}
```

或:

```
#include<stdio.h>
int main ()
{ int i=1, s=0;
    While(i<100)
        {s=s+i;   _____②_____;}
```

```
      printf ("%d\n", s);
  }
```

3. 下面程序功能是打印 100 以内个位数为 6,且能被 3 整除的所有数。请填空。

```
#include <stdio.h>
int main ()
{ int   i, j;
   for (   i = 0 ;   ①       ;   i++)
   { j = i*10 + 6;
      if (   ②   )   continue;
      printf ("%d", j);}}
```

4. 程序的三种基本结构是(   )、(   )、(   )。

5. C 语言三个循环语句分别是(   )循环、(   )循环和(   )循环。

6. 至少运行一次循环体的循环语句是(   )。

7. 运行下面程序段后,k 的值是(   )。

```
k = 1;
n = 263;
do{ k*= n%10; n/= 10; }while(n);
```

8. 以下程序的运行结果是(   )。

```
#include <stdio.h>
void main()
{  int i, j = 4;
   for(i = 0; i < 4; i++)
   switch(i/j)
   { case 0:
     case 1: printf("*"); break;
     case 2: printf("#");
   }
}
```

三、编程题

1. 输出 100~200 之间既不能被 3 整除,也不能被 7 整除的整数,并统计这些整数的个数,要求每行输出 8 个数。

2. 从键盘输入 10 个整数,统计其中正数、负数和零的个数,并在屏幕上输出。

3. 编写程序实现求 1~10 之间的所有数的乘积并输出。

4. 从键盘上输入 10 个数,求其平均值。

5. 编写程序实现求 1~1000 之间的所有奇数的和并输出。

6. 有一个分数序列:2/1,3/2,5/3,8/5,13/8,…。编程求这个序列的前 20 项之和。

7. 有 100 匹马,驮 100 担货,大马驮 3 担,中马驮 2 担,两匹小马驮 1 担,问有大、中、小马各多少?

8. 鸡翁值钱五,鸡母值钱三,鸡雏值钱一。百钱买百鸡,问鸡翁、鸡母、鸡雏各几何?

9. 打印 Fibonacci 数列(兔子数列)的前 n 项,每 10 个换一行。Fibonacci 数列中前两项为1,1,以后每一个数都是其前两个数之和。该数列为：1,1,2,3,5,8,13,21,34,…。

10. 输出1000以内的全部素数，所谓素数n是除1和n之外，不能被2～(n−1)之间的任何整数整除。

11. 输入两个正整数，求他们的最大公约数和最小公倍数。

12. 输入一个五位数，把这个数据逆序输出。例如，输入12345，输出54321。

第 7 章   数   组

学习目标

- 掌握一维数组的声明、初始化和使用方法；
- 掌握二维数组的声明、初始化和使用方法；
- 掌握字符数组存储字符串的原理和操作方法；
- 掌握数组作为函数参数的用法。

7.1   一 维 数 组

7.1.1   数组的概念和声明

我们知道，数据是存储在指定类型的变量中的。假设一个班级的人数存储在整型变量 n 中，内存空间分配如图 7-1 所示，图中问号"?"表示值未初始化（下同）。

```
int n;
```

如果存储一个班级每个人的数学成绩，则需定义多个这样的变量，需要为这些变量指定不同的变量名，而这些变量在计算机中是随机分配空间的。随着变量的增多，组织和管理这些变量会使程序变得复杂，解决这个问题的办法就是使用数组。存储 100 名学生的成绩就定义包含 100 个元素的整型数组，相当于同时定义了 100 个整型变量。而数组的优势是元素在计算机中是连续存放的，知道一个学生成绩的存储地址就能够找到其他学生的成绩。如图 7-2 所示，以声明包含 4 个整数的数组为例，分配连续的 4 个内存空间。

```
int arr[4];
```

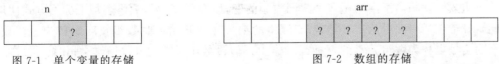

图 7-1   单个变量的存储   图 7-2   数组的存储

数组是一种包含多个相同类型元素的数据结构，数组的每一个元素都可以被视为一个该类型的变量。数组包含的元素在内存中是连续存放的，数组包含的元素的个数称为数组的长度。声明数组的通用语法为：

数据类型   数组名[数组长度];

例如，声明 int 类型，长度为 50 的数组 score：

int score[50];

声明 float 类型，长度为 20 的数组 height：

float height[20];

声明 char 类型，长度为 100 的数组 name：

char name[100];

数组的元素可以是任何类型，数组元素的类型通常简称为数组的类型。

数组的长度可以用任何整数常量表达式来指定，但不可以用变量。数组长度只能在声明数组时指定，声明数组后不能修改它的长度。如果要声明不同长度的数组，可以用宏，也就是符号常量来指定数组的长度：

#define N 4
…
int a[N];

如果需要改变数组长度，只要在宏定义处修改宏 N 的值就可以了。

注意：声明数组时常见错误如下。

(1) 声明数组时格式写错了。

错误写法：int[4] number;

正确写法：int number[4];

(2) 声明数组时，数组的长度用了变量来指定。

错误写法：int n=4;
　　　　　int a[n];

正确写法：int a[4];

或者：#define N 4
　　　int a[N];

(3) 用错了括号，数组必须使用中括号[]，不要错写为小括号()或大括号{}。

7.1.2 使用数组元素

声明数组就相当于声明了多个相同类型的变量，在程序中用数组名加下标的方式使用。不同于日常生活中编号从 1 开始，数组元素的编号从 0 开始，到"数组长度-1"为止。数组元素的编号也称为数组元素的下标或者索引。假设数组 a 含有 4 个元素：int a[4];，那么数组 a 各元素在程序中的名字分别是 a[0]、a[1]、a[2]、a[3]，表示同时定义了 4 个 int 型变量。元素的下标需要用中括号括住，如图 7-3 所示。

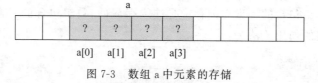

图 7-3　数组 a 中元素的存储

数组元素可以像使用普通变量那样使用：

```
a[0] = 1;
a[0]++;
printf("%d\n", a[0]);
a[1] = a[0];
scanf("%d", &a[2]);
```

声明数组时，数组的长度必须是常量表达式。而访问数组元素时，下标可以是任何整数表达式，只要该整数表达式的值在 0 到 "数组长度-1" 之间即可：

```
int i = 2;
a[i - 1] = 10;
a[i] = 20;
a[2 * i - 1] = a[i] + a[i - 1];
```

这种访问数组元素的方式可能会让人迷惑。如果数组下标值不是整数常量，而是整数表达式，需要先计算出表达式的值，然后以这个值为下标访问数组元素。

例如：

```
a[2 * i - 1] = 10;
```

这条语句先计算 2 * i - 1 的值，2 * i - 1 = 2 * 2 - 1 = 3，再将 10 赋值给 a[3]。将此过程看成与下面两句代码的效果一致：

```
int tempIndex = 2 * i - 1;
a[tempIndex] = 10;
```

这种写法类似于在函数调用时传给函数的不是常量，而是表达式类似。例如，调用计算平方根的函数 double sqrt(double x)的使用：

```
double x = 4.0, y;
y = sqrt(9.0);        //①
y = sqrt(x + 5);      //②
```

语句①计算 9.0 的平方根，语句②先计算表达式 x+5 的值，得到 9.0，然后再调用 sqrt( ) 函数并传入 9.0，计算出 9.0 的平方根。

由于程序中数组各元素会做相同的操作，所以常用循环语句处理数组的各个元素。例如，计算数组前 4 个元素和的代码，可以写成：

```
sum += arr[0];
sum += arr[1];
sum += arr[2];
sum += arr[3];
```

也可以用 for 循环改写为：

```
for( i = 0; i < 4; i++){
   sum += arr[i];
}
```

当要处理的数组元素非常多时，使用 for 循环语句或者其他循环语句是非常必要的。

下面给出了在长度为 N 的数组 a 上对全部元素进行操作的一些示例。

输入：

```
for( i = 0; i < N; i++){
  scanf("%d", &arr[i]);
}
```

输出：

```
for( i = 0; i < N; i++){
  printf("%d", arr[i]);
}
```

求和：

```
for( i = 0; i < N; i++){
  sum += arr[i];
}
```

提示：输入值到数组元素中时，要像对普通变量一样，使用取地址符号"&"取数组元素的地址。

使用数组元素时注意以下几点。

(1) 访问数组元素要注意下标的范围，必须在 0 到"数组长度-1"之间。例如，数组 a 的长度是 4：

```
int a[4];
```

如果在访问数组 a 的元素时，写出这样的代码是错误的：

```
a[4] = 10;
```

由于数组 a 的长度是 4，a 的全部元素是 a[0]、a[1]、a[2]、a[3]，故 a[4]中的 4 不是数组 a 的合法下标，此类错误被称为数组下标溢出错误。编译器在编译程序期间不检查数组下标的范围，因此数组下标溢出错误不能被编译器检查出来。当程序运行过程中，运行到 a[4]所在的语句时，运行环境会去访问 a[4]这个"数组元素"，认为 a[4]在内存中是在 a[3]之后紧邻着 a[3]的数组元素，可是这个位置可能已经被分配给程序中的某个变量了。这就造成了运行环境以为操作的是 a[4]，实际操作的是程序中其他某个变量，那么那个变量就被误操作了，如图 7-4 所示。

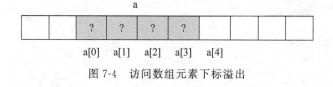

图 7-4 访问数组元素下标溢出

编译器检查不出来像数组下标溢出这样的错误，运行时才可能出错的 Bug 常称为运行时错误。程序员编写程序时务必要注意下标式子的值是否在合法的下标范围之内。例如，在用循环语句处理数组元素时，设置了错误的循环结束条件，就会导致下标范围越界。例如下面这段代码：

```
#define N 5
int arr[N];
for( i = 0; i <= N; i++){
  arr[i] = i;
}
```

代码错误地把 for 语句中的 i < N 写成 i <= N,造成 for 循环语句最后对 arr[N]进行访问。

(2) 数组不支持整体操作。例如,需要把两个同样长度、同样类型的数组的各元素依次进行赋值时,用下面的写法是错误的:

```
int a[2], b[2];
a[0] = 1;
a[1] = 2;
b = a;
```

此代码错在最后一句 b=a;。实际上数组名表示数组首元素的地址,而且是常量。因此,不能修改,而且数组不能整体赋值(只有字符型数组存字符串时例外)。正确的写法是两个数组的各个元素单独处理:

```
b[0] = a[0];
b[1] = a[1];
```

或者可以将其写成循环的形式:

```
for(i = 0;i < 2; i++)
{
   b[i] = a[i];
}
```

7.1.3 数组初始化

同 C 语言中普通变量情况类似,数组被声明后数组中各元素也是未初始化状态,可以在声明数组时为数组元素提供初值。

```
int a[10] = {1, 2, 3, 4, 5, 6, 7, 8, 9, 10};
```

初始化式子用 1 到 10 依次初始化数组的各个元素。大括号里面的值列表称为初始化列表。初始化结果如图 7-5 所示。

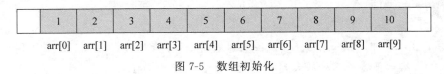

图 7-5 数组初始化

如果初始化列表比数组短,那么数组中剩余元素自动初始化为 0:

```
int a[10] = {1, 2, 3, 4, 5};
```

这相当于:

```
int a[10] = {1, 2, 3, 4, 5, 0, 0, 0, 0, 0};
```

利用这一特性,可能很容易把数组元素全部初始化为 0:

```
int a[10] = {0};
```

如果初始化列表提供了全部元素的初值,可以省略数组的长度:

```
int a[] = {1, 2, 3, 4, 5, 6, 7, 8, 9, 10};
```

编译器会根据初始化列表中初值的个数来确定数组的长度,这也意味着数组长度正好能放下这些初值。这里自动算出数组 a 的长度是 10。

注意:用初始化列表初始化数组的写法只能用在声明数组语句中,不能用在声明数组之后使用。比如,以下为数组赋值的语句是错误的:

```
int b[10];
b = {10, 20, 30, 40, 50, 60, 70, 80, 90, 100};          //错误的
```

在数组被声明之后就不能用初始化列表的形式给数组的各元素赋值,只能逐个元素赋值,如 b[0]=10,b[1]=20……

7.1.4 对数组使用 sizeof 运算符

数组各元素在内存中是连续存放的,每个元素占了长度相同的若干个字节。运算符 sizeof 可以计算单个元素以及整个数组占了多少字节的内存空间。假设每个整数占 4 字节,数组 a 的长度是 10,那么 sizeof(a)为 40,即 4×10=40。

借助于 sizeof 运算符,可以用以下表达式算出数组的长度:

sizeof(数组名)/sizeof(数组元素类型或者任意数组元素名)

例如,将数组 b 的全部元素置为 0,可以写成:

```
for(i = 0; i < sizeof(b) / sizeof(b[0]); i++){
    b[i] = 0;
}
```

7.1.5 一维数组的应用

【例 7-1】 数列反向。

编程要求用户输入 5 个数,按照反向顺序输出这些数。程序运行示例如下:

请输入 5 个数:1 3 5 7 9
反向数列是:9 7 5 3 1

提示:在程序中声明一个数组,先按照常规用法,将输入的数按照下标从小到大的顺序存放数组中,然后再按照下标从大到小的顺序输出数组中的元素。

参考代码如下:

```
/* reverse.c */
#include <stdio.h>
#define N 5
```

```c
int main(void)
{
    int a[N], i;
    printf("请输入%d个数: ", N);
    for(i = 0; i < N; i++){                //下标从小到大输入
        scanf("%d", &a[i]);
    }

    printf("反向数列是: ");
    for(i = N - 1; i >= 0; i--){           //下标从大到小输出
        printf("%d", a[i]);
    }
    printf("\n");
}
```

【例7-2】 找数列的平均值以及高于平均值的那些数。

程序要求用户输入5个成绩,然后计算出它们的平均值,再找出哪些值高于平均值。程序运行示例如下。

请输入5个成绩: 70 75 80 85 90

平均成绩: 80

高于平均值的成绩: 85 90

提示: 用数组来保存多个成绩,计算出它们的平均数并找出高于平均数的成绩。

参考代码如下:

```c
/* grade.c */
#include <stdio.h>
#define N 5
int main(void)
{
    double a[N], avg = 0.0;                // 用符号常量声明5个元素数组
    printf("请输入%d个成绩: ", N);
    for(i = 0; i < N; i++){                //第一次循环,输入5个数,依次存入a[0]至a[4]
        scanf("%lf", &a[i]);
    }
    for(i = 0; i < N; i++){                //第二次循环,遍历每个元素,求和
        avg += a[i];
    }
    avg /= N;                              //计算平均分
    printf("平均成绩: %.2f\n", avg);        // 输出平均分
    printf("高于平均值的成绩: ");
    for(i = 0; i < N; i++){                //第三次循环,找高于平均分的
        if (a[i] > avg){                   //判断大于平均分则输出
            printf("%.2f", a[i]);
        }
    }
    printf("\n");
}
```

目前为止,本书处理数组的程序中,数组的长度是多少,程序就使用了多少个数组元素,

而实际未必是这样。由于数组声明后长度就不能改变,因此往往以它可能需要的最大数量来声明数组的长度。但是在某次运行过程中,实际使用的数组元素的个数小于数组的长度。在后续程序中,需要知道目前实际使用了几个数组元素,同时可以将这个数量存储在变量中。例如,成绩数组长度是5,但是在某次运行程序中,只计算3门课程的平均成绩。程序运行示例如下。

请输入要计算平均数的个数(不大于5):3

请输入3个浮点数:70 80 90

平均值为80.0

90 大于平均值

为实现此功能,将grade.c程序修改如下:

```c
/* grade2.c */
#include <stdio.h>
#define N 5
int main(void)
{
    double a[N], avg = 0.0;
    int n;                              //记录实际要计算平均值的数量
    printf("请输入要计算平均数的个数(不大于%d):", N);
    scanf("%d", &n);

    printf("请输入%d个浮点数:", n);
    for(i = 0; i < n; i++){             //第一次循环,循环输入n个数
        scanf("%lf", &a[i]);
    }

    for(i = 0; i < n; i++){             //第二次循环,计算n个数之和
        avg += a[i];
    }
    avg /= n;                           //计算平均分
    printf("平均值为%.2f", avg);        //输出平均分
    for(i = 0; i < n; i++){             //第三次循环,循环n次,找出高于平均分的
        if (a[i] > avg){                //判断是否大于平均分,成立则输出
            printf("%.2f 大于平均值\n", a[i]);
        }
    }
}
```

7.2 二维数组

7.2.1 二维数组的声明和使用

在一个班级中,要存储一门考试的成绩,可以使用一维数组;如果要存储多门课程的成绩,那就需要声明多个同样长度的一维数组,这时可以考虑使用二维数组,即多个一维数组。例如,声明含有3个一维数组,而每个一维数组都含有5个整型元素的二维数组m(如图7-6所示)。

```
int m[3][5];
```

如果将一维数组看成数学中的向量，二维数组就可以看成是矩阵。上述声明也可以看成创建了一个 3 行 5 列的矩阵，每一行是一个一维数组。

声明二维数组通用格式：

```
元素类型  数组名[一维数组个数(矩阵行数)][一维数组长度(矩阵列数)]
```

一维数组元素下标从 0 开始，二维数组元素行和列下标也从 0 开始，用它所在的行和列的下标来访问。例如，访问第 i 行第 j 列的元素，可以写成 m[i][j]。这里，如果把二维数组理解为一维数组的数组，也可以把二维数组元素的引用方式 m[i][j]理解为 m[i]指明了二维数组的第 i 个一维数组(从 0 开始)，m[i][j]则指明为该一维数组中的第 j 个元素(从 0 开始)，如图 7-7 所示。

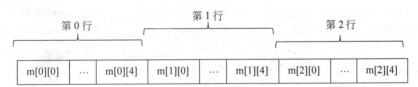

	0	1	2	3	4
0	?	?	?	?	?
1	?	?	?	?	?
2	?	?	?	?	?

图 7-6　二维数组

	0	1	2	3	4
0	m[0][0]	m[0][1]	m[0][2]	m[0][3]	m[0][4]
1	m[1][0]	m[1][1]	m[1][2]	m[1][3]	m[1][4]
2	m[2][0]	m[2][1]	m[2][2]	m[2][3]	m[2][4]

图 7-7　引用二维数组的元素

内存中是没有二维的概念的，二维数组是按照行主序的方式存储的，即先存储第 0 行的全部元素，接着第 1 行的，以此类推，如图 7-8 所示。

图 7-8　二维数组元素的存储顺序

一维数组可以用一重循环来处理，二维数组可以用两重循环来处理。例如：

(1) 按行将值输入到二维数组中。

```
#define M 2
#define N 3
…
double matrix[M][N];                          //用符号常量定义数组长度
int row, col;
for(row = 0; row < M; row++){                 //遍历每一行
    for(col = 0; col < N; col++){             //对每一行，遍历每一列
        scanf("%d", &matrix[row][col]);       //读入一个元素
    }
}
```

(2) 把方阵赋值为单位阵。

```
#define SIZE 5
…
```

```
double matrix[SIZE][SIZE];
int row, col;
for(row = 0; row < SIZE; row++){
    for(col = 0; col < SIZE; col++){
        if (row == col){
            matrix[row][col] = 1;
        }else{
            matrix[row][col] = 0;
        }
    }
}
```

程序运行后二维数组中的值为如下效果：

1 0 0 0 0
0 1 0 0 0
0 0 1 0 0
0 0 0 1 0
0 0 0 0 1

对角线位置元素值为1：

matrix[0][0] = 1,matrix[1][1] = 1,
matrix[2][2] = 1,matrix[3][3] = 1,
matrix[4][4] = 1

其他元素为0。

注意：在引用二维数组元素时，不要把 m[i][j] 写成了 m[i, j]。如果这样写，C语言会把逗号看成是逗号运算符，所以 m[i, j] 就等于 m[j]。

7.2.2 二维数组的初始化

与普通变量和一维数组一样，没有初始化的二维数组元素的值是未知的。可以在声明二维数组时为数组元素指定初值。二维数组的初始化可以通过嵌套一维数组初始化式的方式来书写，用两层大括号，内层每个大括号表示一行：

int m[3][5] = {{1, 2, 3, 4, 5}, {2, 3, 4, 5, 6}, {3, 4, 5, 6, 7}};

初始化结果如图 7-9 所示。

如果初始化时没有提供足够多的行，那么未被初始化的行的元素自动初始化为 0：

int m[3][5] = {{1, 2, 3, 4, 5}, {2, 3, 4, 5, 6}};

	0	1	2	3	4
0	1	2	3	4	5
1	2	3	4	5	6
2	3	4	5	6	7

图 7-9 二维数组的初始化 1

上面的二维数组只提供了两行初始化数据，没有提供初始化数据的最后一行各元素被初始化为 0，如图 7-10 所示。

如果初始化时没有足够的初值来初始化数组的一整行，那么此行剩余元素初始化为 0：

int m[3][5] = {{1, 2, 3}, {2, 3, 4, 5}};

初始化结果如图 7-11 所示。

	0	1	2	3	4
0	1	2	3	4	5
1	2	3	4	5	6
2	0	0	0	0	0

图 7-10 二维数组的初始化 2

	0	1	2	3	4
0	1	2	3	0	0
1	2	3	4	5	0
2	0	0	0	0	0

图 7-11 二维数组的初始化 3

初始化列表可以省略掉内层的大括号：

`int m[3][5] = {1, 2, 3, 4, 5, 2, 3, 4, 5, 6, 3, 4, 5, 6, 7};`

这种初始化的形式更像是一维数组初始化（这与二维数组本身是按行存储在内存中是呼应的），但是不建议这样初始化。

不论是否省略掉内层的大括号，只要初始化列表列出了全部行，那么可以省略行数。例如：

`int m[ ][5] =   {{1, 2, 3, 4, 5}, {2, 3, 4 , 5, 6}, {3, 4, 5, 6, 7}};`

或者：

`int m[ ][5] =   {1, 2, 3, 4, 5, 2, 3, 4 , 5, 6, 3, 4, 5, 6, 7};`

它们都等价于：

`int m[3][5] = {{1, 2, 3, 4, 5}, {2, 3, 4 , 5, 6}, {3, 4, 5, 6, 7}};`

提示：任何时候，声明二维数组时都不可以省略列号。

7.2.3 二维数组的应用

【例 7-3】 方阵转置。

输入数据到方阵 3×3 中，然后转置此方阵。方阵是具有相同行数和列数的矩阵，转置方阵是把方阵的元素以从左上角到右下角的对角线为对称轴进行交换。例如，把第 2 行第 3 列的元素和第 3 行第 2 列的元素进行交换。程序运行示例如下。

请输入 3×3 方阵的第 0 行：1 3 5
请输入 3×3 方阵的第 1 行：2 4 6
请输入 3×3 方阵的第 2 行：3 5 7
转置后方阵是：

1 2 3
3 4 5
5 6 7

参考代码如下：

```
/* transpose.c */
#include <stdio.h>
#define SIZE 3
int main(void)
```

```c
    {
        double matrix[SIZE][SIZE];
        int row, col;
        for(row = 0; row < SIZE; row++){          //双重循环输入二维数组值
            printf("请输入%d*%d方阵的第%d行：", SIZE, SIZE, row);
            for(col = 0; col < SIZE; col++){
                scanf("%lf", &matrix[row][col]);
            }
        }
        for(row = 0; row < SIZE; row++){          //双重循环,沿对角线交换数值
            for(col = 0; col < row; col++){       //语句1
                temp = matrix[col][row];
                matrix[col][row] = matrix[row][col];
                matrix[row][col] = temp;          //交换matrix[col][row]和matrix[row][col]的值
            }
        }
        printf("转置后方阵是：\n");
        for(row = 0; row < SIZE; row++){          //双重循环输出二维数组
            for(col = 0; col < SIZE; col++){
                printf("%.2f ", matrix[row][col]); //输出结果保留两位小数
            }
            printf("\n");
        }
        getch();                                  //vc2010需加此函数,作用是避免屏幕一闪而过
    }
```

提示：语句1中的循环条件是col < row，而不是col < SIZE，否则对需要交换的一对元素就做了两次交换，相当于没有交换，理解下为什么。

【例7-4】 计算每门课程和每位学生的平均成绩。

班级中有多位学生，每位学生都有数学、英语、语文考试成绩，计算每门课的平均成绩以及每位同学的平均成绩。

声明行数为课程数，列数为学生数的二维数组，各行存储一门课程的全部学生的成绩，计算某门课程的平均成绩就是计算一行的平均值，计算某个学生的平均成绩就是计算一列的平均值。为了简化程序，假设有3门课程，班级人数为5人，成绩已经在程序中初始化了，参考代码如下。

```c
/* average.c */
#include <stdio.h>
#define LESSON_NUMBER 3
#define STUDENT_NUMBER 5
int main(void)
{
    int score[LESSON_NUMBER][STUDENT_NUMBER] = {{80, 80, 80, 80, 80},
                                                 {70, 70, 70, 70, 70},
                                                 {90, 90, 90, 90, 90}};
    int i, j, sum;
    for(i = 0, sum = 0; i < LESSON_NUMBER; i++, sum = 0){    //行循环
        for(j = 0; j < STUDENT_NUMBER; j++){                  //列循环
            sum += score[i][j];                               //求每门课程所有学生成绩和
```

```
        }
        printf("第%d门课的平均成绩是%d\n", i, sum / STUDENT_NUMBER);
    }
    printf("\n");
    for(j = 0, sum = 0; j < STUDENT_NUMBER; j++, sum = 0)         //列循环
    {
        for(i = 0; i < LESSON_NUMBER; i++)                         //行循环
        {
            sum += score[i][j];                                    //求每个学生各门课程成绩和
        }
        printf("第%d个学生的平均成绩是%d\n", j, sum / LESSON_NUMBER);
    }
    getch();                                          //vc2010需加此函数,作用是避免屏幕一闪而过
}
```

7.3 字符数组

很多程序不但需要处理数值型数据,还要处理文字,即字符串。C语言中没有字符串数据类型。实际上字符串是由多个字符组成的,在C程序中是用字符型数组来存储字符串的。下面的代码声明一个字符数组 str,其长度为 10:

```
char str[10];
```

可以把字符串"sunshine"存储在它里面(如图 7-12 所示,后续可以看到用字符串赋值函数 strcpy 更方便):

```
str[0] = 's';
str[1] = 'u';
str[2] = 'n';
str[3] = 's';
str[4] = 'h';
str[5] = 'i';
str[6] = 'n';
str[7] = 'e';
```

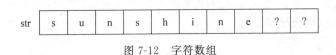

图 7-12 字符数组

尽管数组的前 8 个元素存储了单词"sunshine"的各个字母,但是还不能说数组 str 就存储了字符串"sunshine",还需要再存储一个特殊的值表示字符串内容的结束,这个特殊字符就是空字符'\0'。

空字符是 ASCII 码为 0 的字符,它不是一个用来显示的字符。在 C 语言的字符数组中,它的作用就是用来标志字符串的结束,即在它之前的字符都是字符串的内容,在它之后的内容都不是字符串的内容。程序中,空字符可以写成'\0',也可以直接写数字 0。'\0'中的反斜杠是转义的意思,与换行符('\n')中的反斜杠作用相同,是对跟在反斜杠后面的字符的转义。注意空字符和字符'0'是不同的,字符'0'的 ASCII 码为 48,空字符的 ASCII 码为 0。

当把空字符'\0'放在'e'之后,即 str[9] = '\0';,str 就表示字符串"sunshine",如图 7-13 所示。

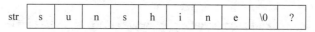

图 7-13　空字符表示字符串的结束 1

当把空字符'\0'放在 str[3]处,即 str[3] = '\0',那么 str 就表示字符串"sun",而不是字符串"sunshine",如图 7-14 所示。

图 7-14　空字符表示字符串的结束 2

注意,如果空字符'\0'存储在了 str[3]和 str[9]两处,字符数组仍然表示"sun"。也就是说,不论字符数组中有多少空字符,第一个空字符之前的内容才是字符数组表示的字符串。

在 C 程序中,不论是初始化字符数组中的字符串,还是处理字符串的函数 strlen()、strcpy()等,它们都遵循"以空字符作为字符串结束标志"这一准则。反过来说,如果字符数组中的字符串没有以空字符结束,就仅仅是字符数组,而不是字符串。

与普通数组类似,字符数组可以用循环来遍历(处理)字符串的各个字符。要强调的是循环处理到字符串结束标志即可,不需要按照字符数组定义的长度循环。空字符之后的内容不必关心,可以通过判断当前字符是否为空字符来确定字符串是否结束。

```
for(i = 0; str[i] != '\0'; i++){
    //处理字符串中的每个字符
}
```

循环遇到'\0'结束,或者可以使用 strlen()函数来计算出字符串的长度后,通过长度值来控制循环次数:

```
for(i = 0; i < strlen(str); i++){
    //处理字符串中的每个字符
}
```

strlen()函数是根据空字符的位置来计算字符串的长度,要使用 strlen()函数必须包含头文件<string.h>,即程序要包含:

```
#include <string.h>
```

7.3.1　字符数组的声明

如果需要用一个字符型数组存储 80 个字符的字符串,由于字符串需要有空字符结束,需要声明含有 81 个字符的字符数组(当然更大的字符数组也可以):

```
char str[81];
```

这样声明的字符型数组在之后的使用中,能存放长度不超过 80 的任何字符串。如果字符串长度超过 80 就导致没有空间来存储空字符,程序运行过程中将出现不可预知的结果。

7.3.2 字符串的写和读

读写字符串可以用格式化输入和输出函数 scanf() 和 printf(),也可以用专门的字符串读写函数 gets() 和 puts()。

1. 用 printf() 函数和 puts() 函数写字符串

printf() 函数可以输出任何数据类型的值,使用 %s 格式符可以输出字符串。

```
char str[10];
str[0] = 's';
str[1] = 'u';
str[2] = 'n';
str[3] = '\0';
printf("%s", str);
```

输出结果:sun

printf() 函数会逐个输出字符串中的字符,遇到空字符才停止。如果字符串没有用空字符结束,printf() 函数会一直输出下去,直到遇到内存中的某个空字符为止。

除了 printf() 函数可以输出字符串,puts() 函数也可以输出字符串。上面的代码中将 printf 语句换成 puts 语句:

```
puts(str);
```

输出结果同样是:sun

与 printf() 函数不同的是,puts() 函数在输出完字符串后还会附带输出一个换行符,这样后续的输出就从下一行开始。

与 printf() 函数另一个不同的是,因为 puts() 函数是专门输出字符串的函数,并且只有一个参数,即字符数组名或者字符串常量,所以不需要格式说明字符串。

2. 用 scanf() 函数和 gets() 函数读字符串

可以用 scanf() 函数或者 gets() 函数将用户输入的字符串读入字符数组中。例如,在读入的字符串长度不会超过 100 的情况下,声明字符数组变量:

```
#define STR_LEN 100
...
char str[STR_LEN + 1];
```

之后,可以调用 scanf() 函数来读取从键盘输入的字符串存储到 str 中:

```
scanf("%s", str);
```

使用 scanf() 函数输入字符串要注意几个问题。

(1) scanf() 函数不仅会把输入的字符串存储到字符型数组里,而且还会放置一个空字符在字符串的末尾,因此,输入的字符串的长度一定要小于或者等于字符数组的长度减 1,否则 scanf() 函数会把空字符放到字符数组之外,导致出现访问数组越界的错误。

(2) 用 scanf() 函数读入字符串不会包含空白字符(空白字符包括换行符、空格符以及制表符)。scanf() 函数会扫描输入的字符串,跳过起始的空白字符,读入后面连续的非空白字符,直到遇到非空白字符之后的第一个空白字为止。

(3) 数组名 str 本身就表示数组首元素(下标为 0 的元素)的地址,因此调用 scanf() 函数时不需在 str 前添加取地址符 &。

scanf() 函数输入的字符串不包括空白字符,如果想把包括空白字符在内的一整行内容输入到字符数组中,需要调用 gets() 函数。类似于 scanf() 函数,gets() 函数把读入的字符串放到字符数组中,并存储一个标志结束的空字符。但是在处理空白字符上,gets() 函数不同于 scanf() 函数:

(1) gets() 函数不会跳过起始的空白字符。

(2) gets() 函数会持续读入字符,并把字符写到字符数组中,直到遇到换行符。当 gets() 函数读到换行符,意味着一行已经读完,它会把一个空字符追加到字符串末尾。换行符本身不会写入字符串。

gets() 函数的总体效果就是把输入的一整行字符串(包括空格符以及制表符,不包括换行符)读入字符型数组中,并以空字符结束这个字符串。如果后续还有输入函数的话,这些输入函数从换行符之后读取字符。

下面的例子显示了 scanf() 和 gets() 函数的差异:

```
#define STR_LEN 10
…
char str[STR_LEN + 1];
printf("请输入一句话:\n");
scanf("%s", str);
printf("sentence is:%s", str);
```

假如用户运行程序并输入了以下内容。

请输入一句话: enjoy c

这里,enjoy 前面有一个空格,后面也有一个空格,输入完按下回车键后,scanf() 函数开始对输入缓冲区的内容进行扫描。scanf() 函数会跳过 enjoy 前面的空格,把"enjoy"读入到数组 str 中。当遇到"enjoy"之后的空格时,scanf() 函数将停止读入并追加一个空字符。下一个读入函数将从输入缓冲区的"enjoy"后面的空格处继续读入剩余内容,如图 7-15 所示。

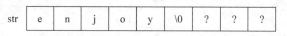

图 7-15 使用 scanf() 函数读入字符串

假如用 gets() 函数替换 scanf() 函数:

gets(str);

当输入同样的内容,gets() 函数会把包括空格在内的整行字符串:enjoy c 读入到字符数组中,并添加一个空字符。如图 7-16 所示(图中空白表示空格字符,下同)。

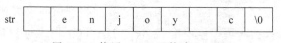

图 7-16 使用 gets() 函数读入一行

7.3.3 字符数组的初始化

字符数组可以在声明时进行初始化(如图 7-17 所示)：

```
char laborDay[6] = "May 1";
```

图 7-17 字符数组初始化 1

编译器会把字符串"May 1"中的各个字符依次初始化到字符数组 laborDay 的各个元素中，并且会添加一个空字符，使字符数组可以当成字符串变量来使用。

以上是初始化字符串变量的简便形式。按照标准的一维数组初始化的形式，字符串变量初始化还可以写成：

```
char laborDay [6] = {'M', 'a', 'y', ' ', '1', '\0'};
```

如果字符数组的长度大于字符串的长度，那么没有提供初值的数组元素会被自动初始化为 0，即空字符'\0'(如图 7-18 所示)：

```
char laborDay[8] = "May 1";
```

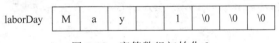

图 7-18 字符数组初始化 2

如果声明字符数组时提供了初值，还可以省略字符数组的长度：

```
char laborDay[] = "May 1";
```

此时，编译器会自动确定数组的长度，使它恰好可以存储字符串的内容和空字符。因此，上述例子中 laborDay 数组的长度是 6。

注意，如果省略了字符数组长度，而且初始化形式是单个字符，那么初始化列表最后要包含空字符，才表示存入的是字符串：

```
char laborDay[] = {'M', 'a', 'y', ' ', '1', '\0'};            //字符串
```

这样 laborDay 数组的长度是 6，最后一个数组元素存储了空字符。反之，如果初始化列表没有提供空字符：

```
char laborDay[] = {'M', 'a', 'y', ' ', '1'};            //字符数组，不是字符串
```

那么 laborDay 数组的长度会是 5。因为 laborDay 仅仅是字符数组，而不是字符串，不能当成存储字符串变量来使用。

类似的问题可能出现下面的语句中：

```
char laborDay[5] = {'M', 'a', 'y', ' ', '1'};
char laborDay[5] = "May 1";
```

上述的两个字符数组中的长度 5 与字符数相同，没有多余的元素来存储空字符，也仅是

字符数组,而不是字符串。

```
char lab1[] = {'M', 'a', 'y', ' ', '1'};
char lab2[] = "May 1";
```

上面 lab1 和 lab2 字符数组长度不同,lab1 仅是字符型数组,长度为 5,刚好是字符的数量;lab2 中存的是字符串,长度为 6,包括一个空字符。

7.3.4 字符串处理函数

C 语言处理字符串的复制、拼接、比较等操作需要使用字符串函数。字符串处理函数在头文件< string.h >中。

1. 复制字符串函数 strcpy()

在数组 str 已经声明的情况下,为了把字符串复制到它里面,之前使用了单个字符依次赋值的方式:

```
str[0] = 's';
str[1] = 'u';
str[2] = 'n';
str[3] = '\0';
```

显然,这样处理非常麻烦,并且很容易忘记在最后添加空字符。strcpy()函数用来把字符串的内容复制到字符数组中,并且它还会在目标字符串之后放置一个空字符,作为字符串结束的标志:

strcpy(目标字符数组 s1, 来源字符串 s2);

strcpy()函数把来源字符串 s2 复制到目标字符数组 s1 中,s2 可以是字符数组,也可以是字符串常量。这个过程不会修改 s2 中的字符串的内容。

```
#include < string.h >
…
strcpy(str, "sun");        //将字符串"sun"复制到字符数组 str 中
strcpy(str2, str);         //将 str 中字符串复制到字符数组 str2 中
```

复制字符串的时候注意以下两个问题。

(1) 目标字符数组的长度要足够放置来源字符串和空字符,否则会造成访问数组越界的问题。例如:

```
char str[3];
strcpy(str, "Sun");
```

strcpy()函数会把字符串"Sun"中的各个字符复制到 str 中,并且在最后还会添加一个空字符。在此过程中,strcpy()函数并不会检查是否已经越过目标数组的边界。显然空字符被添加到了数组以外,这可能造成程序的异常。

(2) 给字符数组赋值不能写成下面的形式:

```
char str[10];
str = "sun";
```

上述形式只在初始化字符数组 str 的时候有效,在 str 已经声明后就不能再这样赋值。基本数据类型变量可以在程序中用等号赋值,而字符串不可以,必须用字符串函数 strcpy() 来赋值。

2. 计算字符串长度函数 strlen()

strlen()函数计算存储在字符数组中的字符串长度,其形式为:

strlen(字符数组(以空字符结束)或者字符串常量);

例如,下面程序计算若干字符串的长度:

```
int len;
char str[10];
len = strlen("abc");       //len 是 3
len = strlen("");          //len 是 0
strcpy(str, "abc");
len = strlen(str);         //len 是 3
```

strlen()函数会把字符数组中第一个空字符之前的内容当作字符串的内容,计算其长度,这个长度值不包括结束的空字符。

注意字符数组的长度和字符串长度的区别。字符数组的长度是在声明数组时指定的长度,一旦确定无法修改。而字符数组中存储的字符串的长度是可以变化的,随着字符数组存储的字符串以及空字符的位置的不同而不同。因为需要用一个数组元素存储空字符,存储在字符数组中的字符串的长度应小于或者等于字符数组长度减 1。

3. 拼接字符串函数 strcat()

strcpy()函数把字符串复制到字符数组中,strcat()函数把字符串拼接到字符数组原有字符串的后面,形成一个更长的字符串。调用 strcat()函数的形式为:

strcat(目标字符数组名,来源字符串);

下面是一些例子:

```
strcpy(str, "abc");        //str 是"abc"
strcat(str, "def");        //str 是"abcdef"
strcpy(str2, "123");       //str2 是"123"
strcat(str, str2);         //str 是"abcdef123"
```

拼接字符串的时候注意以下两个问题。

(1) 因为 strcat()函数会把来源字符串复制到目标字符串的末尾,并且再追加一个空字符作为结束标志。故目标字符数组的长度要大于两个字符串长度之和。

(2) 在有些语言中可以用+号来完成字符串的拼接:

str1 + str2;

但在 C 语言中是不支持这样写的,必须调用 strcat()函数来完成拼接。

4. 比较字符串函数 strcmp()

数值是有大小的概念的,字符串也有。字符串的大小是按照字符串的字典顺序来比较的。具体来说,依次比较两个字符串对应位置的字符的 ASCII 码来比较它们的大小,第一个出现码值较小的字符的字符串就是小的那个。如果一个字符串长度短于另一个,那么规定长度短的字符串小于长度长的字符串。因为长度短的字符串的结束位置是空字符,即0,它肯定小于长度长的字符串对应位置的任意非空字符。因此,长度短的字符串小于长度长的字符串。如果两个字符串内容完全相同,那么就说这两个字符串相等。

例如:

"abc"小于"abd"。因为它们前两个字符相同,而第三个字符'c'小于'd'。

"abc"小于"abcdef"。因为"abc"与"abcdef"前三个字符完全一样,而"abc"字符串只包含三个字符。如果一定要从字符大小比较,"abc"字符串的后面还有空字符,而空字符是小于字符'd'的。

"abc"大于"aa"。因为它们的第一个字符相同,而第二个字符'b'大于'a'。

如果要在程序中判断两个字符串的大小关系,可以调用 strcmp() 函数:

strcmp(字符串1, 字符串2);

strcmp()函数会根据字符串1是小于、等于或大于字符串2,来返回一个小于、等于或大于0的整数值。

例如,strcmp("abc", "abd")会返回负数,因为字符'c'小于字符'd'。

strcmp("abc", "abcdef")同样会返回负数。

或者比较字符数组中存储的字符串的大小:

char str1[] = "aa";
char str2[] = "abc";

strcmp(str1, str2)会返回负数。

为了检查 str1 是否小于 str2,可以写成:

if (strcmp(str1, str2) < 0)

判断 str1 是否等于 str2,可以写成:

if (strcmp(str1, str2) = = 0)

注意:当比较两个字符串中的字符时,注意 ASCII 字符集的一些特性。

(1) A~Z,a~z,0~9,这几组字符的数值码都是连续的。

(2) 所有的大写字母都小于小写字母(在 ASCII 码中,65~90 的编码表示大写字母,97~122 的编码表示小写字母)。

(3) 数字小于字母(48~57 的编码表示数字)。

(4) 空格符小于所有打印字符(空格符的码值是32)。

7.3.5 字符数组的应用

【例 7-5】 统计字符串中数字字符的个数。

输入一个以回车符为结束标志的字符串(少于80个字符),统计其中数字字符的个数。

请输入少于80个字符的字符串:this is 123

输出:数字有3个

由于字符串少于 80 个字符,数组长度取其上限 80,以回车符'\n'作为输入结束符,参考代码如下:

```c
/* countDigits.c */
#include <stdio.h>
int main(void)
{
    int count, i;                           //定义需要的变量
    char str[80];                           //声明字符数组,用来存放输入的字符串
    printf("请输入少于 80 个字符的字符串: ");
    i = 0;                                  //数组下标从 0 开始
    while((str[i] = getchar()) != '\n'){    //一次读入一个字符,
        i++;                                //判断不等于\n 则循环读入下一个字符
    }
    str[i] = '\0';                          //输入结束,加入字符串结束标志
    count = 0;                              //计数变量赋初值
    for(i = 0; str[i] != '\0'; i++){        //数组下标从 0 开始,到字符串结束
        if(str[i] >= '0' && str[i] <= '9'){ //判断每个元素是否为数字
            count++;                        //是数字则计数变量加 1
        }
    }
    printf("数字有%d 个\n", count);          //输出统计结果
    getch();                                //vc 2010 加此函数,避免运行窗口一闪而过
}
```

【例 7-6】 判断字符串是否为回文。

输入一个以回车符为结束标志的字符串(少于 80 个字符),判断该字符串是否为回文。回文就是中心对称的字符串,如"abcba"、"abccba"就是回文,"abcdba"不是回文。

声明两个字符数组,一个保存输入的字符串,一个把输入的字符串以逆序存储起来,用 strcmp()函数比较这两个字符串是否相等,相等就是回文。

参考代码如下:

```c
#include <stdio.h>
int main(void)
{
    int i;
    char str[80], strInverse[80];           //定义两个字符型数组,存字符串
    printf("请输入少于 80 个字符的字符串: ");
    gets(str);                              //从键盘读入字符串
    for(i = 0; i < strlen(str); i++){       //循环将字符串翻转存入另一数组中
        strInverse[i] = str[strlen(str) - 1 - i];
    }
    strInverse[i] = '\0';                   //加入字符串结束标志
    if(strcmp(str, strInverse) == 0){       //比较两个字符串是否相等
        printf("是回文\n");
    }else{
        printf("不是回文\n");
    }
    getch();                                //vc2010 加此函数,避免运行窗口一闪而过
}
```

问题：如果程序中不使用 strcmp() 函数，直接比较字符串中对应位置的字符是否相等，那么应该如何改写程序？

本 章 小 结

前几章介绍的整型、实型、字符型等数据类型都属于基本数据类型，是 C 语言中已经定义的。数组属于构造数据类型，是由基本类型按一定规则组合而成的。

数组是一组相同数据类型的变量集合。数组中每个元素相当于一个变量，数组元素在内存中是连续存放的。一维数组元素由一个下标引用，二维数组相当于多个一维数组。编程时要注意：C 语言编译器对数组的下标值是否越界不做检测。

字符串存储在字符数组中，以空字符作为字符串结束标志。C 语言预先定义好字符串处理函数，在 string.h 头文件里。

习 题

一、选择题

1. 若有定义 int a[5];，则 a 数组中首元素的地址可以表示为(　　)。
   A. &a　　　　　　B. a+1　　　　　　C. a　　　　　　D. &a[1]

2. 假定 int 类型变量占 4 字节，定义数组 int a[10]={1,2,3};，整个数组 x 在内存中占的字节数是(　　)。
   A. 6　　　　　　　B. 12　　　　　　　C. 20　　　　　　D. 40

3. 以下声明数组 a 并初始化正确的是(　　)。
   A. int a[5]={1;2;3;4;5};　　　　　　B. int a[5]={0};
   C. int a[5];　　　　　　　　　　　　D. int a[]=(0);

4. 对 int a[10]={6,7,8,9,10};说明语句的正确理解是(　　)。
   A. 将 5 个初值依次赋给 a[1] 至 a[5]，其余元素赋 0 值
   B. 将 5 个初值依次赋给 a[0] 至 a[4]，其余元素赋 0 值
   C. 将 5 个初值依次赋给 a[6] 至 a[10]，其余元素赋 0 值
   D. 因为数组长度与初值的个数不相同，所以此语句不正确

5. 在 C 语言中，引用数组元素时，其数组下标的数据类型允许是(　　)。
   A. 整型常量　　　　　　　　　　　　B. 整型表达式
   C. 整型常量和整型表达式　　　　　　D. 任何类型的表达式

6. 以下对一维整型数组 a 的正确说明是(　　)。
   A. int a(10);　　　　　　　　　　　　B. int n=10,a[n];
   C. int n;　　　　　　　　　　　　　　D. ♯define SIZE 10
      scanf("%d",&n);　　　　　　　　　　　 int a[SIZE];
      int a[n];

7. 若有说明 int a[10];，则对 a 数组元素的正确引用是(　　)。
   A. a[10]　　　　　B. a[3.5]　　　　　C. a(5)　　　　　D. a[10-10]

8. 若要定义一个具有 5 个元素的整型数组,以下错误的定义语句是(   )。

   A. int a[5]={0};
   B. int b[]={0,0,0,0,0};
   C. int c[2+3];
   D. int i=5, d[i];

9. 下列选项中,能正确定义数组的语句是(   )。

   A. int num[0..2008];
   B. int num[];
   C. int N=2008; int num[N];
   D. #define N 2008   int num[N];

10. 以下程序运行后的输出结果是(   )。

    ```
    #include <stdio.h>
    int main()
    {  int a[5]={1,2,3,4,5},b[5]={0,2,1,3,0},i,s=0;
       for(i=0;i<5;i++) s=s+a[b[i]]); printf("%d\n",s); }
    ```

    A. 6   B. 10   C. 11   D. 15

11. 若有二维数组定义 int a[2][3];,以下选项中对数组元素正确引用的是(   )。

    A. a[2][0]
    B. a[1][3]
    C. a[1, 2]
    D. a[1][2]

12. 有字符数组定义 char array[]="China";,则数组 array 所占空间为(   )。

    A. 4   B. 5   C. 6   D. 7

13. 字符数组初始化错误的是(   )。

    A. char str[]={'h', 'e', 'l', 'l', 'o', '\0'};
    B. char str[5]="hello";
    C. char str[]="hello";
    D. char str[10]="hello";

14. 以下程序段的运行结果是(   )。

    ```
    char s[5] = {"ab\n\t\0c\0"};
    printf("%d", strlen(s));
    ```

    A. 3   B. 4   C. 5   D. 6

15. 以下程序的运行结果是(   )。

    ```
    #include <stdio.h>
    int main(void)
    {  int aa[4][4] = {{1,2,3,4},{5,6,7,8},{3,9,10,2},{4,2,9,6}};
       int i, s = 0;
       for(i = 0; i < 4; i++){
          s += aa[i][1]; }
       printf("%d\n", s);
    }
    ```

    A. 11   B. 19   C. 13   D. 20

16. 下面的代码意图把字符 c 追加到字符串 s 之后,其中正确的是(   )。

    char c = 'a'; char s[10] = "ok";

A. strcat(s, c);   B. s[2]='a';
C. s[2]='a'; s[3]='\0';   D. s[1]='a'; s[2]='\0';

17. 对以下代码段叙述正确的是(   )。

```
float a[8] = {1.0, 2.0};
int b[1] = {0};
char c[ ] = {"A", "B"};
char d = "1";
```

A. 只有变量c的定义是合法的   B. 只有变量a、b、c的定义是合法的
C. 所有变量的定义都是合法的   D. 只有变量a、b的定义是合法的

18. 以下程序运行时输入：2<回车>,则运行结果是(   )。

```
#include <stdio.h>
int main(void)
{
    int a[4], p, x, i;
    for(i = 3; i > 0; i--){    a[i - 1] = i * 2 - 1;   }
    scanf("%d", &x);
    i = 0;
    while(a[i] < x) i++;
    p = i;
    for(i = 3; i > p; i--) a[i] = a[i - 1];
    a[p] = x;
    for(i = 0; i < 4; i++) printf("%3d", a[i]);
    printf("\n");
}
```

A. 1 2 3 4   B. 5 4 3 1   C. 1 2 3 5   D. 3 2 1 4

19. 下面的代码读入输入的字符串,当用户输入：today is ok<回车>,<回车>表示输入回车符,程序的运行结果是(   )。

```
#include <stdio.h>
int main(void)
{
    char s[20];
    scanf("%s", s);    printf("%s", s);
}
```

A. •today   B. today
C. •today•is•ok•   D. today•is•ok

20. 以下程序的运行结果是(   )。

```
#include <stdio.h>
int main()
{
    int i, t[][3] = {9, 8, 7, 6, 5, 4, 3, 2, 1};
    for (i = 0; i < 3; i++)
        printf("%d", t[2 - i][i]);
}
```

A. 3 5 7   B. 7 5 3   C. 3 6 9   D. 7 5 1

21. 定义如下变量和数组 int k；int a[3][3]={1,2,3,4,5,6,7,8,9}；，则运行"for(k=0;k<3;k++) printf("％d",a[k][2-k])；"语句的输出结果是（   ）。

   A. 3 5 7   B. 3 6 9
   C. 1 5 9   D. 1 4 7

22. 以下对 C 语言字符数组的描述错误的是（   ）。

   A. 字符数组可以存放字符串
   B. 字符数组中的字符串可以整体输入、输出
   C. 可以在赋值语句中通过赋值运算符"="对字符数组整体赋值字符串
   D. 可以用字符串函数对字符串进行比较

23. 不能把字符串 Hello! 赋给数组 b 的语句是（   ）。

   A. char b[10]={ 'H', 'e', 'l', 'l', 'o', '!'};
   B. char b[10] ; b="Hello!";
   C. char b[10]={ 'H', 'e', 'l', 'l', 'o', '!', '\0'};
   D. char b[10]="Hello!";

24. 合法数组定义是（   ）。

   A. int a[ ]="string" ;   B. int a[5]={0,1,2,3,4,5};
   C. char a="string";   D. char a[ ]={0,1,2,3,4,5};

25. 以下能对二维数组 a 进行正确初始化的语句是（   ）。

   A. int a[2][ ]={{1,0,1},{5,2,3}};
   B. int a[ ][3]={{1,2,3},{4,5,6}};
   C. int a[2][4]={{1,2,3},{4,5},{6}};
   D. int a[ ][3]={{1,0,1},{ },{1,1}};

26. 若有说明 int a[3][4]={0};，则下面正确的叙述是（   ）。

   A. 只有元素 a[0][0]可得到初值 0
   B. 此说明语句不正确
   C. 数组 a 中各元素都可得到初值,但其不一定为 0
   D. 数组 a 中各元素都可得到初值 0

27. 以下对二维数组 a 的正确声明是（   ）。

   A. int a[3][ ] ;   B. float a(3,4);
   C. double a[1][4];   D. float a(3)(4);

28. 若有说明 int a[3][4];，则对 a 数组元素的正确引用是（   ）。

   A. a[2][4]   B. a[1,3]   C. a[1+1][0]   D. a(2)(1)

29. 若有说明 int   a[3][4];，则对 a 数组元素的非法引用是（   ）。

   A. a[0][2*1]   B. a[1][3]   C. a[4-2][0]   D. a[0][4]

30. 判断字符串 a 和 b 是否相等,应当使用（   ）。

   A. if (a==b)   B. if (a=b)
   C. if (strcpy(a,b))   D. if (strcmp(a,b))

二、填空题

1. 在C语言中，字符串不存放在一个变量中，而是存放在一个（　　）中。
2. 设有数组声明 int a[][3]={{1},{2},{3}};,则数组元素 a[1][2] 的值是（　　）。
3. 将两个字符串连接成一个字符串，使用的是（　　）函数。
4. 阅读程序并写出程序的运行结果（　　）。

```c
#include<stdio.h>
int main(void)
{
    int a[] = {2, 5, 4, 9, 1, 5};
    int j, s = 0;
    for (j = 0; j < sizeof(a) / sizeof(a[0]); j++){
        if (a[j] % 2 != 0){ s += a[j];}    }
    printf("s = %d\n", s);
}
```

5. 下列程序的功能是求出数组 x 中各相邻两个元素的和，并依次存放到数组 a 中，最后输出 a 的内容。请将程序中画横线的地方补充完整。

```c
#include<stdio.h>
int main(void)
{
    int x[10], a[9], i;
    for( i = 0; i < 10; i++){    scanf("%d", &x[i]);}
    for(_____; i < 10; i++){   a[i - 1] = x[i] + x[i - 1];}
    for(i = 0; i < 9; i++){   printf("%d", a[i]);}
}
```

6. 利用数组计算斐波那契数列前 10 个数，即 1,1,2,3,5,……。程序中第一个空处用斐波那契数列的前 2 个数初始化数组，第 2 个空用来实现计算整个斐波那契数列。请将这两个地方补充完整。

```c
#include<stdio.h>
int main(void)
{
    int i;
    int fib[10] = {_____};
    for(i = 2; i < 10; i++){   fib[i] = _____;}
    for(i = 0; i < 10; i++){   printf("%5d", fib[i]);}
}
```

7. 根据输入的日期，即年、月、日，计算该日期是这一年的第几天。请将程序补充完整。

```c
#include<stdio.h>
int main(void)
{
    int year, month, day;
    int leap, k, totalDay = 0;
    int tab[ ][13] = {{0, 31, 28, 31, 30, 31, 30, 31, 31, 30, 31, 30, 31},
```

```
                    {0, 31, 29, 31, 30, 31, 30, 31, 31, 30, 31, 30, 31}   };
    scanf("%d%d%d", &year, &month, &day);
    //判断是否为闰年,当 year 是闰年时,leap 为 1,否则,leap 为 0
    leap = (year % 4 == 0 && year % 100 != 0 || year % 400 == 0);
    for(k = 1; k < month; k++){   totalDay += tab[____][____]; }
    totalDay += day;
    printf("%d\n", totalDay);
}
```

8. 以下程序统计从终端输入的字符中大写字母的个数,num[0]中统计字母 A 的个数,num[1]中统计字母 B 的个数,其他以此类推,用♯号结束。请填空。

```
♯ include <stdio.h>
int main()
{   int num[26] = {0}, i;
    char c;
    while ((_____) != '♯')
    if (isupper(c))   num[c - 'A'] += _____;
    for(i = 0; i < 26; i++)   printf("%c:%d\n", i + 'A', num[i]);
}
```

三、编程题

1. 编写程序,删除字符串中的空格。首先输入可以包含空格的字符串到一个字符数组中,然后将删除空格的字符串保存到另外的字符数组中。

例如,输入含有空格的字符串:today is ok <回车>

删除空格后的字符串:todayisok

2. 检查输入的整数中是否有重复的数字,并给出重复的次数。

例如,输入整数:1234321

输出:have repeat digit

0:0
1:2
2:2
3:2
4:1
5:0
6:0
7:0
8:0
9:0

3. 已知最古老的一种加密技术是凯撒加密。该方法把一条消息中的每个字母用字母表中固定距离之后的那个字母来替代。如果替代字母越过了字母 Z,会绕回到字母表的起始位置。例如,如果每个字母都用字母表中两个位置之后的字母替代,那么 Y 就会被替代为 A,Z 就会被替代为 B。编写程序用凯撒加密方法对消息进行加密。用户输入待加密的消息和向后偏移量,程序运行示例如下。

输入待加密字符串:Go ahead, make my day

输入偏移量(1—25):3

加密后的字符串：Jr dkhdg, pdnh pb gdb.

可以假设消息的长度不超过 80 个字符。不是字母的那些字符不要改动。此外，加密时不改变字母的大小写。

提示：为了解决绕回问题，可以用表达式计算大写字母的密码，$((ch-'A') + n) \% 26 + 'A'$，其中 ch 存储字母，n 存储偏移量。

4. 将输入的十六进制字符串转换为十进制整数，如果十六进制字符串的首字符为'—'，那代表该数是负数。例如，

输入：1a　输出：26

输入：—1a　输出：—26

5. 使用选择排序算法对整数数组进行从小到大排序。

第 8 章　函数与宏定义

学习目标
- 掌握用户自定义函数的声明、定义与调用；
- 了解变量的作用域和存储类型；
- 了解内部函数与外部函数的概念；
- 掌握递归函数的设计；
- 掌握宏定义和文件包含两种预处理方式。

8.1　函数的概念

在许多程序设计语言中，可以将一段经常需要使用的代码封装起来，在需要使用时可以直接调用，这就是程序设计中函数的理念。

函数(function)是 C 程序的组件。每一个 C 程序都由一个或多个 C 函数组成，每一个函数都是具有独立功能的模块，通过各模块之间的协调工作可以完成复杂的程序功能。

C 语言中，函数可以分为两类：一类是系统定义的标准函数，又称为库函数，如我们之前遇到的 scanf()、printf()等；另一类是用户自定义函数，这类函数根据问题的特殊要求而设计，自定义函数为程序的模块化设计提供了有效的技术支撑，有利于程序的维护和扩充。

C 语言程序设计的核心就是设计自定义函数。

8.1.1　函数的定义

如图 8-1 所示，函数由函数头和函数体两个部分组成。函数头规定了函数的存储类型、返回值类型、函数名、形参说明；函数体由一些语句和注释组成，并用一对大括号括起来。

库函数是系统已经定义好的标准函数，用户直接使用。用户自定义函数则是程序设计人员自己编写的函数。自定义函数的形式如下：

```
[存储类型符] [返回值类型符] 函数名([形参说明表])
{
    函数体；
    函数返回语句；
}
```

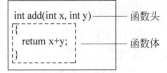

图 8-1　函数的结构

关于自定义函数的几点说明如下。

（1）[存储类型符]指的是函数的作用范围，包含两种形式：static 和 extern。用 static 说明的函数称为内部函数，只能作用于其所在的源文件；用 extern 说明的函数称为外部函数,可被其他源文件中的函数调用,默认为 extern。如图 8-1 中,add()函数的存储类型为默认的 extern。

(2) [返回值类型符] 指的是函数体语句运行完成后,函数返回值的类型,如 int、float 等。若函数无返回值,则用空类型 void 来定义函数的返回值。默认情况为 int 型(有些编译器不支持默认情况)。如图 8-1 中,函数的返回值类型为 int。

(3) 函数名由任何合法的标识符构成。建议函数名的命名与函数内容有一定关系。如图 8-1 中,函数名为 add,表示进行加法运算。

(4) [形参说明表] 是一系列用逗号分开的形参变量说明。[形参说明表] 可以缺省,表示函数无参数。如图 8-1 中,int x, int y 表示形参变量有两个: x 和 y,数据类型都是 int 型。

注意:形参不能写成:int x, y,也不能写成 int x; int y。

(5) 函数体是放在一对大括号{ }中,主要由以下两部分组成。

① 局部数据描述:用来定义函数中用到的局部变量。

② 功能实现:可由顺序、分支、循环、函数调用和函数返回等语句构成,是函数的主体部分。

(6) 函数返回语句:通常用返回语句来结束函数的调用。函数具有以下两种形式的返回语句。

① 函数返回值为 void,即函数无返回值的情况,函数返回语句的形式为:

return;

这种情况也可以不写 return 语句。

② 函数有返回值类型,则函数返回语句的形式为:

return 表达式的值;

注意:"表达式的值"的数据类型必须与函数返回值类型一致。

8.1.2 函数的声明与调用

通常情况下,如果自定义函数写在 main()函数之后,需要先进行函数声明,才能在程序中进行函数调用。

1. 函数的声明

函数声明语句的形式为:

[存储类型符] [返回值类型符] 函数名([形参说明表]);

如:int add(int x, int y);

注意:函数声明语句其实就是函数头加个分号。

2. 函数的调用

函数定义完成后,若不被调用,则不会发挥任何作用。函数调用分为以下两种形式。

(1) 函数无返回值情况:

函数名([实参表]);

(2) 函数有返回值的情况:

变量名 = 函数名([实参表]);

注意：变量名的类型必须与函数的返回值类型相同。

函数被调用时,才会去运行函数中的语句。函数运行完毕后,回到函数的调用处,继续运行程序中函数调用后面的语句。

例如：

```
…
int x = 5, y = -10;
int z;
…
z = add(x, y);            /* 函数调用 */
…
```

8.1.3 函数的参数传递

1. 函数的参数

回顾前面的函数声明和调用,有以下语句：

① int add(int x, int y);

② z=add(x, y);

其中,x 和 y 称为函数的参数。在函数的声明语句①中,x 和 y 没有任何值,只是在形式上表明了参数的数据类型,称为函数的形式参数,简称形参；函数的调用语句②中,x 和 y 事先分别赋值为 5 和 -10,是有具体值的变量,称为函数的实际参数,简称实参。

形参的数据类型必须指明,参数的本质是个变量,用于存储数据。

2. 函数的传值方式

在调用函数时,每一个实参的值对应地传递给每个形参变量。形参变量在接收实参传过来的值时,会在内存中临时开辟新的空间,以保存形参变量的值。函数运行完毕后,这些临时开辟的内存空间会被释放,并且形参的值在函数中的变化不会影响实参变量的值,这就是函数的传值方式。

3. 函数的返回值

返回值是指函数被调用之后,运行函数体中的程序段所取得的值,可以用 return 语句返回。

例如：

```
int add(int x, int y)
{
    return x + y;
}
```

分析：自定义函数 add() 的功能是接收两个整数,返回两个整数的和。

【例 8-1】 编写程序,通过调用函数 int add(int x, int y),求两个整数的和。

程序如下：

```
  /* 自定义函数,求两个整数的和 */
1   #include<stdio.h>
2   int add(int x, int y);              //函数声明语句
3   void main()                         //主函数
```

```
4    {
5        int a = 5, b = -10;                          //定义变量
6        int c;
7        c = add(a, b);                               //函数调用语句
8    }
9    int add(int x, int y)                            //自定义函数
10   {
11       return x + y;                                //函数返回语句
12   }
```

分析：通过函数第7行的函数调用语句"c=add(a,b);"，将实参变量a的值5传递给了形参变量x，实参变量b的值-10传递给形参变量y，用整型变量c来接收函数的返回值，即5和-10的和。

8.1.4 数组作为函数的参数

函数参数可以是变量，也可以是数组。变量作为函数的参数表示传递数值，数组作为函数的参数表示传递地址。

通过下面几个例题理解一下传递数值和传递地址的区别。

【例8-2】 函数参数为变量。

```
           //程序1：函数传递数值
行号       #include <stdio.h>
           void exchange(int x, int y)              //自定义子函数,形参是两个变量
e1         {   int t;
e2             printf("3: x = %d, y = %d\n", x, y); //输出 x 和 y
e3             t = x;     x = y;      y = t;        //交换 x 和 y 的值
e4             printf("4: x = %d, y = %d\n", x, y); //再次输出 x 和 y
           }
m1         int main()                               //主函数
m2         {   int x = 10, y = 20;                  //声明变量
m3             printf("函数传值\n");
m4             printf("1: x = %d, y = %d\n", x, y); //输出变量值
m5             exchange(x, y);                      //函数调用
m6             printf("2: x = %d, y = %d\n", x, y); //再次输出变量值
           }
```

运行结果：

分析：

(1) 程序从主函数第1行语句m1行开始运行，定义两个变量x和y。计算机给两个变量在内存中分别分配空间，存入初值10和20，运行到m4行语句，第一次输出x和y的值，即10和20。

(2) 运行到m5行语句，调用子函数exchange()，将主函数变量x的值10传递给子函

数形参 x,主函数变量 y 的值 20 传递给子函数形参 y,计算机给自动给两个形参 x 和 y 重新分配内存空间,存入 10 和 20。

(3) 运行子函数 e2 行语句,输出形参 x 和 y 的值,即 10 和 20。

(4) 运行子函数 e3 行语句,交换形参 x 和 y 的值。

(5) 运行子函数 e4 行语句,再次输出形参 x 和 y 的值,已经是 20 和 10,不再是 10 和 20。

(6) 子函数语句运行完毕,返回到主函数,运行第 m6 行语句,输出变量 x 和 y 的值,依旧是 10 和 20。因为子函数中交换的是形参所在内存空间的数据,对主函数两个变量的值没有影响。

【例 8-3】 函数参数为数组。

```
        //程序2: 函数传递地址
行号      #include <stdio.h>
        void exchange(int y[])              //自定义子函数,形参是数组
e1      {   int t;
e2          printf("3: %d, %d\n", y[0], y[1]);   //输出数组元素的值
e3          t = y[0];                            //交换数组元素的值
e4          y[0] = y[1];
e5          y[1] = t;
e6          printf("4: %d, %d\n", y[0], y[1]);   //再次输出数组元素的值
        }
        int main()                           //主函数
m1      {   int x[2] = {10, 20};             //定义数组,赋初值
m2          printf("函数传址\n");
m3          printf("1: %d, %d\n", x[0], x[1]);   //输出数组元素的值
m4          exchange(x);                         //函数调用,数组名作为参数
m5          printf("2: %d, %d\n", x[0], x[1]);   //再次输出数组元素的值
        }
```

运行结果:

```
函数传址
1: 10, 20
3: 10, 20
4: 20, 10
2: 20, 10
```

分析:

(1) 程序从主函数第 1 行语句 m1 行开始运行,定义两个元素的整型数组。计算机给数组分配两个连续的内存空间,存入初值 10 和 20,运行到 m3 行语句,第一次输出数组 x 的两个元素值,即 10 和 20。

(2) 运行到 m4 行语句,调用子函数 exchange(),将数组名 x 作为实参传递给子函数,数组名代表数组的首地址,子函数接收到主函数传递进来的数组首地址,不需要重新分配内存空间,只是给这个内存空间重新命名为 y 数组。这样实参 x 数组和形参 y 数组使用同一个内存空间。

(3) 运行子函数 e2 行语句,输出数组 y 的两个元素值,即 10 和 20。

(4) 运行子函数 e3 至 e5 行语句,交换数组 y 的两个元素值。

(5) 运行子函数 e6 行语句,再次输出数组 y 的两个元素值,已经是 20 和 10,不再是 10 和 20。

(6) 子函数语句运行完毕,返回到主函数,运行 m5 行语句,输出数组 x 的两个元素值。因为子函数中形参 y 数组与主函数中实参 x 数组的内存空间是一个,所以数组 x 的两个元素值已经改变,是 20 和 10,不再是 10 和 20。

【例 8-4】 函数参数为数组元素。

```
                //程序 3：传递数组元素
行号     #include <stdio.h>
         void exchange(int x, int y)
e1       {   int t;
e2           printf("3: x = %d, y = %d\n", x, y);
e3           t = x;    x = y;    y = t;
e4           printf("4: x = %d, y = %d\n", x, y);
         }
         int main()
m1       {   int x[2] = {10, 20};
m2           printf("1: x[0] = %d, x[1] = %d\n", x[0], x[1]);
m3           exchange(x[0], x[1]);      /*函数调用*/
m4           printf("2: x[0] = %d, x[1] = %d\n", x[0], x[1]);
         }
```

运行结果:

```
1: x[0]=10, x[1]=20
3: x=10, y=20
4: x=20, y=10
2: x[0]=10, x[1]=20
```

分析:

(1) 程序从主函数第 1 行语句 m1 行开始运行,定义两个元素的整型数组。计算机给数组分配两个连续的内存空间,存入初值 10 和 20,运行到 m2 行语句,第一次输出数组 x 的两个元素值,即 10 和 20。

(2) 运行到第 m3 行语句,调用子函数 exchange(),将数组两个元素的值 10 和 20 传递给子函数形参 x 和 y,计算机给自动给两个形参 x 和 y 重新分配内存空间,存入 10 和 20。

(3) 运行子函数 e2 行语句,输出形参 x 和 y 的值,即 10 和 20。

(4) 运行子函数 e3 行语句,交换形参 x 和 y 的值。

(5) 运行子函数 e4 行语句,再次输出形参 x 和 y 的值,已经是 20 和 10,不再是 10 和 20。

(6) 子函数语句运行完毕,返回到主函数,运行第 m4 行语句,再次输出数组 x 的两个元素值。因为子函数中交换的是形参所在内存空间的数据,对主函数数组元素的值没有影响,数组 x 的两个元素值,依旧是 10 和 20。数组元素等同于变量使用,传递数组元素和传递变量一样,都是传递数值。

函数传递数值与传递地址的要点总结如下。

(1) 函数的参数是变量,表示传递数值;函数的参数是数组名,表示传递地址(数组名表示数组的首地址);函数的参数是指针,也表示传递地址(指针也表示地址)。

（2）调用函数时，每一个实参对应地传递给每一个形参。

（3）形参变量接收到实参传来的数值后，会在内存临时开辟新的空间，保存该数值，子函数运行完毕时，释放内存空间。形参的值在函数中的变化，不影响实参的值。

（4）形参变量接收到实参传来的地址后，不开辟新的空间，直接使用此空间。形参的值在函数中的变化，会影响实参的值。

（5）数组名作为函数参数时只能传递数组首地址，无法传递数组长度，所以无须写长度，例如：

```
int sum(int a[], int n) …
void caseConvert(char str[])
```

8.2 变量的作用域和存储类型

1. 变量的作用域

变量的作用域，指的是在程序中能引用该变量的范围。针对不同的作用域，可把变量分为局部变量和全局变量。

局部变量：在函数内部或某个语句块内部定义的变量称为局部变量。局部变量的作用域只限于所定义的区域（该函数或该语句块内部），离开区域，该变量自动失效。局部变量的作用是增强函数模块的独立性。

全局变量：在函数外部定义的变量称为全局变量。全局变量的作用域是从该变量定义的位置开始，直到源文件结束。在同一文件中的所有函数都可以引用全局变量。全局变量的作用是增强各函数间数据的联系。

局部变量和全局变量的作用域如图 8-2 所示。

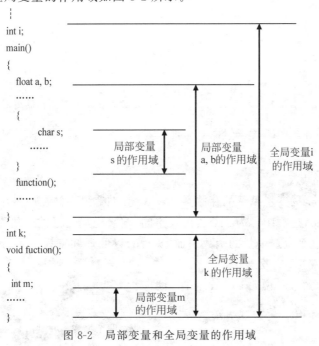

图 8-2　局部变量和全局变量的作用域

2. 变量的存储类型

所谓存储类型是指变量占用内存空间的方式,也称为存储方式。在内存中,供用户使用的存储区可分为程序区、静态存储区和动态存储区三种,如图 8-3 所示。

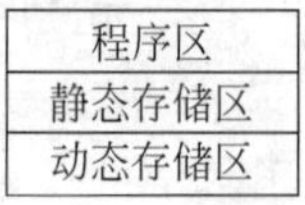

变量的存储方式可分为"静态存储"和"动态存储"两种。静态存储变量通常是在变量定义时就在存储单元,并一直保持不变,直至整个程序结束。动态存储变量是在程序运行过程中,使用它时才分配存储单元,使用完毕立即释放。

| 程序区 |
| 静态存储区 |
| 动态存储区 |

图 8-3 存储区

例如,在函数定义时并不为其形参分配存储单元,只有在函数被调用时,才予以分配存储单元,调用函数完毕立即释放。如果一个函数被多次调用,则反复地分配、释放形参变量的存储单元。

从以上分析可知,静态存储变量有固定的存储空间,可以保留数值。而动态存储变量则时而存在时而消失,无法保留数值。

变量的存储类型有 auto、register、static 和 extern 四种。其中 auto 和 register 只能用于局部变量,extern 只能用于全局变量,static 既可用于局部变量,也可用于全局变量。局部变量默认 auto 存储类型,全局变量默认 extern 存储类型。

1) auto 存储类型

auto 类型是局部变量默认的存储类型,auto 型变量存储在动态存储区中。

如例 8-5 主函数中的变量 i、j 和子函数 add() 的两个形参变量 x、y 都是 auto 型变量。每当进入函数时,给 auto 型变量分配内存空间,退出函数时自动释放空间,下次进入函数再重新分配新的空间。所以 auto 型局部变量的值不被保留,每次都需要重新赋值。

这类局部变量最突出的优点是:可在各个函数之间隔离信息,从而避免不慎赋值同名变量所导致的错误影响到其他函数。

【例 8-5】 编写程序,说明 auto 存储类型。

```
1  #include<stdio.h>
2  int add(int x, int y)            //子函数,形参是两个变量
3  {   return x+y;    }             //返回两数之和
4  int main()                        //主函数
5  {
6      auto int i=1;                 //显式指定变量的存储类型,省略 auto 效果一样
7      int j=2;
8      printf("%d+%d=%d\n", i, j, add(i, j));    //调用子函数,并输出返回值
9  }
```

2) extern 存储类型

extern 类型是全局变量默认的存储类型,extern 型变量存储在静态存储区中,其生命周期都是整个程序运行过程中。为了节省内存空间,定义全局变量的时候不使用 extern 说明符,而在其他引用这个全局变量的函数中加 extern,以便通知编译系统,该全局变量已经分配了存储空间,不需要重复分配。

【例 8-6】 编写程序,说明 extern 存储类型。

```
1  #include<stdio.h>
2  int i=5;                          //声明全局变量并赋值
```

```
3   void test(void)
4   {
5       printf("in sunfunction i = %d\n", i);
6   }
```

```
1   #include <stdio.h>
2   extern i;                              //引用另一个.c文件的全局变量
3   int main()
4   {
5       printf("in main i = %d\n", i);
6       test();                            //调用在另一个.c文件的子函数
7   }
```

运行结果：

```
in main i=5
in sunfunction i=5
```

说明：主函数main()和子函数test()存在两个不同的.c文件中，main()函数所在.c文件声明的外部全局变量i是在另一个.c文件中定义和赋值的。

3）register存储类型

被声明为register存储类型的局部变量也称为寄存器变量。register型变量的值保存在CPU寄存器中，而不是存在内存上。程序运行时，访问寄存器比访问内存快得多。因此，当程序对运行速度有较高要求时，可以把频繁引用的少量变量定义为register型，这有助于提高程序运行速度。

【例8-7】 编写程序，说明register存储类型。

```
1   #include <stdio.h>
2   int main()
3   {
4       register int i, sum = 0;           //寄存器变量可以提高运行速度
5       for (i = 0; i < 10; i++)
6       {   sum += i;   }
7       printf("sum = %d\n", sum);
8   }
```

4）static存储类型

被声明为static类型的变量，无论是全局变量还是局部变量，都存储在静态存储区中，其生命周期为整个程序。如果是static类型局部变量，其作用域为一对{}内；如果是static类型全局变量，其作用域为当前文件。

static型变量如果没有被初始化，则自动初始化为0。初始化语句只运行一次，数值可以保留。

【例8-8】 编写程序，说明static存储类型。

```
1   #include <stdio.h>
2   int sum(int a)
3   {
4       auto int c = 0;
5       static int b = 5;
6       c++;
```

```
 7        b++;
 8        printf("a = %d, \tc = %d, \tb = %d\t", a, c, b);
 9        return (a+b+c);
10    }
11    int main(void)
12    {
13        int i, a = 2;
14        for (i = 0;i < 5;i++)
15            printf("sum(a) = %d\n", sum(a));
16    }
```

运行结果：

```
a=2, c=1, b=6   sum(a)=9
a=2, c=1, b=7   sum(a)=10
a=2, c=1, b=8   sum(a)=11
a=2, c=1, b=9   sum(a)=12
a=2, c=1, b=10  sum(a)=13
```

说明：

(1) 主函数中 for 语句循环运行 5 次，调用 5 次子函数 sum()。

(2) 子函数 sum() 中形参 a 和局部变量 c 都是 auto 型变量，每一次调用都重新分配空间，重新赋值，函数结束释放空间。

(3) 子函数中的 b 是静态变量，第一次调用子函数 sum() 时分配空间，赋初值，子函数结束不释放空间，值保留，下次调用继续使用。

变量的各种存储类型的比较如表 8-1 所示。

表 8-1　变量的存储类型比较

类　　型	作 用 域	生 存 域	存 储 位 置
auto 变量	一对{}内	当前函数	局部变量默认存储类型，存在动态存储区
extern 变量	整个程序	整个程序运行期	全局变量默认存储类型，存在静态存储区
register 变量	一对{}内	当前函数	存储在 CPU 寄存器中，仅用于局部变量
static 全局变量	当前文件	整个程序运行期	存在静态存储区，表示内部变量
static 局部变量	一对{}内	整个程序运行期	存在静态存储区

虽然全局变量作用域大，生存期长，用起来方便灵活，但是一般不建议使用全局变量，原因如下：

(1) 不论是否需要，全局变量在整个程序运行期间都占用着内存空间。

(2) 全局变量必须在函数以外定义，降低了函数的通用性，影响了函数的独立性。

(3) 使用全局变量容易因疏忽或使用不当，导致变量中的值意外改变，从而产生难以查找的错误。

8.3　内部函数与外部函数

在 C 语言中，自定义函数分为内部函数和外部函数两种。

1. 内部函数

如果一个函数只能被本文件中的其他函数所调用，则称它为内部函数。内

部函数又称为静态函数。在定义内部函数时,在函数名和函数类型前加 static 关键字。内部函数的声明形式如下:

static <返回值类型> <函数名>(<参数列表>);

例如:

static int add (int a, int b);

使用内部函数,可以使函数的作用域只局限于所在文件。在不同的文件中同名的内部函数,互不干扰。

2. 外部函数

函数的默认存储类型为 extern 型,是外部函数,可以被其他文件中的函数所调用。在调用文件中函数声明语句前应加上 extern 关键字说明。

【例 8-9】 编写程序,说明外部函数的应用。

1) file1.c

```
/* file1.c 外部函数的定义 */
1    extern int add(int a, int b)
2    {
3        return a + b;
4    }
```

2) file2.c

```
/* file2.c 外部函数的定义 */
1    extern int mod(int m, int n)
2    {
3        return m % n;
4    }
```

3) example8-9.c

```
/* 外部函数的调用 */
1    #include <stdio.h>
2    extern int mod(int a, int b);          /* 外部函数声明 */
3    extern int add(int m, int n);          /* 外部函数声明 */
4    int main()
5    {
6        int x, y, result1, result2, result;
7        printf("Please enter x and y:\n");
8        scanf ("%d%d", &x, &y);
9        result1 = add(x, y);               /* 调用 file1 中的外部函数 */
10       printf("x + y = %d\n", result1);
11       if (result1 > 0)
12          result2 = mod(x, y);            /* 调用 file2 中的外部函数 */
13       result = result1 - result2;
14       printf("mod(x, y) = %d\n", result2);
15       printf("(x + y) - mod(x, y) = %d\n", result);
16   }
```

关于以上程序有以下几点说明：

(1) 在程序 file1.c、file2.c 中的函数定义可以不加 extern，默认为外部函数。

(2) 由多个源文件组成一个程序时，main()函数只能出现在一个源文件中。

(3) example8-6.c 文件中的函数声明最好保留 extern，表示该函数不在此文件中。

(4) 如果将 file1.c、file2.c 文件中函数定义的 extern 改为 static，主程序在编译时将出错。因为 static 表示内部函数，无法被另外一个文件中的 main()函数调用。

8.4 递归函数的设计与调用

常用的函数调用都是嵌套调用，即在某函数的语句中调用另外的函数，图 8-4 是函数嵌套调用示例。

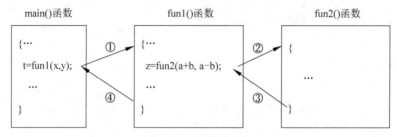

图 8-4 函数嵌套调用

在图 8-4 示例中，主函数调用子函数 fun1()，fun1()又调用子函数 fun2()，fun2()运行完毕返回到 fun1()的调用点，运行后续的语句，fun1()运行完毕回到主函数的调用点，运行后续语句，直到主函数结束。

而递归调用是一种特殊的嵌套调用，是某个函数调用自己或者是调用其他函数后再次调用自己。根据不同的调用方式，递归又分为直接递归调用和间接递归调用，如图 8-5 所示。

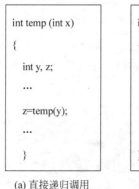
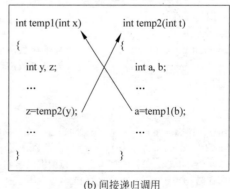

(a) 直接递归调用　　　　　　　　(b) 间接递归调用

图 8-5 递归调用形式

(1) 直接递归调用：在函数定义语句中，存在着调用自身函数的语句，如图 8-5(a)中的 temp()函数就是直接递归调用，又称为简单递归。

(2) 间接递归调用：在函数定义语句中，存在着互相调用函数的语句，如图 8-5(b)中的

temp1()和 temp2()函数就是间接递归调用,temp1()调用 temp2(),temp2()又调用 temp1()。

设计递归函数时,要避免陷入无限递归调用的状态。并不是所有的问题都可以设计成递归函数,递归函数必须具备以下几个条件。

(1) 问题的后一部分与原始问题类似。
(2) 问题的后一部分是原始问题的简化。
(3) 必须有一个明确的递归结束的条件。

【例 8-10】 编写程序,实现 $n!$ 的计算。

分析:$n!$ 的数学表达式为:

$$n! = \begin{cases} 1 & (n=0,1) \\ n^*(n-1)! & (n>1) \end{cases}$$

显然,它满足数学上对递归函数的两个条件:

① $(n-1)!$ 与 $n!$ 是类似的;
② $(n-1)!$ 是 $n!$ 的简化。

可设计递归函数 long fac(int n)实现求 $n!$。

```
1   #include <stdio.h>
2   long fac(int n)
3   {
4       long result;
5       if(n==0 || n==1)            //递归结束的条件
6           result = 1;
7       else
8           result = n * fac(n-1);  //直接递归调用自己
9       return result;
10  }
11  void main()
12  {
13      int n;
14      long f;
15      printf("输入 n:\n");
16      scanf("%d", &n);
17      if(n<=0)
18          printf("输入错误!\n");
19      else
20      {
21          f = fac(n);              //调用递归函数,可以实现循环的效果
22          printf("%d!=%ld\n", n, f);
23      }
24  }
```

运行效果:

输入n:
4
4!=24

当函数调用自己时,系统自动将函数当前的变量和形参暂时保留起来。在新一轮的调用时,系统为该次调用的函数所用到的变量和形参开辟新的存储空间。因此,递归调用的层

次越多,同名变量所占的存储单元也就越多。

当本次调用结束后,系统会释放本次调用占用的存储单元,程序会返回到上一层调用的调用点,同时取用当初进入该层函数时暂存的数据。

8.5 预 处 理

C语言中,凡是以♯号开头的行都是"编译预处理"命令行,简称预处理。预处理是C语言的一个重要功能,预处理单占源程序中的一行,放在源程序的首部。预处理不是C语句,行末不可以加分号。

所谓编译预处理,就是C语言编译系统在对C源程序编译前,先由编译预处理系统对这些预处理命令进行处理。

预处理的作用:向编译系统发布信息或命令,告诉编译系统在对源程序进行编译之前应做些什么事。

C语言提供的预处理指令主要有三种:宏定义、文件包含和条件编译,本节中只介绍宏定义与文件包含。

8.5.1 宏定义

宏定义又称为宏代换、宏替换,简称"宏",通常用大写字母表示。预处理(预编译)工作也叫作宏展开,作用是在对相关命令或语句的含义和功能作具体分析之前,可将宏名替换为字符串。使用宏可提高程序的通用性和易读性,减少不一致性,减少输入错误和便于修改。

宏定义包含两种:不带参数的宏和带参数的宏。

1. 不带参数的宏

不带参数的宏常被用于表达程序中的一些固定不变的值,又常称为符号常量,如圆周率、数组的大小等,其定义形式为:

♯define 宏名 字符串

关于不带参数的宏有几点说明:

(1) define 必须小写,表示宏定义。

(2) 宏名用标识符表示,为区别于变量,宏名一般采用大写字母,在程序中不可与其他标识符重名。如:♯define PI 3.14159。

(3) 宏定义末尾不加分号,define、宏名、字符串之间加空格分开。

(4) 宏定义写在函数的大括号外边,通常在文件的最开头。

(5) 宏的作用是将程序中的宏名用字符串替换。

(6) 宏名的有效范围是从定义命令之后,直到源程序文件结束或遇到宏定义终止命令♯undef 为止。

(7) 宏定义允许嵌套。

【例8-11】 阅读以下程序,了解不带参数的宏的作用。

```
1    #include <stdio.h>
2    #define PI 3.1415926                    //定义圆周率
```

```
3      void main()
4      {
5          double r, s;
6          printf("输入半径r: ");
7          scanf("%lf", &r);
8          while(r > 0)                          //判断半径大于0循环
9          {
10             s = PI * r * r;                   //计算圆的面积
11             printf("圆的面积 = %10.3lf\n", s);
12             printf("输入半径r: ");
13             scanf("%lf", &r);
14         }
15     }
```

运行结果：

```
输入半径r: 4
圆的面积=      50.265
输入半径r: 3
圆的面积=      28.274
输入半径r: 5
圆的面积=      78.540
输入半径r: -9
```

说明：程序功能是输入半径，计算圆的面积，可以循环多次输入计算，直到输入小于0的值退出循环。

2. 带参数的宏

带参数的宏的定义形式为：

＃define 宏名(参数表)　字符串

其中,字符串应该包含有参数表中的参数；宏替换时,是将字符串中的参数用实参表中的参数进行替换。

关于带参数的宏有几点说明：

(1) 宏名和参数的括号间不能有空格。

(2) 宏定义不存在类型问题,它的参数也是无类型的。

(3) 宏替换只进行替换,不进行计算,不进行表达式求解。

(4) 宏定义与函数不同。函数调用在编译后程序运行时进行,并且分配内存；宏替换在编译前进行,不分配内存。宏展开不占运行时间,只占编译时间；函数调用占运行时间(分配内存、保留现场、值传递、返回值)。

例如,程序中定义了这样的宏：

＃define S(r) 3.14159 * r * r

在程序中若出现 S(3.0),则相当于 3.14159 * 3.0 * 3.0；但若程序中出现 S(3.0+4.0),则相当于 3.14159 * 3.0+4.0 * 3.0+4.0,这样的结果也许不是预期的。因此,在进行有参数的宏定义时,一定要考虑替换后的实际情况,否则很容易出错。若将宏定义改为如下：

＃define S(r) 3.14159 * (r) * (r)

S(3.0+4.0)则相当于 3.14159 * (3.0+4.0) * (3.0+4.0)。

【例 8-12】 阅读以下程序,了解带参数的宏的作用。

```
1    #include <stdio.h>
2    #define F(a) (a)*b
3    void main()
4    {
5        int x, y, b, z;
6        printf("请输入 x, y: ");
7        scanf("%d%d", &x, &y);
8        b = x + y;
9        z = F(x + y);
10       printf("b = %d\nF(x + y) = %d\n", b, z);
11   }
```

运行结果:

```
请输入x, y: 4 2
b=6
F(x+y)=36
```

说明:

输入 4 和 2,程序计算 b=4+2=6,将宏定义中 a 替换为 x+y,表达式为:z=F(x+y)=(x+y)*b=6*6=36。

如果把宏定义中括号去掉,#define F(a) (a)*b 改为 #define F(a) a*b,效果则不同。

```
1    #include <stdio.h>
2    #define F(a) a*b
3    void main()
4    {
5        int x, y, b, z;
6        printf("请输入 x, y: ");
7        scanf("%d%d", &x, &y);
8        b = x + y;
9        z = F(x + y);
10        printf("b = %d\nF(x + y) = %d\n", b, z);
11   }
```

运行结果:

```
请输入x, y: 4 2
b=6
F(x+y)=16
```

说明:

同样输入 4 和 2,计算 b=4+2=6,将宏定义中 a 替换为 x+y,表达式为:z=F(x+y)=x+y*b=4+2*6=16。

8.5.2 文件包含

文件包含处理是指在一个源文件中,通过文件包含命令将另一个源文件的内容全部包含在此文件中,就可以使用该文件中定义的函数。在源文件编译时,连同被包含进来的文件一同编译,生成目标文件。

文件包含命令的一般形式为

#include <包含文件名>

或

#include "包含文件名"

关于文件包含有几点说明：

(1) include 命令必须小写,表示文件包含。一个 include 命令只能包含一个文件,一个程序中可以有多个 include 命令。

(2) < > 表示被包含文件在系统标准目录(include)中。

(3) " " 表示被包含文件在指定的目录中,若只有文件名不带路径,则在当前目录中；若找不到,再到系统标准目录中寻找。

(4) 包含文件名可以是后缀为".c"的源文件,也可以是后缀为".h"的头文件,例如

#include <stdio.h>
#include "myhead.h"
#include "D:\\myexam\\myfile.c"

文件包含的作用：

(1) 将多个源文件拼接在一起。

例如,有文件 file2.c,其内容都是自定义的函数。另有文件 file1.c,该文件有 main() 函数。如果在 file1.c 程序中要调用 file2.c 中的函数,可采用文件包含的形式：#include "file2.c"。

(2) 在对 file1.c 进行编译时,系统会用 file2.c 的内容替换掉文件包含命令 #include "file2.c",然后再对其进行编译。

(3) 要注意区分外部函数与文件包含的区别。它们都是可以在某个程序中用到另一个文件中的函数,但使用的方法有所不同。

本 章 小 结

用户自定义函数是 C 语言程序设计的重要内容,要熟练掌握函数的声明、定义,以及调用方法。

变量按作用域不同分为全局变量和局部变量。全局变量的作用范围是整个程序,但是一般不建议使用全局变量。变量的存储类型有 auto、register、static 和 extern 四种,要了解每一种存储类型的特点。

递归函数是一种特殊的用户自定义函数,满足一定的要求才可以使用递归,并且一定要有可使递归结束的条件,避免进入无限递归状态。

预处理包括文件包含、宏定义和条件编译等,都是以 # 开头,但它们不是 C 语言中的语句,所以不需要分号作为结尾。使用预处理名命令,需要注意以下几点。

(1) 宏定义与函数传参数不同。宏定义是直接替换,替换前不计算。在有参数的宏定

义中,参数加括号和不加括号是有区别的,一定要考虑替换后的实际情况,避免出现意想不到的结果。

(2) 使用文件包含时,要避免出现变量和函数发生重定义的现象,要了解文件包含中使用尖括号<>和双引号" "的区别。

习 题

一、选择题

1. 以下正确的函数定义形式为(   )。

    A. int max(int x, int y);
    B. double max(double x, y);
    C. double max(double x, y);
    D. double max(int x; int y);

2. C 语言中函数返回值的类型是由以下(   )选项决定的。

    A. 函数定义时指定的类型
    B. return 语句中的表达式类型
    C. 调用该函数时实参的数据类型
    D. 形参的数据类型

3. C 语言中调用函数时,实参变量和形参变量之间的数据传递方式为(   )。

    A. 由用户指定传值方式
    B. 地址传递
    C. 值传递
    D. 由实参传递给形参,并由形参回传给实参

4. 函数 func((exp1,exp2),(exp3,exp4,exp5))调用语句中实参个数为(   )。

    A. 1   B. 2   C. 4   D. 5

5. 以下关于 return 语句的叙述中正确的是(   )。

    A. 一个自定义函数中必须有一条 return 语句
    B. 一个自定义函数中可以根据不同情况设置多条 return 语句
    C. 定义成 void 类型的函数中可以有带返回值的 return 语句
    D. 没有 return 语句的自定义函数在运行结束时不能返回到调用处

6. 以下程序的运行结果是(   )。

```
#include<stdio.h>
int f(int x);
int main()  { int n=1, m;    m=f(f(f(n)));    printf("%d\n", m);  }
int f(int x)   { return x*2; }
```

    A. 1   B. 2   C. 4   D. 8

7. 如果在一个函数中定义了一个变量,则该变量的作用域为(   )。

    A. 在本程序范围内
    B. 在 main()函数之外的函数中
    C. 在该函数内部
    D. 为非法变量

8. 函数中未指定存储类型的局部变量,其隐含的存储类型为(   )。

    A. auto   B. static   C. extern   D. register

9. C 语言规定了程序中各函数之间调用关系,以下说法正确的是(   )。

    A. 既允许直接递归调用,也允许间接递归调用

B. 不允许直接递归调用,也不允许间接递归调用

C. 允许直接递归调用,不允许间接递归调用

D. 不允许直接递归调用,允许间接递归调用

10. 以下关于带参数宏定义的描述中,正确的说法是( )。

A. 宏名和参数都无类型　　　　B. 宏名有类型,参数无类型

C. 宏名无类型,参数有类型　　　D. 宏名和参数都有类型

11. 以下程序(函数 fun()只对偶数下标元素进行操作)的运行结果是( )。

```
#include <stdio.h>
void fun(int *a, int n)
{ int i, j, k, t;
   for(i=0;i<n-1;i+=2)
    {k=i;  for(j=i;j<n;j+=2)  if(a[j]>a[k]) k=j;
     t=a[i]; a[i]=a[k]; a[k]=t; } }
int main()
{ int a[10]={1, 2, 3, 4, 5, 6, 7}, i;  fun(a, 7);
   for(i=0;i<7;i++)  printf("%d,", a[i]);  printf("\n"); }
```

A. 7,2,5,4,3,6,1,　　　　　　B. 1,6,3,4,5,2,7,

C. 7,6,5,4,3,2,1,　　　　　　D. 1,7,3,5,6,2,1,

12. 以下程序的运行结果是( )。

```
#include <stdio.h>
int f(int t[], int n);
int main(){ int a[4]={1, 2, 3, 4}, s;  s=f(a, 4);  printf("%d\n", s); }
int f(int t[], int n) { if (n>0)  return t[n-1]+f(t, n-1);  else return 0; }
```

A. 4　　　　　B. 10　　　　　C. 14　　　　　D. 6

13. 以下程序的运行结果是( )。

```
#include <stdio.h>
void fun(int x)  { if(x/2>1)  fun(x/2);  printf("%d ", x); }
int main()  { fun(7);  printf("\n"); }
```

A. 1 3 7　　　　B. 7 3 1　　　　C. 7 3　　　　D. 3 7

14. 以下程序的运行结果是( )。

```
#include <stdio.h>
int fun() { static int x=1;  x+=1;  return x; }
int main()  { int i, s=1;  for(i=1;i<=5;i++)  s+=fun();  printf("%d\n", s); }
```

A. 11　　　　　B. 21　　　　　C. 6　　　　　D. 120

15. 以下程序的运行结果是( )。

```
#include <stdio.h>
int fun(){ static int x=1;  x*=2;  return x; }
int main() {int i, s=1;  for (i=1;i<=2;i++) s=fun();  printf("%d\n", s);}
```

A. 0　　　　　B. 1　　　　　C. 4　　　　　D. 8

16. 以下程序的运行结果是( )。

```
#include <stdio.h>
int fun() { static int x = 1;    x *= 2;    return x;  }
int main(){ int i, s = 1;    for(i = 1;i <= 3;i++) s *= fun();    printf("%d\n", s);}
```

A. 0   B. 10   C. 30   D. 64

17. 以下程序的运行结果是(   )。

```
#include <stdio.h>
#define SUB(a)   (a) - (a)
int main() { int a = 2, b = 3, c = 5, d;    d = SUB(a + b) * c;    printf("%d\n", d); }
```

A. 0   B. −12   C. −20   D. 10

18. 以下程序的运行结果是(   )。

```
#include <stdio.h>
#define S(x)   4 * (x) * x + 1
int main()   { int k = 5, j = 2;    printf("%d\n", S(k + j));   }
```

A. 197   B. 143   C. 33   D. 28

19. 有如下函数定义,若运行调用语句 n=fun(3);,则函数 fun()总共被调用的次数是(   )。

```
int fun(int k)
{ if (k < 1) return 0;    else if(k == 1) return 1;    else return fun(k - 1) + 1;   }
```

A. 2   B. 3   C. 4   D. 5

20. 以下程序的运行结果是(   )。

```
#include <stdio.h>
int fun (int x, int y){ if (x!= y) return ((x + y)/2);    else return (x); }
int main(){ int a = 4, b = 5, c = 6;    printf("%d\n", fun(2 * a, fun(b, c))); }
```

A. 3   B. 6   C. 8   D. 12

21. 下列关于 C 语言中函数定义的叙述,正确的是(   )。

  A. 函数可以嵌套定义,但不可以嵌套调用
  B. 函数可以嵌套调用,但不可以嵌套定义
  C. 函数可以嵌套定义,也可以嵌套调用
  D. 函数不可以嵌套定义,也不可以嵌套调用

二、判断题

1. return 语句作为函数的出口,在一个函数体内只能有一个。   (   )
2. C 语言程序总是从主函数开始运行,所以主函数必须在其他函数之前。
                                                                (   )
3. C 语言程序中有调用关系的函数必须放在同一个源程序文件中。   (   )
4. 在 C 语言中,若函数没有参数,则函数后面的小括号可以省略。   (   )
5. C 语言函数的实参和形参可以是相同的名字。   (   )
6. 所有的递归程序都可以采用非递归算法实现。   (   )
7. 在一个源文件中定义的外部变量的作用域为本文件的全部范围。   (   )

8. 宏替换时先求出实参表达式的值,然后带入形参运算求值。　　　　（　　）
9. 函数的函数体不可以是空语句。　　　　（　　）
10. 函数调用中,形参与实参的类型和个数必须保持一致。　　　　（　　）

三、程序阅读题

分析以下程序的运行结果：

1. ```
   void func(int a, int b)
   {   int temp = a; a = b; b = temp;   }
   int main()
   {   int x = 10, y = 20;
       func(x, y);
       printf("%d, %d\n", x, y);
   }
   ```
   运行结果为：_____

2. ```
   void func(int x)
   {    printf("x = %d\n", ++x);}
   int main()
   {
       func(12 + 5);
   }
   ```
   运行结果为：_____

3. ```
   int d = 1;
   void fun(int p)
   {   int d = 5;
       d += p++;
       printf("%d", d);
   }
   int main()
   {
       int a = 3;
       fun(a);
       d += a++;
       printf("%d", d);
   }
   ```
   运行结果为：_____

4. ```
   int func(int n)
   {
       if(n == 1)    return 1;
       else   return func(n - 1) + 1;
   }
   int main()
   {
       int i, j = 0;
       for(i = 1; i < 3; i++)
           j += func(i);
       printf("%d\n", j);
   }
   ```
   运行结果为：_____

5. 下面的程序采用函数递归调用的方法计算 sum＝1＋2＋…＋n,请在程序空白处填上合适的语句。

```
#include <stdio.h>
void main()
{ int sum(int n);
  int i;
  scanf("%d", &i);
  printf("sum = %d\n", _____);
}
int sum(int n)
{ if(n <= 1)    return n;
  else         return _____;
}
```

6. 请在函数 fun() 的横线上填写若干个表达式,使从键盘上输入一个整数 n,输出斐波纳契数列。斐波契数列是一种整数数列,其中每个数等于前两个数之和,如：0,1,1,2,3,5,8,13……

```
int fun(int n)
{
  if(_____)    return 0;
  else if(_____)    return 1;
  else return _____;
}
int main()
{ int i, k;
  scanf("%d", &i);
  for (k = 1;k <= i;k++)
     printf("%d ", fun(k));
}
```

四、编程题

根据下面的问题描述编写程序,并上机验证。

1. 编写函数,求两个整数的最大公约数和最小公倍数,用子函数实现。
2. 编写函数,将键盘上输入的三个整数按从大到小输出,用子函数实现。
3. 编写一个程序,判断从键盘输入的正整数 n 是否是素数,判断素数的语句写在子函数中。
4. 设计一个递归函数,计算正整数 n 的阶乘 $n!$。
5. 编写一个函数,根据输入的三角形的三条边长,求三角形的面积,使用子函数实现。

提示：计算三角形面积的海伦公式：$S=\sqrt{p(p-a)(p-b)(p-c)}$,公式中 a,b,c 分别为三角形三边长,p 为半周长,S 为三角形的面积。

第 9 章　　指　针

学习目标
- 理解指针的概念；
- 掌握指针的运算；
- 掌握指针变量的操作方法；
- 了解指针函数的用法。

指针是 C 语言具有的一个显著优点，运用指针进行编程是 C 语言最主要的特点之一。利用指针变量可以构造各种数据结构，能够很方便地表示数组和字符串，也能够很方便地使用函数和结构体。指针能像汇编语言一样处理内存地址，从而编写出精练而高效的程序。指针极大地丰富了 C 语言的功能，能否正确理解和使用指针是我们是否掌握 C 语言的一个标志。同时，指针也是 C 语言中较难理解和掌握的部分。在学习中除了要正确理解基本概念，还必须多编程并上机调试，多思考、多总结，只要做到这些，指针也不是很难掌握的。

9.1　指针的基本概念

在计算机中，所有的数据都是存放在存储器中的。一般把存储器中的一字节称为一个内存单元；不同的数据类型所占用的内存单元数不同，如短整型占 2 个单元，字符型占 1 个单元等。为了正确地访问这些内存单元，必须为每个内存单元编号。内存单元的编号叫作内存地址，通常也把这个地址称为指针。

内存单元的指针和内存单元的内容是两个不同的概念。用一个通俗的例子来说：快递员去送货时，快递员将根据收货人的具体地址去送货，到达地点之后就把货物交给收货人。在这里，具体地址就是收货人的指针，收货人就是具体地址里的内容。如图 9-1 所示，"海天路 50 号"是地址，"张三"是地址中的内容。

通过前面的学习，我们知道定义变量就会在内存中分配空间，通过变量名可以存取数据，不需要知道变量在内存中的地址。这是因为 C 语言编译系统自动将变量与具体地址建立联系。

内存单元的地址通过一个十六进制整数来表示，如 0x0060ff34，此整数的位数（长度）和具体的计算机硬件相关，其中存放的数据才是该单元的内容。

在 C 语言中，允许用一个变量来存放指针，存放指针的变量与普通变量不同，称为指针变量。因此，一个指针变量的值就是某个内存单元的地址或称为某内存单元的指针。如图 9-2 所示，存储器地址 0x0060ff34 存放的数据是整数 10。假设整数数据占用 4 字节，其

图 9-1 快递员送货图

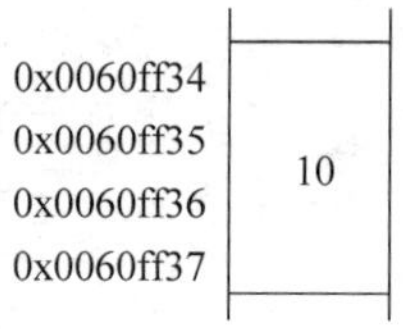

占用的存储器地址是 0x0060ff34～0x0060ff37，通常以第一个字节的地址作为该数据的地址。

设有指针变量 p，把值 0x0060ff34 赋给 p；设有整型变量 c，把值 10 赋给 c，这种情况称为 p 指向变量 c，或说 p 是指向变量 c 的指针。

严格地说，一个指针是一个地址，是一个常量。而一个指针变量却可以被赋予不同的指针值，是变量。但常把指针变量简称为指针。为了避免混淆，一般有如下约定："指针"是指地址，是常量；"指针变量"是指取值为地址的变量。定义指针的目的是为了通过指针去访问内存单元。

图 9-2 数据地址示意

既然指针变量的值是一个地址，那么这个地址不仅可以是变量的地址，也可以是其他数据结构的地址。在一个指针变量中存放一个数组或一个函数的首地址有何意义呢？因为数组或函数都是连续存放的。通过访问指针变量取得了数组或函数的首地址，也就找到了该数组或函数。这样一来，凡是出现数组、函数的地方都可以用一个指针变量来表示。这将会使程序的概念十分清楚，程序本身也变得精练、高效。

在 C 语言中，一种数据类型或数据结构往往都占有一组连续的内存单元。用"地址"这个概念并不能很好地描述一种数据类型或数据结构，而"指针"虽然也是一个地址，但它却是一个数据结构的首地址，是指向一个数据结构的。因而"指针"的概念更为清楚，表示更为明确。这也是引入"指针"概念的一个重要原因。

9.2 指针与变量

变量的**指针**就是变量的**地址**。存放变量**地址**的变量是**指针变量**。在 C 语言中，允许用一个变量来存放指针，这种变量称为指针变量。因此，一个指针变量的值就是某个变量的地址或称为某变量的指针。地址是由计算机的操作系统分配的。

为了表示指针变量和它所指向的变量之间的关系，在程序中用"*"符号表示"指向"。例如，P 代表指针变量，而*P 是 P 所指向的变量。具体如图 9-3 所示。

```
*P=10;
```

此语句的含义是将 10 赋给指针变量 P 所指向的变量。

&P 是指存放指针变量 P 的地址，这个地址也是计算机的操作系统分配的。具体如

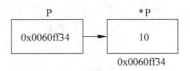

图 9-3 指针指向图(1)

图 9-4 所示。

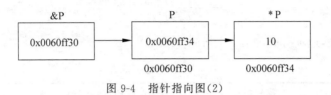

图 9-4 指针指向图(2)

P 是一个指针变量,其存的值是一个地址(指针),值为 0x0060ff34。而地址 0x0060ff34 中存储的值为 10,也就是 *P=10。计算机给指针变量 P 分配的存储地址记为 &P,假设此值为 0x0060ff30(不管什么变量,肯定都有存储地址)。

9.2.1 定义指针变量

指针变量定义的一般形式为:

类型说明符　*变量名;

其中,*表示这是一个指针变量;变量名即为定义的指针变量名;类型说明符表示本指针变量所指向的变量的数据类型。

例如,int * p1;表示 p1 是一个指针变量,它的值是某个整型变量的地址。或者说 p1 指向一个整型变量。至于 p1 究竟指向哪一个整型变量,应由向 p1 赋予的地址来决定。

【例 9-1】 初识指针。

```
#include <stdio.h>
int main()
{
    int p1 = 5, * p11 = &p1;        //p1 为整型变量,p11 是一个整型指针变量
    float p2 = 2.5, * p22 = &p2;    //p2 为浮点型变量,p22 是一个浮点型指针变量
    char  p3 = 'b', * p33 = &p3;    //p3 是字符型变量,p33 是一个字符型指针变量

    printf("%x\n", p11);            //以十六进制数形式打印 p11 的值
    printf("%d\n", sizeof(p1));     //显示变量 p1 的长度
    printf("%d\n", sizeof(p11));    //显示变量 p11 的长度

    printf("%x\n", p22);
    printf("%d\n", sizeof(p2));
    printf("%d\n", sizeof(p22));

    printf("%x\n", p33);
    printf("%d\n", sizeof(p3));
    printf("%d\n", sizeof(p33));
}
```

运行结果:

```
60ff34                    //整型指针变量 p11 的值
4                         //整型变量 p1 的长度
4                         //整型指针变量 p11 的长度
60ff2c                    //浮点型指针变量 p22 的值
4                         //浮点型变量 p2 的长度
4                         //浮点型指针变量 p22 的长度
60ff27                    //字符型指针变量 p33 的值
1                         //字符型变量 p3 的长度
4                         //字符型指针变量 p33 的长度
```

具体的存储器地址分配如表 9-1 所示。

表 9-1 存储器分配表

变 量	存储地址(开始)	存储地址(结束)	长度(字节)
整型变量 p1	0x0060ff34	0x60ff37	4
浮点型变量 p2	0x0060ff2c	0x60ff2f	4
字符型变量 p3	0x0060ff27	0x60ff27	1

注意：

（1）变量的长度(也就是变量占几个字节)是和类型相关的。

（2）本文后续章节中指针默认为存储空间第一个字节地址。

（3）一个指针变量只能指向同类型的变量。例如浮点型指针 P2 只能指向浮点变量，不能时而指向一个浮点变量，时而又指向一个字符变量。

9.2.2 指针变量的引用

指针变量同普通变量一样，使用之前不仅要定义说明，而且必须赋予具体的值。未经赋值的指针变量不能使用，否则将造成系统混乱，甚至死机。指针变量的赋值只能赋予地址，而不是像其他普通变量那样由我们决定赋什么值。在 C 语言中，变量的地址是由编译系统分配的，用户不知道变量的具体地址。

两个有关的运算符为 & 和 *。

（1）&：取地址运算符。

（2）*：指针运算符(或称"间接访问"运算符)，也称为取内容运算符。

注意：定义指针变量时的 * 号和在程序中使用指针变量时的 * 号含义不同。

C 语言中提供了地址运算符 & 来表示变量的地址。

其一般形式为：

&变量名；

如 &a 表示变量 a 的地址，&b 表示变量 b 的地址。变量本身必须事先定义才可用 & 来表示变量地址。

设有指向整型变量的指针变量 p，如要把整型变量 a 的地址赋予 p，可以有以下两种方式。

（1）指针变量初始化的方法。

```
int a;
int * p = &a;                    //定义指针变量时直接关联到变量地址
```

（2）赋值语句的方法。

```
int a;
int * p;
p = &a;                          //定义指针变量时未关联地址,在程序中赋值
```

因为不允许把一个数值赋予指针变量,故下面的赋值是错误的：

```
int * p;
p = 1000;                        //只能赋值某个地址,不可以直接给数值
```

被赋值的指针变量前不能再加"*"说明符,如写为 * p＝&a 也是错误的。

假设：

```
int i = 200, x;
int * ip;
```

我们定义了两个整型变量 i、x,还定义了一个指向整型数的指针变量 ip。i、x 中可存放整数,而 ip 中只能存放整型变量的地址。我们可以把 i 的地址赋给 ip：

```
ip = &i;
```

此时指针变量 ip 指向整型变量 i,假设变量 i 的地址为 0x00001800,这个赋值可形象理解为图 9-5 所示的联系。

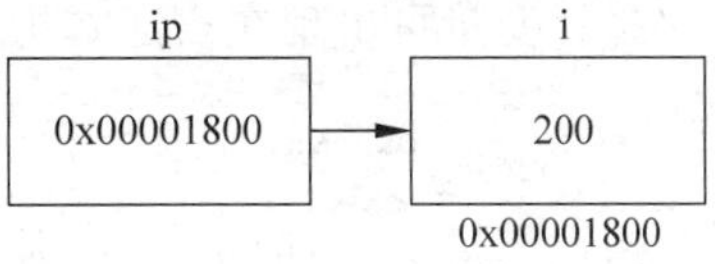

以后便可以通过指针变量 ip 间接访问变量 i。例如：

```
x = * ip;
```

运算符 * 访问以 ip 为地址的存储区域,而 ip 中存放的是变量 i 的地址。因此,* ip 访问的地址为 0x00001800 的存储区域(因为是整数,实际上是从 0x00001800 开始的四个字节),即 i 所占用的存储区域。所以上面的赋值表达式等价于：

图 9-5　指针指向图(3)

```
x = i;
```

另外,指针变量和一般变量一样,存放在它们之中的值是可以改变的,也就是说可以改变它们的指向。假设：

```
int i, j, * p1, * p2;
i = 'a';
j = 'b';
p1 = &i;
p2 = &j;
```

则建立如图 9-6 所示的联系。

这时赋值表达式：

p2 = p1;

就使 p2 与 p1 指向同一对象 i,此时 * p2 就等价于 i,而不是 j。如图 9-7 所示。

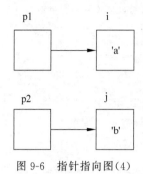

图 9-6 指针指向图(4)

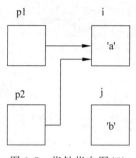

图 9-7 指针指向图(5)

如果运行如下表达式:

　* p2 = * p1;

则表示把 p1 指向的内容赋给 p2 所指的区域,此时就变成如图 9-8 所示。

通过指针访问它所指向的一个变量是以间接访问的形式进行的。因为通过指针要访问哪一个变量,取决于指针的值(即指向),所以比直接访问一个变量要费时间,而且不直观。例如" * p2 = * p1;"实际上就是"j=i;",前者不仅速度慢而且目的不明。但由于指针是变量,可以通过改变它们的指向,以间接访问不同的变量,不仅使程序操作更其灵活性,也使程序代码编写得更为简洁和有效。

指针变量可出现在表达式中:

int x, y, * px = &x;

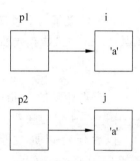

图 9-8 指针指向图(6)

指针变量 px 指向整数 x,则 * px 可出现在 x 能出现的任何地方。例如:

```
y = * px + 5;              //表示把 x 的内容加 5 并赋给 y
y = ++ * px;               //px 的内容加上 1 之后赋给 y,++ * px 相当于++( * px)
y = * px++;                //相当于 y = * px; px++
```

【例 9-2】 指针的使用。

```
# include < stdio.h >
  int main()
1 { int a, b;                                  //定义整型变量 a,b
2     int * pointer_1, * pointer_2;            //定义两个整型指针变量
3     a = 100;b = 10;                          //变量赋值
4     pointer_1 = &a;                          //指针变量关联变量地址
5     pointer_2 = &b;                          //指针变量关联变量地址
6     printf(" % d, % d\n", a, b);             //输出变量值
7     printf(" % d, % d\n", * pointer_1, * pointer_2);  //也是输出变量值
8 }
```

运行结果:

100, 10
100, 10

对程序的说明：

（1）程序第2行定义了两个整型指针变量 pointer_1 和 pointer_2，但并未指向任何一个整型变量。

（2）程序第4、5行将指针 pointer_1 指向变量 a，pointer_2 指向变量 b，如图9-9所示。

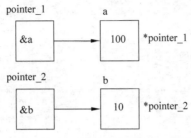

图9-9　指针指向图(7)

（3）程序第7行的作用是输出 *pointer_1 和 *pointer_2 的变量值，就是变量 a 和 b 的值。和程序第6行的 printf() 函数作用是相同的。

（4）程序中有两处出现 *pointer_1 和 *pointer_2。第2行定义指针变量时，*号表示这是指针变量；第7行使用指针时，*号表示取这个指针指向的地址中存的内容，也就是变量的值。

（5）程序第4、5行的 pointer_1=&a 和 pointer_2=&b 不能写成 *pointer_1=&a 和 *pointer_2=&b。在程序中使用指针变量直接用指针变量名表示地址，指针变量名前面加上*号表示地址中的内容。

请对下面关于 & 和 * 的问题进行考虑：

（1）如果已经运行了"pointer_1=&a;"语句，则 &*pointer_1 是什么含义？

（2）*&a 含义是什么？

【例9-3】　输入 a 和 b 两个整数，按先大后小的顺序输出 a 和 b。

```
#include <stdio.h>
int main()
{  int *p1,*p2,*p,a,b;
   scanf("%d,%d",&a,&b);
   p1=&a;p2=&b;                           //指针关联变量地址
   if(a<b)
      {p=p1;p1=p2;p2=p;}                  //交换指针变量中地址
   printf("\na=%d,b=%d\n",a,b);           //用变量名输出
   printf("max=%d,min=%d\n",*p1,*p2);     //指针取内容输出
}
```

运行结果：

```
5,12
a=5,b=12
max=12,min=5
```

9.2.3　指针变量作为函数参数

函数的参数不仅可以是变量、数组，还可以是指针类型。指针类型的函数参数的作用和

传递数组名一样，是传递地址给子函数。

【例9-4】 将输入的两个整数按大小顺序输出。要求用子函数实现，而且用指针类型的数据作函数参数。

```c
#include <stdio.h>
swap(int *p1, int *p2)                         //定义子函数,参数为指针变量
{
    int temp;
    printf("进入 swap 子函数;\n");
    printf("%x, %x\n", p1, p2);                //输出交换前指针变量 p1 和 p2 的值
    printf("%x, %x\n", &p1, &p2);              //输出交换前存储指针变量 p1 和 p2 的地址
    printf("%d, %d\n", *p1, *p2);              //输出交换前指针 p1 和 p2 的存储的值
    temp = *p1;                                //交换两个指针所指地址的内容
    *p1 = *p2;
    *p2 = temp;
    printf("%x, %x\n", p1, p2);                //输出交换后指针变量 p1 和 p2 的值
    printf("%x, %x\n", &p1, &p2);              //输出交换后存储指针变量 p1 和 p2 的地址
    printf("%d, %d\n", *p1, *p2);              //输出交换后指针 p1 和 p2 的存储的值
    printf("退出 swap 子函数\n");
}
int main()                                     //主函数
{
    int a, b;
    int *pointer_1, *pointer_2;                //定义指针变量
    scanf("%d, %d", &a, &b);
    pointer_1 = &a; pointer_2 = &b;            //为指针变量关联地址
    //调用交换函数前,指针变量 pointer_1 和 pointer_2 的值
    printf("%x, %x\n", pointer_1, pointer_2);
    //调用交换函数前,存储指针变量 pointer_1 和 pointer_2 的地址值
    printf("%x, %x\n", &pointer_1, &pointer_2);
    if(a<b) swap(pointer_1, pointer_2);        //判断条件调用子函数
    printf("\n%d, %d\n", a, b);
    //调用交换函数前,指针变量 pointer_1 和 pointer_2 的值
    printf("%x, %x\n", pointer_1, pointer_2);
    //调用交换函数前,存储指针变量 pointer_1 和 pointer_2 的地址值
    printf("%x, %x\n", &pointer_1, &pointer_2);
}
```

运行结果：

8, 9
60ff34, 60ff30
60ff2c, 60ff28
进入 swap 子函数;
60ff34, 60ff30
60ff00, 60ff04
8, 9
60ff34, 60ff30
60ff00, 60ff04
9, 8
退出 swap 子函数

9,8
60ff34,60ff30
60ff2c,60ff28

对程序运行的说明：

swap()是用户自定义的子函数,它的作用是交换两个指针变量所存储的值。swap()函数的形参 p1、p2 是指针变量。程序运行时,先运行 main()函数,输入 a 和 b 的值(8 和 9)后,将 a 和 b 的地址分别赋给指针变量 pointer_1 和 pointer_2,使 pointer_1 指向 a,pointer_2 指向 b,如图 9-10 所示。

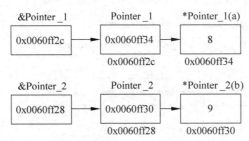

图 9-10　进入交换函数 swap()之前的指针指向图

接着运行 if 语句,由于 a＜b,因此运行 swap()函数。注意实参 pointer_1 和 pointer_2 是指针变量,其对应的值是 0x0060ff34 和 0x0060ff30(注意不是 8 和 9)。在函数调用时,采取的依然是"值传递"方式,将实参变量的值传递给形参变量。因此虚实结合后,形参 p1 的值为 &a,p2 的值为 &b。这时,p1 和 pointer_1 指向变量 a,p2 和 pointer_2 指向变量 b。计算机的操作系统也给形参 P1 和 P2 都分配了存储地址,分别为 0x0060ff00 和 0x0060ff04,如图 9-11 所示。

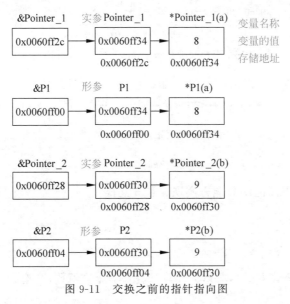

图 9-11　交换之前的指针指向图

接着运行 swap()函数的函数体,使 *p1 和 *p2 的值互换,也就是使 a 和 b 的值互换。此时地址 0x0060ff34 里存储的是 8,所以 *P1 和 *Pointer_1 的值都是 8,同理 *P2 和 *Pointer_2 的值都是 9,如图 9-12 所示。

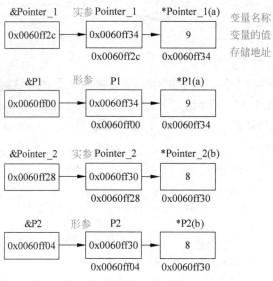

图 9-12 交换之后的指针指向图

函数调用结束后，p1 和 p2 不复存在（已释放），但是 0x0060ff34 和 0x0060ff30 中所存储的值已经发生了互换，如图 9-13 所示。

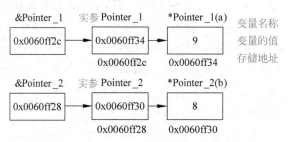

图 9-13 退出交换函数 swap() 之前的指针指向图

最后在 main() 函数中输出的 a 和 b 的值是已经交换过的值。

题目 1：请注意交换 *p1 和 *p2 的值是如何实现的，找出下列程序段的错误。

```
swap(int * p1, int * p2)    /*此程序段有错,请找错*/
{int * temp;
 * temp = * p1;      * p1 = * p2;      * p2 = temp;   }
```

题目 2：请考虑下面的函数能否实现 a 和 b 互换？

```
swap(int x, int y)
{int temp;
 temp = x;       x = y;        y = temp;      }
```

如果在 main() 函数中用 "swap(a，b);" 调用 swap() 函数，会有什么结果呢？如图 9-14 所示。

题目 2 说明：函数的参数是两个变量，传递的是数值，而不是传递地址。调用子函数 swap()，将 a 和 b 的值传递给形参 x 和 y，子函数中交换形参 x 和 y 的值，并未影响主函数中实参 a 和 b 的值。

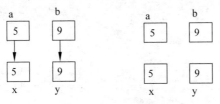

图 9-14 参数传递图

【例 9-5】 请注意,不能通过改变指针形参的值而使指针实参的值改变。

```c
#include <stdio.h>
swap(int *p1, int *p2)
{
    printf("进入 swap 子函数\n");
    printf("%x, %x\n", p1, p2);
    printf("%x, %x\n", &p1, &p2);
    printf("%d, %d\n", *p1, *p2);
    int *temp;                          //与例 9-4 不同的语句
    temp = p1;                          //与例 9-4 不同的语句
    p1 = p2;                            //与例 9-4 不同的语句
    p2 = temp;                          //与例 9-4 不同的语句
    printf("%x, %x\n", p1, p2);
    printf("%x, %x\n", &p1, &p2);
    printf("%d, %d\n", *p1, *p2);
    printf("退出 swap 子函数\n");
}
int main()
{
    int a, b;
    int *pointer_1, *pointer_2;
    scanf("%d, %d", &a, &b);
    pointer_1 = &a; pointer_2 = &b;
    printf("%x, %x\n", pointer_1, pointer_2);
    printf("%x, %x\n", &pointer_1, &pointer_2);
    if(a<b) swap(pointer_1, pointer_2);
    printf("\n%d, %d\n", a, b);
    printf("%x, %x\n", pointer_1, pointer_2);
    printf("%x, %x\n", &pointer_1, &pointer_2);
    return(0);
}
```

运行结果:

8, 9
60ff34, 60ff30
60ff2c, 60ff28
进入 swap 子函数
60ff34, 60ff30
60ff00, 60ff04
8, 9
60ff30, 60ff34

60ff00, 60ff04
9, 8
退出 swap 子函数
8, 9
60ff34, 60ff30
60ff2c, 60ff28

程序说明：例 9-5 中 a 和 b 的值没有像例 9-4 一样交换成功，只是交换了指针变量中地址。如图 9-15 所示，0x0060ff34 里存储的值还是 8，*Pointer_1 的值未发生变化；0x0060ff30 里存储的值还是 9，*Pointer_2 的值也未发生变化。

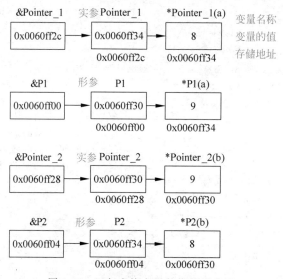

图 9-15　运行交换之后的指针指向图

【例 9-6】　输入 a、b、c 三个整数，按大小顺序输出。

```
#include <stdio.h>
swap(int *pt1, int *pt2)              //子函数两个形参都是指针
{int temp;
 temp = *pt1;
 *pt1 = *pt2;
 *pt2 = temp;
}
exchange(int *q1, int *q2, int *q3)   //子函数三个形参都是指针
{ if(*q1 < *q2)swap(q1, q2);          //再调用子函数 swap()交换两个变量值
  if(*q1 < *q3)swap(q1, q3);
  if(*q2 < *q3)swap(q2, q3);
}
int main()
{
1    int a, b, c, *p1, *p2, *p3;
2    scanf("%d, %d, %d", &a, &b, &c);
3    p1 = &a; p2 = &b; p3 = &c;        //指针关联变量地址
4    exchange(p1, p2, p3);             //调用子函数 exchange()排序三个变量
5    printf("\n%d, %d, %d \n", a, b, c); //输出排序后的结果
}
```

程序说明：

（1）程序从 main()函数第一条语句开始运行。main()函数第 1 行定义三个整型变量和三个整型指针变量；第 2 行从键盘读入三个整数分别存到变量 a，b，c 中；第 3 行将三个指针变量分别关联三个变量的地址；第 4 行调用子函数 exchange()进行排序（指针变量作为参数，表示传递三个变量的地址）。

（2）子函数 exchange()接收三个变量地址后，用选择排序法判断三个地址中的内容。如果不是从大到小的顺序，就调用子函数 swap()交换地址中的内容。

（3）子函数 swap()最多被调用三次，每次运行结束后都会返回到 exchange()函数调用它的位置运行后续语句。

（4）子函数 exchange()运行完毕，返回到 main()函数，运行最后的输出语句。

9.2.4 指针变量几个问题

指针变量可以进行某些运算，但其运算的种类是有限的。它只能进行赋值运算和部分算术运算及关系运算。

1. 指针运算符

（1）取地址运算符 &：取地址运算符 & 是单目运算符，其结合性为自右至左，其功能是取变量的地址。在 scanf()函数及前面介绍指针变量赋值中，我们已经了解并使用了 & 运算符。

（2）取内容运算符 *：取内容运算符 * 是单目运算符，其结合性为自右至左，用来表示指针变量所指的变量。在 * 运算符之后跟的变量必须是指针变量。若有 int a=5，*p=&a;，则在程序中 *p 和 a 是等价的。

需要注意的是指针运算符 * 和指针变量说明中的指针说明符 * 不是一回事。在指针变量说明中，* 是类型说明符，表示其后的变量是指针类型。而程序表达式中出现的 * 则是一个运算符，用以表示指针变量所指的变量。

【例 9-7】 指针变量的使用。

```
int main(){
    int a = 5, * p = &a;
    printf ("%d", * p);
}
```

运行结果：

5

程序说明：指针变量 p 取得了整型变量 a 的地址。printf("%d"，* p)语句表示输出变量 a 的值，语句等价于 printf ("%d", a);。

2. 指针变量的运算

1）赋值运算

指针变量的赋值运算有以下几种形式。

（1）指针变量初始化赋值，就是在声明变量时直接赋值，前面已做介绍。

（2）把一个变量的地址赋予同类型的指针变量。

例如：

```
int a, * pa;
pa = &a;                   //把整型变量 a 的地址赋予整型指针变量 pa
```

(3) 把一个指针变量的值赋予指向相同类型变量的另一个指针变量。

例如：

```
int a, * pa = &a, * pb;
pb = pa;                   //指针变量间赋值,把 a 的地址赋予指针变量 pb
```

由于 pa,pb 均为指向整型变量的指针变量,因此可以相互赋值。

(4) 把数组的首地址赋予指向数组的指针变量。

例如：

```
int a[5], * pa;
pa = a;                    //数组名表示数组首地址,故可赋予指向数组的指针变量 pa
```

也可写为：

```
pa = &a[0];                //数组第一个元素地址也是整个数组首地址,也可赋予 pa
```

当然也可采取初始化赋值的方法：

```
int a[5], * pa = a;
```

(5) 把字符串的首地址赋予指向字符类型的指针变量。

例如：

```
char * pc;
pc = "C Language";
```

或用初始化赋值的方法写为：

```
char * pc = "C Language";
```

说明：并不是把整个字符串装入指针变量,而是把存放该字符串的字符数组的首地址装入指针变量。在后面章节中还将详细介绍。

(6) 把函数的入口地址赋予指向函数的指针变量。

例如：

```
int ( * pf)();
pf = f;                    //f 为函数名
```

2) 加减算术运算

对于指向数组的指针变量,可以加上或减去一个整数 n。设 pa 是指向数组 a 的指针变量,则 pa+n 运算、pa-n 运算、pa++ 运算、++pa 运算、pa-- 运算、--pa 运算都是合法的。指针变量加上或减去一个整数 n 的意义是把指针指向的当前位置(指向某数组元素)向前或向后移动 n 个位置。

注意：数组指针变量向前或向后移动一个位置和地址加 1 或减 1 在概念上是不同的。因为数组可以有不同的类型,各种类型的数组元素所占的字节长度是不同的。例如指针变

量加 1,即向后移动 1 个位置,表示指针变量指向下一个数据元素的首地址,而不是在原地址基础上加 1。例如:

```
int a[5], * pa;
pa = a;                    /* pa 指向数组 a,也是指向 a[0] */
pa = pa + 2;               /* pa 指向 a[2],即 pa 的值为 &pa[2] */
```

指针变量的加减运算只能对数组指针变量进行,对指向其他类型变量的指针变量做加减运算是毫无意义的。

3) 两个指针变量之间的运算

只有指向同一数组的两个指针变量才能进行运算,否则运算毫无意义。

(1) 两指针变量相减:两指针变量相减所得之差是两个指针所指数组元素之间相差的元素个数。实际上是两个指针值(地址)相减之差再除以该数组元素的长度(字节数)。

例如,pf1 和 pf2 是指向同一浮点数组的两个指针变量,设 pf1 的值为 2010H,pf2 的值为 2000H,而浮点数组每个元素占 4 个字节。所以 pf1-pf2 的结果为(2010H-2000H)/4=4,表示 pf1 和 pf2 之间相差 4 个元素。

两个指针变量之间不能进行加法运算。例如,pf1+pf2 毫无实际意义。

(2) 两指针变量进行关系运算:指向同一数组的两指针变量进行关系运算可表示它们所指数组元素之间的关系。

例如:

pf1==pf2　表示 pf1 和 pf2 指向同一数组元素;
pf1>pf2　　表示 pf1 处于高地址位置;
pf1<pf2　　表示 pf2 处于低地址位置。

指针变量还可以与 0 比较。

设 p 为指针变量,则 p==0 表明 p 是空指针,它不指向任何变量;p!=0 表示 p 不是空指针。空指针是由对指针变量赋予 0 值而得到的。

例如:

```
#define NULL 0
int * p = NULL;
```

对指针变量赋 0 值和不赋值是不同的。指针变量未赋值时,可以是任意值,是不能使用的。否则将造成意外错误。而指针变量赋 0 值后,则可以使用,只是它不指向具体的变量而已。

【例 9-8】 使用指针变量计算两个数的和与积。

```
#include <stdio.h>
int main(){
    int a = 10, b = 20, s, t, * pa, * pb;    /* 说明 pa, pb 为整型指针变量 */
    pa = &a;                                  /* 给指针变量 pa 赋值,pa 指向变量 a */
    pb = &b;                                  /* 给指针变量 pb 赋值,pb 指向变量 b */
    s = * pa + * pb;                          /* 求 a+b 之和(* pa 就是 a, * pb 就是 b) */
    t = * pa * * pb;                          /* 求 a*b 之积 */
    printf("a = %d\tb = %d\ta+b = %d\ta*b = %d\n", a, b, a+b, a*b);
    printf("s = %d\tt = %d\n", s, t);
}
```

运行结果:

a = 10   b = 20   a + b = 30   a * b = 200
s = 30   t = 200

【例 9-9】 使用指针变量求三个数的最大值和最小值。

```
#include <stdio.h>
int main(){
  int a, b, c, *pmax, *pmin;          /* pmax, pmin 为整型指针变量 */
  printf("输入三个数:");               /* 输入提示 */
  scanf("%d%d%d", &a, &b, &c);        /* 输入三个数 */
  if(a>b){                             /* 如果第一个数大于第二个数 */
    pmax = &a;                         /* 指针变量赋值 */
    pmin = &b;}                        /* 指针变量赋值 */
  else{
    pmax = &b;                         /* 指针变量赋值 */
    pmin = &a;}                        /* 指针变量赋值 */
  if(c > *pmax) pmax = &c;             /* 判断并赋值 */
  if(c < *pmin) pmin = &c;             /* 判断并赋值 */
  printf("max = %d\tmin = %d\n", *pmax, *pmin);  /* 输出结果 */
}
```

运行结果:

输入三个数:12 56 23
max = 56   min = 12

9.3 指针与数组

一个变量有一个地址,一个数组包含若干元素,每个数组元素都在内存中占用存储单元,它们都有相对应的地址。所以数组的指针就是指数组的起始地址,数组元素的指针就是数组元素的地址。

9.3.1 指向数组元素的指针

数组元素在内存单元中是连续存储的,数组名就是这块连续内存单元的首地址。一个数组是由各个数组元素组成的。一个数组元素的地址也是指它所占有的几个内存单元的首地址。

定义一个指向数组元素的指针变量的方法,与定义指针变量的方法相同。

例如:

```
int a[10];          /* 定义 a 为包含 10 个整型数据的数组 */
int *p;             /* 定义 p 为指向整型变量的指针 */
```

应当注意,因为数组为 int 型,所以指针变量也应为指向 int 型的指针变量。下面是对指针变量赋值:

```
p = &a[0];
```

把 a[0] 元素的地址赋给指针变量 p。也就是说,p 指向 a 数组的第 0 号元素,如图 9-16 所示。

C 语言规定,数组名代表数组的首地址,也就是第 0 号元素的地址。因此,下面两条语句等价:

p = &a[0];
p = a;

在定义指针变量时可以赋给初值:

int * p = &a[0];

它等效于:

int * p;
p = &a[0];

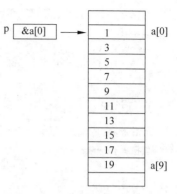

图 9-16 数组和指针的关系图(1)

当然定义时也可以写成:

int * p = a;

从图 9-16 中我们可以看出有以下关系:

p、a、&a[0] 均指向同一单元,它们是数组 a 的首地址,也是 0 号元素 a[0] 的地址。

注意:p 是变量,而 a、&a[0] 都是常量。

数组指针变量说明的一般形式为:

类型说明符　*指针变量名;

其中类型说明符表示所指数组的类型。从一般形式可以看出指向数组和指向普通变量的指针变量的说明相同。

9.3.2　通过指针引用数组元素

C 语言规定:如果指针变量 p 已指向数组中的一个元素,则 p+1 指向同一数组中的下一个元素。

引入指针变量后,就可以用两种方法来访问数组元素了。

如果 p 的初值为 &a[0],则:

(1) p+i 和 a+i 就是 a[i] 的地址,或者说它们指向 a 数组的第 i 个元素。如图 9-17 所示。

(2) *(p+i) 或 *(a+i) 就是 p+i 或 a+i 所指向的数组元素,即 a[i]。例如,*(p+5) 或 *(a+5) 就是 a[5]。

(3) 指向数组的指针变量也可以带下标,如 p[i] 与 *(p+i) 等价。

根据以上叙述,引用一个数组元素可以用以下两种方法。

(1) 下标法,即用 a[i] 形式访问数组元素。前面介绍数组就是采用这种方法。

(2) 指针法,即采用 *(a+i) 或 *(p+i) 形式。用间接访问的方法来访问数组元素,其中 a 是数组名,p 是指向数组的指针变量,其初值 p=a。

【例 9-10】 输出数组中全部元素。(下标法)

```
#include <stdio.h>
int main(){
  int a[5], i;
  for(i = 0;i < 5;i++)           //循环 5 次赋值
    a[i] = i;                     //方法 1
  for(i = 0;i < 5;i++)           //循环 5 次输出
    printf("a[%d] = %d\n", i, a[i]);
}
```

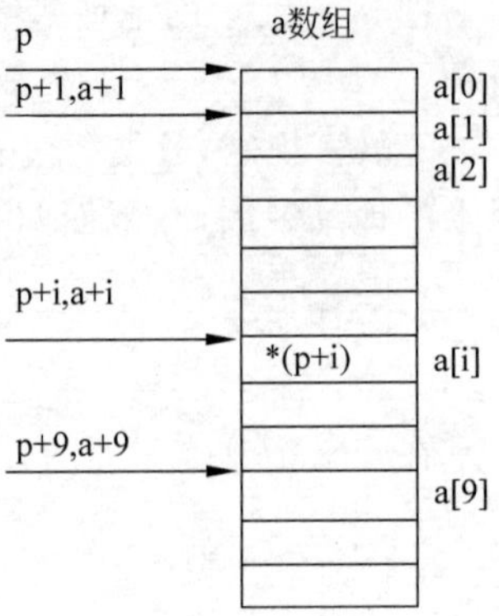

图 9-17 数组和指针的关系图(2)

运行结果：

a[0] = 0
a[1] = 1
a[2] = 2
a[3] = 3
a[4] = 4

【例 9-11】 输出数组中全部元素。(指针法)

```
int main(){
  int a[5], i;
  for(i = 0;i < 5;i++)           //循环 5 次赋值
    *(a + i) = i;                 //方法 2
  for(i = 0;i < 5;i++)           //循环 5 次输出
    printf("a[%d] = %d\n", i, *(a + i));
}
```

运行结果：

a[0] = 0
a[1] = 1
a[2] = 2
a[3] = 3
a[4] = 4

【例 9-12】 输出数组中全部元素。(用指针变量指向元素)

```
#include <stdio.h>
int main(){
  int a[5], i, *p;
  p = a;
  for(i = 0;i < 5;i++)           //循环 5 次赋值
    *(p + i) = i;                 //方法 3
  for(i = 0;i < 5;i++)           //循环 5 次输出
    printf("a[%d] = %d\n", i, *(p + i));
}
```

运行结果：

a[0] = 0
a[1] = 1
a[2] = 2
a[3] = 3
a[4] = 4

【例 9-13】 自增运算。

```c
#include <stdio.h>
int main(){
  int a[5], i, *p = a;
  for(i = 0;i < 5;){               //循环5次先赋值,再输出,同时移动指针
    *p = i;                         //方法4
    printf("a[%d] = %d\n", i++, *p++);
  }
}
```

运行结果:

a[0] = 0
a[1] = 1
a[2] = 2
a[3] = 3
a[4] = 4

注意:

(1) 指针变量可以改变本身的值。例如 p++是合法的,而 a++是错误的。因为 a 是数组名,它是数组的首地址,是常量。

(2) 要注意指针变量的当前值。请看下面的程序。

【例 9-14】 找出错误。

```c
#include <stdio.h>
int main(){
  int *p, i, a[10];
  p = a;
  for(i = 0;i < 10;i++)
     *p++ = i;
  for(i = 0;i < 10;i++)
     printf("a[%d] = %d\n", i, *p++);
}
```

【例 9-15】 改正。

```c
#include <stdio.h>
int main(){
  int *p, i, a[10];
  p = a;
  for(i = 0;i < 10;i++)
     *p++ = i;
  p = a;
  for(i = 0;i < 10;i++)
     printf("a[%d] = %d\n", i, *p++);
}
```

(1) 从上例可以看出,虽然定义数组时指定它包含 10 个元素,但指针变量可以指到数组以后的内存单元,系统并不认为非法。

(2) 由于++和 * 同优先级,结合方向自右而左,故 * p++等价于 * (p++)。

(3) *(p++)与*(++p)作用不同。若 p 的初值为 a,则 *(p++)等价 a[0],*(++p)等价 a[1]。这是自增运算符在前还是在后的问题。

(4) (*p)++表示 p 所指向的元素值加 1。

(5) 如果 p 当前指向 a 数组中的第 i 个元素,则

*(p--)相当于 a[i--];
*(++p)相当于 a[++i];
*(--p)相当于 a[--i]。

9.3.3 数组名作函数参数

数组名可以作为函数的实参和形参。如:

```
int main()                          //定义主函数
{int array[10];                     //定义数组
   ……
f(array, 10);                       //调用子函数
   ……
}
voidf(int arr[], int n);            //定义子函数
{
   ……
}
```

array 为实参数组名,arr 为形参数组名。在学习指针变量之后就更容易理解这个问题了。数组名就是数组的首地址,实参向形参传送数组名实际上就是传送数组的首地址,形参得到该地址后也指向同一数组。这就好比同一件物品有两个不同的名称一样,如图 9-18 所示。

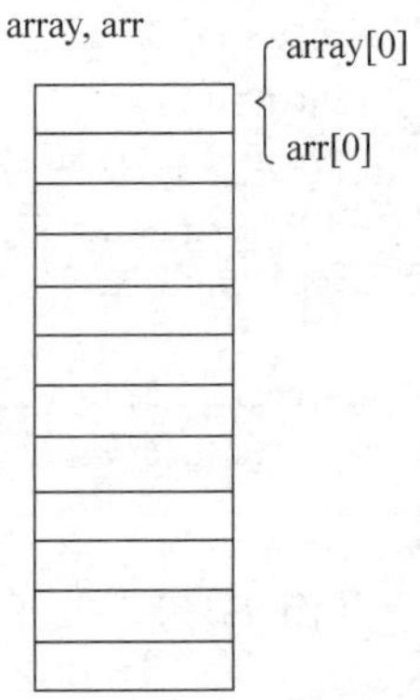

同样,指针变量的值也是地址,数组指针变量的值即为数组的首地址,当然也可作为函数的参数使用。

【例 9-16】 指针变量作为函数参数。

```
float aver(float * pa);                //子函数声明
int main(){                            //主函数定义
   float sco[5], av, * sp;             //定义变量和指针
   int i;
   sp = sco;                           //指针指向数组首地址
   printf("输入 5 个成绩:\n");
   for(i = 0;i < 5;i++) scanf("%f", &sco[i]);  //循环读入 5 个数
   av = aver(sp);                      //调用子函数计算平均分
   printf("平均分: %5.2f", av);        //输出平均分
}
float aver(float * pa)                 //子函数定义,形参为指针
{
   int i;
   float av, s = 0;
   for(i = 0;i < 5;i++) s = s + * pa++;  //循环求和
```

图 9-18 数组和指针的关系图(3)

```
        av = s/5;                              //计算平均分
        return av;                             //返回计算结果
}
```

运行结果：

输入5个成绩：
67 76 55 22 99
平均分：63.80

【例9-17】 将数组a中的n个整数按相反顺序存放。

算法为：将a[0]与a[n−1]对换,再将a[1]与a[n−2]对换……直到将a[(n−1)/2]与a[n−(n−1)/2]对换。此处可用循环语句处理此问题。设两个位置指示变量i和j,i的初值为0,j的初值为n−1。将a[i]与a[j]交换,然后使i的值加1,j的值减1,再将a[i]与a[j]交换,直到i＝(n−1)/2为止,如图9-19所示。

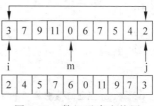

图9-19 数组元素交换图

程序如下：

```
#include <stdio.h>
void inv(int x[], int n)                      //定义子函数,形参x是数组名
{
    int temp, i, j, m = (n-1)/2;
    for(i = 0;i <= m;i++)                     //循环翻转,循环到半长次数
    {   j = n-1-i;
        temp = x[i];x[i] = x[j];x[j] = temp;}
    return;
}
int main()                                    //主函数
{   int i, a[10] = {3, 7, 9, 11, 0, 6, 7, 5, 4, 2};   //数组初始化
    printf("整数数组:\n");
    for(i = 0;i < 10;i++)                     //循环10次,输出数组元素
        printf(" %d, ", a[i]);
    printf("\n");
    inv(a, 10);                               //调用子函数,传入数组名和长度
    printf("翻转后:\n");
    for(i = 0;i < 10;i++)                     //循环10次,输出数组元素
        printf(" %d, ", a[i]);
    printf("\n");
}
```

运行结果：

整数数组：
3, 7, 9, 11, 0, 6, 7, 5, 4, 2,
翻转后：
2, 4, 5, 7, 6, 0, 11, 9, 7, 3,

【例9-18】 对例9-17作一些改动。将子函数inv中的形参x改成指针变量,主函数语句没变化。

程序如下：

```c
#include <stdio.h>
void inv(int *x, int n)                    //定义子函数,形参x指针变量
{
   int *p, temp, *i, *j, m=(n-1)/2;
   i=x; j=x+n-1; p=x+m;
   for(; i<=p; i++, j--)                   //用指针作为循环变量
   { temp=*i; *i=*j; *j=temp; }
   return;
}
int main()                                 //主函数
{ int i, a[10]={3, 7, 9, 11, 0, 6, 7, 5, 4, 2};  //数组初始化
   printf("整数数组:\n");
   for(i=0; i<10; i++)                     //循环10次,输出数组元素
      printf("%d, ", a[i]);
   printf("\n");
   inv(a, 10);                             //调用子函数,传入数组名和长度
   printf("翻转后:\n");
   for(i=0; i<10; i++)                     //循环10次,输出数组元素
      printf("%d, ", a[i]);
   printf("\n");
}
```

程序运行结果与例9-17结果相同。

【例9-19】 从10个数中找出最大值和最小值。

因为一个函数只能有一个返回值,不能同时返回最大值和最小值,因此应用全局变量在函数之间"传递"数据。程序如下,程序运行图如图9-20所示。

```c
int max, min;                              //全局变量
void max_min_value(int array[], int n)     //子函数
{ int *p, *array_end;
  array_end=array+n;
  max=min=*array;                          //先将第一个数赋给最大和最小值
  for(p=array+1; p<array_end; p++)
    if(*p>max)         max=*p;
    else if (*p<min)   min=*p;
}
int main()                                 //主函数
{ int i, number[10];                       //定义变量、数组
  printf(""输入10个整数:\n");
  for(i=0; i<10; i++)                      //循环读入10个数
     scanf("%d", &number[i]);
  max_min_value(number, 10);               //调用子函数
  printf("\nmax=%d, min=%d\n", max, min);
}
```

程序说明：

(1) 在函数max_min_value()中求出的最大值和最小值放在max和min中。由于它们是全局变量,因此,在主函数和子函数中都可以直接使用。

(2) 子函数 max_min_value() 中的语句:

max = min = * array;

array 是数组名,接收从实参传来的数组 number 的首地址。

*array 相当于 *(&array[0])。上述语句与 max=min=array[0]; 等价。

(3) 在运行 for 循环时,p 的初值为 array+1,也就是使 p 指向 array[1]。以后每次运行 p++,就使 p 指向了下一个元素。每次将 *p 和 max 与 min 比较,就将较大者放入 max,较小者放入 min。如图 9-20 所示。

(4) 函数 max_min_value() 的形参 array 可以改为指针变量类型。实参也可以不用数组名,而用指针变量传递地址。

图 9-20 程序运行图

【例 9-20】 例 9-19 程序可改为使用指针变量作为函数参数实现同样的效果。代码中子函数只有参数有变化,其他语句没变化。仔细观察主函数的变化:

```
#include <stdio.h>
int max, min;                              /*全局变量*/
void max_min_value(int *array, int n)
{ int *p, *array_end;
  array_end = array + n;
  max = min = *array;
  for(p = array + 1;p < array_end;p++)
    if(*p > max)max = *p;
    else if (*p < min)min = *p;
}
int main()
{ int i, number[10], *p;
  p = number;                              /*使 p 指向 number 数组*/
  printf("输入 10 个整数:\n");
  for(i = 0;i < 10;i++, p++)
    scanf("%d", p);
  p = number;
  max_min_value(p, 10);
  printf("\nmax = %d, min = %d\n", max, min);
}
```

归纳起来,如果有一个实参数组,想在函数中改变此数组的元素的值,实参与形参的对应关系有以下 4 种。

(1) 形参和实参都是数组名。

```
int main()
{int a[10];
  ……
  f(a, 10);                                //函数调用语句,实参为数组名
  ……
}
```

```
void f(int x[ ], int n)                    //函数定义语句,形参为数组
{
……
}
```

a 和 x 指的是同一组数组。

(2) 实参用数组,形参用指针变量。

```
int main()
{int a[10];
   ……
f(a, 10)                                   //函数调用语句,实参为数组名
   ……
}
void f(int *x, int n)                      //函数定义语句,形参为指针
{
……
}
```

(3) 实参、形参都用指针变量。

(4) 实参为指针变量,形参为数组名。

【例 9-21】 用实参指针变量改写例 9-17,将 n 个整数按相反顺序存放。

```
#include <stdio.h>
void inv(int *x, int n)
{int *p, m, temp, *i, *j;
 m = (n-1)/2;
 i = x; j = x+n-1; p = x+m;
 for(;i<=p;i++, j--)
    {temp = *i; *i = *j; *j = temp;}
}
int main()
{int i, arr[10] = {3, 7, 9, 11, 0, 6, 7, 5, 4, 2}, *p;
 p = arr;
 printf("整型数组:\n");
 for(i = 0;i<10;i++, p++)
     printf("%d, ", *p);
 printf("\n");
 p = arr;
 inv(p, 10);
 printf("反转后的数组:\n");
 for(p = arr;p<arr+10;p++)
  printf("%d, ", *p);
 printf("\n");
}
```

运行结果:

整型数组:
3, 7, 9, 11, 0, 6, 7, 5, 4, 2,
反转后的数组:
2, 4, 5, 7, 6, 0, 11, 9, 7, 3,

注意：main()函数中的指针变量 p 是有确定值的,即如果用指针变量作实参,必须先使指针变量有确定值,指向一个已定义的数组。

【例 9-22】 用选择排序法对 10 个整数排序。

```
#include <stdio.h>
void sort(int x[], int n)                    //子函数,数组作为参数
{int i, j, k, t;
 for(i = 0;i < n - 1;i++)
    {k = i;
     for(j = i + 1;j < n;j++)
        if(x[j]> x[k])k = j;
     if(k!= i)
        {t = x[i];x[i] = x[k];x[k] = t;}
    }
}
int main()                                   //主函数
{int * p, i, a[10] = {3, 7, 9, 11, 0, 6, 7, 5, 4, 2};
 printf("初始数组:\n");
 for(i = 0;i < 10;i++)
    printf("%d, ", a[i]);
 printf("\n");
 p = a;
 sort(p, 10);                                //调用子函数
 printf("排序数组:\n");
 for(p = a, i = 0;i < 10;i++)
    {printf("%d ", * p);p++;}
 printf("\n");
}
```

运行结果:

初始数组:
3, 7, 9, 11, 0, 6, 7, 5, 4, 2,
排序数组:
11 9 7 7 6 5 4 3 2 0

说明：函数 sort()用数组名作为形参,也可改为用指针变量。这时函数的首部可以改为：sort(int * x, int n),其他语句不改。

9.3.4 指向多维数组的指针和指针变量

下面以二维数组为例介绍多维数组的指针变量。

1. 多维数组的地址

设有整型二维数组 a[3][4]如下：

0　1　2　3
4　5　6　7
8　9　10　11

它的定义为：int a[3][4]={{0, 1, 2, 3}, {4, 5, 6, 7}, {8, 9, 10, 11}}

设数组 a 的首地址为 1000,假设 int 类型占 2 个字节,则各下标变量的首地址及其值如图 9-21 所示。

前面介绍过,C 语言允许把一个二维数组分解为多个一维数组来处理。因此,数组 a 可分解为三个一维数组,即 a[0]、a[1]、a[2]。每一个一维数组又含有四个元素,如图 9-22 所示。

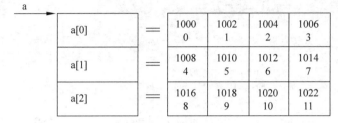

图 9-21　二维数组图(1)　　　　　　　　图 9-22　二维数组图(2)

例如,a[0]数组含有 a[0][0]、a[0][1]、a[0][2]和 a[0][3]四个元素。

数组及数组元素的地址表示如下。

从二维数组的角度来看,a 是二维数组名。同时 a 代表整个二维数组的首地址,也是二维数组 0 行的首地址,等于 1000。a+1 代表第一行的首地址,等于 1008,如图 9-23 所示。

a[0]是第一个一维数组的数组名和首地址,因此也为 1000。*(a+0)或 *a 是与 a[0]等效的,它表示一维数组 a[0]的 0 号元素的首地址,也为 1000。&a[0][0]是二维数组 a 的 0 行 0 列元素首地址,同样是 1000。因此,a、a[0]、*(a+0)、*a 和 &a[0][0]是相等的。

同理,a+1 是二维数组 1 行的首地址,等于 1008。a[1]是第二个一维数组的数组名和首地址,因此也为 1008。&a[1][0]是二维数组 a 的 1 行 0 列元素地址,也是 1008。因此,a+1、a[1]、*(a+1)和 &a[1][0]是等同的。

由此可得出:a+i、a[i]、*(a+i)和 &a[i][0]是等同的。

此外,&a[i]和 a[i]也是等同的。因为在二维数组中不能把 &a[i]理解为元素 a[i]的地址,二维数组中不存在元素 a[i]。C 语言规定,a[i]是一种地址计算方法,表示二维数组 a 第 i 行的首地址。由此,我们得出:a[i]、&a[i]、*(a+i)和 a+i 也都是等同的。

另外,a[0]也可以看成是 a[0]+0,是一维数组 a[0]的 0 号元素的首地址,而 a[0]+1 则是 a[0]的 1 号元素首地址。由此可得出 a[i]+j 则是一维数组 a[i]的 j 号元素首地址,它等于 &a[i][j],如图 9-24 所示。

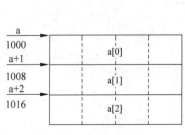　　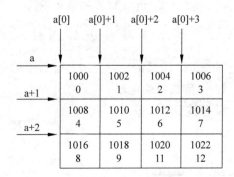

图 9-23　二维数组图(3)　　　　　　　　图 9-24　二维数组图(4)

由 a[i]=*(a+i)可以得出 a[i]+j=*(a+i)+j。由于*(a+i)+j 是二维数组 a 的 i 行 j 列元素的首地址,所以,该元素的值等于*(*(a+i)+j)。

【例 9-23】 验证二维数组表示地址和表示元素的方法。

```
#include<stdio.h>
int main(){
    int a[3][4]={0, 1, 2, 3, 4, 5, 6, 7, 8, 9, 10, 11};
    printf("%d, ", a);                              //二维数组首地址 1
    printf("%d, ", *a);                             //二维数组首地址 2
    printf("%d, ", a[0]);                           //二维数组首地址 3
    printf("%d, ", &a[0]);                          //二维数组首地址 4
    printf("%d\n", &a[0][0]);                       //二维数组首地址 5
    printf("%d, ", a+1);                            //第 2 行一维数组组首地址 1
    printf("%d, ", *(a+1));                         //第 2 行一维数组组首地址 2
    printf("%d, ", a[1]);                           //第 2 行一维数组组首地址 3
    printf("%d, ", &a[1]);                          //第 2 行一维数组组首地址 4
    printf("%d\n", &a[1][0]);                       //第 2 行一维数组组首地址 5
    printf("%d, ", a+2);                            //第 3 行一维数组组首地址 1
    printf("%d, ", *(a+2));                         //第 3 行一维数组组首地址 2
    printf("%d, ", a[2]);                           //第 3 行一维数组组首地址 3
    printf("%d, ", &a[2]);                          //第 3 行一维数组组首地址 4
    printf("%d\n", &a[2][0]);                       //第 3 行一维数组组首地址 5
    printf("%d, ", a[1]+1);                         //第 2 行一维数组第 2 个元素 a[1][1]地址
    printf("%d\n", *(a+1)+1);                       //第 2 行一维数组第 2 个元素 a[1][1]地址
    printf("%d, %d\n", *(a[1]+1), *(*(a+1)+1));
                                                    //第 2 行一维数组第 2 个元素 a[1][1]值
}
```

运行结果:

1703704, 1703704, 1703704, 1703704, 1703704
1703712, 1703712, 1703712, 1703712, 1703712
1703720, 1703720, 1703720, 1703720, 1703720
1703714, 1703714
5, 5

2. 指向多维数组的指针变量

把二维数组 a 分解为一维数组 a[0]、a[1]、a[2]之后,设 p 为指向二维数组的指针变量。可定义为:

int (*p)[4];

它表示 p 是一个指针变量,它指向包含 4 个元素的一维数组。若指向第一个一维数组 a[0],其值等于 a、a[0]或&a[0][0]等。而 p+i 则指向一维数组 a[i]。从前面的分析可得出*(p+i)+j 是二维数组 i 行 j 列的元素的地址,而*(*(p+i)+j)则是 i 行 j 列元素的值。

二维数组指针变量说明的一般形式为:

类型说明符 (*指针变量名)[长度];

其中"类型说明符"为所指数组的数据类型。*表示其后的变量是指针类型。"长度"表示二维数组分解为多个一维数组时,一维数组的长度,也就是二维数组的列数。应注意"(*指针变量名)"两边的括号不可少,如缺少括号则表示是指针数组(本章后面介绍),意义就完全不同了。

一个具体的程序如下:

【例9-24】 再次验证二维数组表示地址和表示元素的方法。

```
#include<stdio.h>
void main()
{
 int a[3][4]={{1, 3, 5, 7}, {9, 11, 13, 15}, {17, 19, 21, 23}};
 int (*p)[4];                        //定义指向二维数组的指针
 p=a;                                //p指向二维数组首地址
 printf("%x\t", a[1]);               //第2个一维数组首地址1
 printf("%x\t", p[1]);               //第2个一维数组首地址2
 printf("%x\n", *(p+1));             //第2个一维数组首地址3
 printf("%x\t", &a[1][1]);           //第2个一维数组第二个元素a[1][1]地址1
 printf("%x\n", p[1]+1);             //第2个一维数组第二个元素a[1][1]地址2
 printf("%d\t", *(p[1]+1));          //第2个一维数组第二个元素a[1][1]值1
 printf("%d\t", *(*(p+1)+1));        //和a[1][1]意义相同, 元素a[1][1]值2
 printf("%d\n", a[1][1]);            //第2个一维数组第二个元素a[1][1]值3
}
```

运行结果:

```
60ff10  60ff10  60ff10
60ff14  60ff14
11      11      11
```

9.4 指针与字符串

9.4.1 字符串的表示形式

在C语言中,可以用两种方法访问一个字符串。

1. 用字符数组存放一个字符串,然后输出该字符串

【例9-25】 用字符数组存放一个字符串。

```
#include<stdio.h>
int main(){
  char string[]="I love China!";
  printf("%s\n", string);
}
```

说明:和前面介绍的数组属性一样,string是数组名,它代表字符数组的首地址,如图9-25所示。

2. 用字符串指针指向一个字符串

【例9-26】 用字符串指针指向一个字符串。

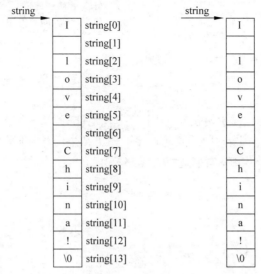

图 9-25　字符串图

```
#include <stdio.h>
int main(){
    char *string = "I love China!";
    printf("%s\n", string);
}
```

字符串指针变量的定义说明与指向字符变量的指针变量说明是相同的,只能按对指针变量的赋值不同来区别。对指向字符变量的指针变量应赋予该字符变量的地址。例如:

char c, *p = &c;

表示 p 是一个指向字符变量 c 的指针变量。而:

char *s = "C Language";

则表示 s 是一个指向字符串的指针变量,把字符串的首地址赋予 s。

上例中,首先定义 string 是一个字符指针变量,然后把字符串的首地址赋予 string(应写出整个字符串,以便编译系统把该字符串装入连续的一块内存单元),并把首地址送入 string。程序中的语句:

char *ps = "C Language";

等价于:

char *ps;
ps = "C Language";

【例 9-27】　输出字符串中 n 个字符后的所有字符。

```
#include <stdio.h>
int main(){
    char *ps = "this is a book";        //指针指向字符串
    int n = 10;
```

```
        ps = ps + n;                        //指针向后移动 n 位
        printf("%s\n", ps);                 //输出 ps 位置的字符串
    }
```

运行结果：

```
book
```

程序说明：程序中对 ps 初始化时，把字符串首地址赋予 ps。当 ps＝ps＋10 之后，ps 向后移动 10 个字符位，指向字符'b'。因此程序的输出结果为"book"。

【例 9-28】 在输入的字符串中查找有无字符'k'。

```
#include<stdio.h>
int main(){
    char st[20], * ps;                      //定义一个字符型数组 st,一个字符型指针 ps
    int i;
    printf("输入一个字符串:\n");
    ps = st;                                //字符指针 ps 指向字符数组 st
    scanf("%s", ps);                        //用指针读入字符串,存入字符数组 st
    for(i = 0;ps[i]!= '\0';i++)             //循环读字符串每一个字符
      if(ps[i] == 'k'){                     //找到 k 则结束循环,不再检查后面的字符
         printf("找到字符 'k'\n");
         break;
      }
    if(ps[i] == '\0') printf("没找到 'k'\n"); //到字符串结束才结束循环的是没找到 k
}
```

【例 9-29】 将指针变量指向一个格式字符串，同时回顾指针指向二维数组中地址和内容的表示方法，在 printf()语句中用指针变量 PF 代替了格式串。这也是程序中常用的方法。

```
#include<stdio.h>
int main(){
    static int a[3][4] = {0, 1, 2, 3, 4, 5, 6, 7, 8, 9, 10, 11};   //定义一个3行4列二维数组
    char * PF;
    PF = "%d, %d, %d, %d, %d\n";
    printf(PF, a, * a, a[0], &a[0], &a[0][0]);              //用四种方式输出第1行首地址
    printf(PF, a + 1, * (a + 1), a[1], &a[1], &a[1][0]);    //用四种方式输出第2行首地址
    printf(PF, a + 2, * (a + 2), a[2], &a[2], &a[2][0]);    //用四种方式输出第3行首地址
    printf("%d, %d\n", a[1]+1, * (a+1) + 1);                //用两种方式输出 a[1][1]的地址
    printf("%d, %d\n", * (a[1]+1), * ( * (a+1) +1));        //用两种方式输出 a[1][1]的值
}
```

运行结果：

```
4336176, 4336176, 4336176, 4336176, 4336176
4336192, 4336192, 4336192, 4336192, 4336192
4336208, 4336208, 4336208, 4336208, 4336208
4336196, 4336196
5, 5
```

【例 9-30】 把字符串指针作为函数参数，把一个字符串的内容复制到另一个字符串

中,并且不能使用 strcpy()函数。函数 cpystr()的形参为两个字符指针变量。pss 指向源字符串,pds 指向目标字符串。注意表达式(*pds=*pss)!='\0'的用法。

```
#include<stdio.h>
void cpystr(char * pss, char * pds){          //定义子函数
while((*pds = *pss)!= '\0'){                  //既是条件判断,也是赋值和比较语句
       pds++;                                 //两个指针向后移动
       pss++; }
 }
int main(){                                   //定义主函数
  char * pa = "CHINA", b[10], * pb;           //定义字符指针和字符数组
  pb = b;                                     //指针关联数组首地址
  cpystr(pa, pb);                             //调用子函数
  printf("string a = %s\nstring b = %s\n", pa, pb);  //用指针输出两个字符串
}
```

运行结果:

string a = CHINA
string b = CHINA

在本例中,程序完成了两项工作:一是把 pss 指向的源字符串复制到 pds 所指向的字符数组中;二是判断所复制的字符是否为'\0'。若复制的字符为'\0',则表明源字符串结束,退出循环;否则,pds 和 pss 都加 1,指向下一字符。

在主函数中,以指针变量 pa、pb 为实参,分别取得确定值后调用 cpystr()子函数。由于采用的指针变量作为参数,pa 和 pss,pb 和 pds 均指向同一字符串。因此,在主函数和 cpystr()函数中均可使用这些字符串。也可以把 cpystr()函数简化为以下形式:

```
cpystr(char * pss, char * pds)
       {while ((*pds++ = *pss++)!= '\0');}
```

即把赋值、条件判断和指针的移动都合并在一条语句中。

进一步分析还可发现'\0'的 ASCⅡ码为 0,对于 while 语句只看表达式的值为真(任何非 0 值都是真)就循环,为假(0 值是假)则结束循环。因此,也可省去"!='\0'"这一判断部分,而写为以下形式:

```
cpystr (char * pss, char * pds)
       {while (*pdss++ = *pss++);}
```

表达式可解释为,源字符向目标字符赋值,移动指针。若所赋值为非 0 则循环,否则结束循环。这样使程序更加简洁。

【例 9-31】 例 9-30 简化后的程序如下所示。

```
#include<stdio.h>
cpystr(char * pss, char * pds){               //定义子函数
    while(*pds++ = *pss++);                   //赋值、条件判断、指针移动
}
int main(){                                   //定义主函数
  char * pa = "CHINA", b[10], * pb;           //定义字符指针和字符数组
  pb = b;                                     //指针关联数组首地址
  cpystr(pa, pb);                             //调用子函数
```

```
printf("string a = % s\nstring b = % s\n", pa, pb);    //用指针输出两个字符串
}
```

9.4.2 字符串指针变量与字符数组的区别

用字符数组和字符指针变量都可实现字符串的存储和运算,但是两者是有区别的。在使用时应注意以下几个问题:

(1) 字符串指针变量本身是一个变量,用于存放字符串的首地址。而字符串本身是存放在以该首地址为起始地址的一块连续的内存空间中,并以'\0'作为字符串的结束。字符数组是由于若干个数组元素组成的,它可用来存放整个字符串。

(2) 对字符串指针赋值字符串。

```
char * ps = "C Language";
```

可以写为:

```
char * ps;
ps = "C Language";
```

而对数组赋值字符串:

```
char st[] = {"C Language"};
```

不能写为:

```
char st[20];
st = "C Language";
```

定义字符数组的同时进行初始化,可以赋值一个字符串,而在程序中对字符型数组赋值,只能对字符数组的各元素逐个赋值,不能直接赋值字符串。

从以上几点可以看出字符串指针变量与字符数组在使用时的区别,同时也可看出使用指针变量更加方便。

前面说过,使用一个未取得关联地址的指针变量很容易引起错误。但是对指针变量直接赋值字符串是可以的。

因此,

```
char * ps = "C Langage";
```

或者

```
char * ps;
ps = "C Language";
```

都是合法的。

9.5 函数指针变量

在C语言中,一个函数总是占用一段连续的内存区,而函数名就是该函数所占内存区的首地址。我们可以把函数的首地址(或称入口地址)赋予一个指针变量,使该指针变量指

向该函数,然后通过指针变量就可以找到并调用这个函数。我们把这种指向函数的指针变量称为"函数指针变量"。

函数指针变量定义的一般形式为:

类型说明符　(*指针变量名)();

其中"类型说明符"表示被指函数的返回值的类型;"(* 指针变量名)"表示 * 后面的变量是定义的指针变量,最后的空括号表示指针变量所指的是一个函数。

例如:

int (*pf)();

表示 pf 是一个指向函数入口的指针变量,该函数的返回值(函数值)类型是整型。

【例 9-32】 本例用来说明用指针形式实现对函数调用的方法。

```
    #include<stdio.h>
    int max(int a, int b){                //计算最大值子函数
      if(a>b)return a;
      else return b;
      }
    int min(int a, int b)                 //计算最小值子函数
    {
      return(a<b?a:b);
    }
    int main()                            //主函数
    {
1     int(*p)();                          //定义函数指针变量
2     int x, c, y, z;
3     printf("输入三个整数:\n");
4     scanf("%d, %d, %d", &c, &x, &y);
5     if(c>0)                             //变量c控制p指向的函数
6         p = max;                        //c>0时p指向最大值子函数
7     else
8         p = min;                        //c<0时p指向最小值子函数
9     z = (*p)(x, y);                     //将x,y传入p指的函数,计算结果存到z
10    printf("地址: %x, 结果 = %d\n", p, z);
    }
```

当输入 5,8,9 时,运行结果是:

输入三个整数:
5, 8, 9
地址: 4012f0, 结果 = 9

当输入 -5,8,9 时,运行结果是:

输入三个整数:
-5, 8, 9
地址: 401311, 结果 = 8

从上述程序可以看出,0x004012f0 是 max() 函数的存储地址,0x00401311 是 min() 函

数的存储地址。函数指针变量形式调用函数的步骤如下。

(1) main()函数第1行：int (*p)();定义函数指针变量,变量名为 p。

(2) 根据 c 值的正负,决定把指针 p 指向哪一个函数。

当输入的值 c 大于 0 时,p 指向 max()函数；

当输入的值 c 小于 0 时,p 指向 min()函数。

(3) main()函数第9行：z=(*p)(x,y);用函数指针变量形式调用函数。

调用函数的一般形式为：

(*指针变量名)(实参表)

使用函数指针变量还应注意以下两点。

(1) 函数指针变量不能进行算术运算,这点与数组指针变量不同。数组指针变量加减一个整数可使指针移动指向后面或前面的数组元素,而函数指针的移动是毫无意义的。

(2) 函数调用中"(*指针变量名)"的两边的括号不可少,其中的 * 不应该理解为求值运算,在此处它只是一种表示符号。

9.6 指针型函数

前面介绍过,所谓函数类型是指函数返回值的类型。在 C 语言中允许一个函数的返回值是一个指针(即地址),这种返回指针值的函数称为指针型函数。

定义指针型函数的一般形式为：

```
类型说明符 *函数名(形参表)
{
    ……            /*函数体*/
}
```

其中函数名之前加了 * 号表明这是一个指针型函数,即返回值是一个指针。类型说明符表示了返回的指针值所指向的数据类型。

如：

```
int *ap(int x, int y)
{
    ……            /*函数体*/
}
```

表示 ap 是一个返回指针值的指针型函数,而且它返回的指针指向一个整型变量。

【例 9-33】 本程序是通过指针函数,返回一个存储两个值之和的整型指针。

```
  #include<stdio.h>
  int *add(int a, int b)             //定义子函数,两个整型形参,返回整型指针
  {
1     int *p, c = 7;
2     p = &c;                        //指针 P 关联变量 c 的地址
3     *p = a + b;                    //计算两数之和,存在变量 c 中
4     return(p);                     //返回计算结果的存储地址
  }
```

```
      int main()                              //定义主函数
      {
1         int * p, a, b;
2         scanf("%d, %d", &a, &b);
3         if(a < 0)                           //输入的第一个数 a<0,则退出程序
4             exit(0);
5         else
6             p = add(a, b);                  //调用子函数,用指针接收函数返回值
7         printf("地址:%x, 值:%d\n", p, * p);  //输出
      }
```

输入 7, 8 后,运行结果为:

地址:19fec0, 值:15

程序说明:子函数返回一个整型指针,其存储两个参数的和;运行结果中 0x0019fec0 是调用 add()函数之后指针 p 的值,也就是变量 c 的地址;15 是指针 p 对应的值。

主函数中条件语句的语义是,如输入的数为负数(a<0)则中止程序运行退出程序。exit()是一个库函数,exit(1)表示发生错误后退出程序,exit(0)表示正常退出。

应该特别注意的是函数指针变量和指针型函数在写法和意义上的区别,int(* p)()和 int * p()两个完全不同。

int(* p)()是一个变量说明,说明 p 是一个指向函数入口的指针变量,该函数的返回值是整型数量。(* p)的两边的括号不能少。

int * p()则不是变量说明而是函数说明,说明 p 是一个指针型函数,其返回值是一个指向整型数量的指针。* p 两边没有括号。作为函数说明,在括号内最好写入形参,这样便于区别变量说明。

对于指针型函数定义,int * p()只是函数头部分,一般还应该有函数体部分。

9.7 指针数组和指向指针的指针

9.7.1 指针数组的概念

若一个数组的元素值为指针,则该数组是指针数组。指针数组是一组有序的指针的集合。指针数组的所有元素都必须是具有相同存储类型和指向相同数据类型的指针变量。

指针数组说明的一般形式为:

类型说明符 *数组名[数组长度]

其中类型说明符为指针值所指向的变量的类型,例如:

int * pa[3]

表示 pa 是一个指针数组,它有三个数组元素,每个元素值都是一个指针,指向整型变量。

【例 9-34】 通常可用一个指针数组来指向一个二维数组。指针数组中的每个元素被赋予二维数组每一行的首地址,因此也可理解为指向一个一维数组。

```
           #include<stdio.h>
1          int main(){
2          int a[3][3] = {1, 2, 3, 4, 5, 6, 7, 8, 9};        //定义三行三列二维数组
3          int *pa[3] = {a[0], a[1], a[2]};                  //三个元素指针数组 pa 分别指向三行首地址
4          int *p = a[0];                                    //指针 p 指向第 1 行首地址
5          int i;
6          for(i = 0;i < 3;i++)                              //三次循环,用数组下标输出
7              printf("%d, %d, %d\t", a[i][2-i], *a[i], *(*(a+i)+i));
8          for(i = 0;i < 3;i++)                              //三次循环,用指针输出
9              printf("%d, %d, %d\t", *pa[i], p[i], *(p+i));
           }
```

运行结果：

3, 1, 1   5, 4, 5   7, 7, 9
1, 1, 1   4, 2, 2   7, 3, 3

程序说明：pa 是一个指针数组,三个元素分别指向二维数组 a 的各行,然后用循环语句输出指定的数组元素。其中 *a[i]表示 i 行 0 列元素值；*(*(a+i)+i)表示 i 行 i 列的元素值；*pa[i]表示 i 行 0 列元素值；由于 p 与 a[0]相同,故 p[i]表示 0 行 i 列的值；*(p+i)表示 0 行 i 列的值。读者可仔细领会元素值的各种不同表示方法。

应该注意指针数组和二维数组指针变量的区别。这两者虽然都可用来表示二维数组,但是其表示方法和意义是不同的。

二维数组指针变量是单个的变量,其一般形式中"(*指针变量名)"两边的括号不可少。而指针数组类型表示的是多个指针(一组有序指针),在一般形式中"*指针数组名"两边不能有括号。

例如：

```
int (*p)[3];
```

表示一个指向二维数组的指针变量。该二维数组的列数为 3 或分解为一维数组的长度为 3。

```
int *p[3]
```

表示 p 是一个指针数组,有三个下标变量 p[0]、p[1]、p[2]均为指针变量。

指针数组也常用来表示一组字符串,这时指针数组的每个元素被赋予一个字符串的首地址。指向字符串的指针数组的初始化更为简单。例如,可以采用指针数组来表示一组字符串。其初始化赋值为：

```
char *name[] = {"day",
                "Monday",
                "Tuesday",
                "Wednesday",
                "Thursday",
                "Friday",
                "Saturday",
                "Sunday"};
```

完成这个初始化赋值之后,name[0]即指向字符串"day",name[1]指向"Monday"……

一维字符数组可以存储一个字符串,二维字符数组就可以存储多个字符串,有多少行就表示可以有多少个字符串,二维字符数组列数限制字符串的长度。指针数组可以替代二维字符数组来存储多个字符串。

指针数组也可以用作函数参数。例 9-35 所示。

【例 9-35】 有 5 个国家名称,输出国家名称字母长度最长的国家和其对应的字符串长度。现编程如下:

```
1    # include "string.h"
2    # include "stdio.h"
3    int main()
4    {
5        char * find(char * name[], int n);         //函数声明
6        static char * name[] = {"CHINA", "AMERICA", "AUSTRALIA", "FRANCE", "GUBA"};
                                                     //指针数组
7        printf("名字最长的是:%s", find(name, 5));  //调用子函数,并输出结果
8        printf("长度:%d\n", strlen(find(name, 5)));//输出长度
9    }
     char * find(char * num[], int n)      //子函数,传入指针数组和指针个数,返回 char 指针
1    {
2        char * maxs;
3        int   i, max = 0;                          //长度默认 0
4        for(i = 0;i < n;i++)                       //循环比较每个字符串长度
5        {
6          if (max < strlen(num[i]))                //如果长度> max 则替换
7            {
8                max = strlen(num[i]);              //计算字符串长度
9                maxs = num[i];                     //maxs 记录字符串
10           }
11       }
         return(maxs);                              //返回 char 指针
}
```

运行结果:

名字最长的是: AUSTRALIA
长度: 9

程序说明:main()函数中定义了一个字符串指针数组 * name[],数组中有 5 个字符串指针,分别指向 5 个表示国家名字的字符串。子函数 find()有两个形参,第一个是指针数组 * num[],可以表示多个字符串;第二个是字符串个数 n。find()函数的功能是比较每个字符串的长度,找出最长的字符串,其函数返回值是一个字符指针,指向找到的字符串首地址。

9.7.2 指向指针的指针

如果一个指针变量存放的又是另一个指针变量的地址,则称这个指针变量为指向指针的指针变量。

在前面介绍过,通过指针访问变量称为间接访问,通过变量名访问时称为直接访问。由

于指针变量直接指向变量,所以称为"单级间址"。而如果通过指向指针的指针变量来访问变量则构成"二级间址",如图 9-26 所示。

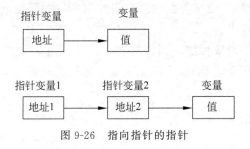

图 9-26 指向指针的指针

怎样定义一个指向指针型数据的指针变量呢?形式如下:

int ** p;

p 前面有两个 * 号,相当于 *(* p)。显然 * p 是指针变量的定义形式,如果没有最前面的 *,那就是定义了一个指向整型数据的指针变量。现在它前面又有一个 * 号,表示指针变量 p 指向一个整型指针型变量。* p 就是 p 所指向的另一个指针变量。一个具体的例子如下。

【例 9-36】 使用指向指针的指针。

```
#include<stdio.h>
int main()
{
    int ** p, * q, r = 4;
    q = &r;                          //q 关联变量 r 的地址
    p = &q;                          //p 关联指针 q 的地址
    printf("p 的地址: % x\n", &p);
    printf("p 的值: % x\n", p);
    printf(" * p 的值: % x\n", * p);
    printf(" ** p 的值: % x\n", ** p);
    return(0);
}
```

运行结果:

p 的地址:60ff34
p 的值:60ff30
* p 的值:60ff2c
** p 的值:4

说明:p 是指向指针的指针变量。具体的示意图见图 9-27。

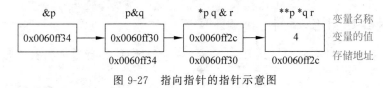

图 9-27 指向指针的指针示意图

计算机系统为二级指针 p 分配的地址为 0x0060ff34，0x0060ff34 里存储的值是 p，也就是 &q，其对应的值为 0x0060ff30，0x0060ff30 里存储的值为 *p，也就是 q 或 &r，其对应的值为 0x0060ff2c；0x0060ff2c 里存储的值为 **p，也就是 *q 或 r，其对应的值为 4。

二级指针也常和指针数组在一起使用，如下例。

【例 9-37】 一个指针数组的元素指向数据的简单例子。

```
1   #include<stdio.h>
2   int main()
3   {static int a[5] = {1, 3, 5, 7, 9};                //静态整型数组
4    int * num[5] = {&a[0], &a[1], &a[2], &a[3], &a[4]};   //指针数组
5    int ** p, i;                                      //p 为指向指针的指针
6    p = num;                                          //p 指向指针数组首地址
7    for(i = 0;i<5;i++)                                //循环 5 次
8       {printf("地址：%x,值%d\n", *p, **p);
9        p++; }                                        //指针向后移动一位
10  }
```

运行结果：

地址：402000,值 1
地址：402004,值 3
地址：402008,值 5
地址：40200c,值 7
地址：402010,值 9

程序说明：指针数组的元素只能存放地址。上述例子中的指针数组 *num[5] 中存储的是 5 个整型指针，也就是 a[0] 到 a[4] 5 个数组元素的首地址，分别为 0x00402000、0x00402004、0x00402008、0x0040200c、0x00402010，这 5 个指针里存储的值依次为 1、3、5、7、9。

9.7.3 main()函数的参数

前面介绍的 main()函数都是不带参数的，main()后的括号都是空括号，或者写成 main(viod)。实际上，main()函数可以带参数，这个参数可以认为是 main()函数的形参。C 语言规定 main()函数的参数只能有两个，习惯上将这两个参数写为 argc 和 argv。因此，main()函数的函数头可写为：

int main (argc, argv)

C 语言还规定 argc(第一个形参)必须是整型变量；argv(第二个形参)必须是指向字符串的指针数组。加上形参说明后，main()函数的函数头应写为：

int main (int argc, char * argv[])

由于 main()函数不能被其他函数调用，因此不可能在程序内部取得实际值。那么，在何处把实参值赋予 main()函数的形参呢？实际上，main()函数的参数值是从操作系统命令行上获得的。当我们要运行一个可运行文件时，在 DOS 提示符下输入文件名，再输入实际参数即可把这些实参传送到 main()函数的形参中去。

DOS 提示符下命令行的一般形式为：

C:\>可运行文件名　参数　参数……;

注意：main()的两个形参和命令行中的参数在位置上不是一一对应的。因为，main()的形参只有两个，而命令行中的参数个数原则上未加限制。argc 参数表示了命令行中参数的个数(注意：文件名本身也算一个参数)，argc 的值是在输入命令行时由系统按实际参数的个数自动赋予的。

例如，有命令行为：

C:\> E24　BASIC　foxpro　FORTRAN

由于文件名 E24 本身也算一个参数，所以共有 4 个参数，因此 argc 取得的值为 4。argv 参数是字符串指针数组，其各元素值为命令行中各字符串(参数均按字符串处理)的首地址。指针数组的长度即为参数个数。数组元素初值由系统自动赋予。其表示如图 9-28 所示。

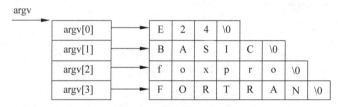

图 9-28　argv 字符串数组

【例 9-38】　带参数的 main()函数。

```
int main(int argc, char * argv){
    while(argc -- > 1)                    //参数个数大于1为真,同时 argc -- 参数个数减1
        printf(" % s\n", * ++argv);       //输出
}
```

本例是显示命令行中输入的参数。如果上例的可运行文件名为 e24.exe，存放在 A 驱动器的盘内。则输入的命令行为：

C:\> a:e24 BASIC foxpro FORTRAN

运行结果：

BASIC
foxpro
FORTRAN

该行共有 4 个参数，运行 main()时，argc 的初值即为 4。argv 的 4 个元素分为 4 个字符串的首地址。运行 while 语句，每循环一次 argv 值减 1。当 argv 等于 1 时停止循环，共循环三次，因此输出三个参数。在 printf()函数中，由于打印项 * ++argv 是先加 1 再打印，故第一次打印的是 argv[1]所指的字符串 BASIC。第二、三次循环分别打印后两个字符串。而参数 e24 在 argv[0]中，是文件名，不必输出。

本 章 小 结

(1) 指针的数据类型示例如表 9-2 所示。

表 9-2 指针的数据类型示例

定 义	含 义
int * p	p 为指向整型数据的指针变量
int a[n];	定义整型数组 a,它有 n 个元素
int * p[n];	定义指针数组 p,它由 n 个指向整型数据的指针元素组成
int (* p)[n];	p 为指向含 n 个元素的一维数组的指针变量(相当于二维指针数组)
int * p();	p 为指针型函数,返回值类型是整型指针
int (* p)();	p 为指向函数的指针,该函数返回值类型是整型值
int ** p;	P 是一个指向指针的指针变量,指向一个指向整型数的指针变量

(2) 指针运算。

① 指针变量加(减)一个整数。

例如：p++、p－－、p+i、p-i、p+＝i、p－＝i。

一个指针变量加(减)一个整数并不是简单地将原值加(减)一个整数,而是将该指针变量的原值(是一个地址)和它指向的变量所占用的内存单元字节数加(减)。指针加减运算仅在指针指向数组才有意义。

② 指针变量赋值：将一个变量的地址赋给一个指针变量。

p＝&a；将变量 a 的地址赋给 p。

p＝array；将数组 array 的首地址赋给 p。

p＝&array[i]；将数组 array 第 i 个元素的地址赋给 p。

p＝max；max 为已定义的函数,将 max()的入口地址赋给 p。

p1＝p2；p1 和 p2 都是指针变量,将 p2 的值赋给 p1。

注意：不能可以直接赋给一个常量值。例如,下面赋值是错误的：

p = 1000;

③ 指针变量可以有空值,即该指针变量不指向任何变量。

例如：p = NULL;

④ 两个指针变量可以相减：如果两个指针变量指向同一个数组的元素,则两个指针变量值之差是两个指针之间的元素个数。

⑤ 两个指针变量比较：如果两个指针变量指向同一个数组的元素,则两个指针变量可以进行比较。指向前面的元素的指针变量"小于"指向后面的元素的指针变量。

(3) void 指针类型。

ANSI 新标准增加了一种 void 指针类型,即可以定义一个指针变量,但不指定它指向哪一种类型数据。

习 题

一、选择题

1. 变量的指针,其含义是指该变量的( )。
   A. 值　　　　　　　B. 地址　　　　　　C. 名　　　　　　D. 一个标志

2. 已有定义 int k=2;int *ptr1,*ptr2;且 ptr1 和 ptr2 均已指向变量 k,下面不能正确运行的赋值语句是( )。
   A. k=*ptr1+*ptr2　　　　　　　　B. ptr2=k
   C. ptr1=ptr2　　　　　　　　　　D. k=*ptr1*(*ptr2)

3. 若有说明 int *p,m=5,n;,以下程序段正确的是( )。
   A. p=&n;　　　　　　　　　　　　B. p=&n;
   　　scanf("%d",&p);　　　　　　　scanf("%d",*p);
   C. scanf("%d",&n);　　　　　　　D. p=&n;
   　　*p=n;　　　　　　　　　　　　*p=m;

4. 有变量定义和函数调用语句 int a=25;print_value(&a);,则下面函数输出结果是( )。
   ```
   void print_value(int *x)
   {   printf("%d\n",++*x); }
   ```
   A. 23　　　　　　　B. 24　　　　　　　C. 25　　　　　　D. 26

5. 若有说明 int *p1,*p2,m=5,n;,以下均是正确赋值语句的是( )。
   A. p1=&m; p2=&p1;　　　　　　　B. p1=&m; p2=&n; *p1=*p2;
   C. p1=&m; p2=p1;　　　　　　　　D. p1=&m; *p1=*p2;

6. 若有语句 int *p,a=4;和 p=&a;,下面均代表地址的一组选项是( )。
   A. a, p, *&a　　　　　　　　　　B. &*a, &a, *p
   C. *&p, *p, &a　　　　　　　　　D. &a, &*p, p

7. 下面判断正确的是( )。
   A. char *a="china";等价于 char *a; *a="china";
   B. char str[10]={"china"};等价于 char str[10]; str[ ]={"china"};
   C. char *s="china";等价于 char *s; s="china";
   D. char c[4]="abc", d[4]="abc";等价于 char c[4]=d[4]="abc";

8. 下面程序段中,for 循环的运行次数是( )。
   ```
   char *s="\ta\v18bc";
   for( ; *s!='\0'; s++) printf("*");
   ```
   A. 9　　　　　　　B. 7　　　　　　　C. 6　　　　　　D. 5

9. 下面能正确进行字符串赋值操作的是( )。
   A. char s[5]={"ABCDE"};　　　　　B. char s[5]={'A','B','C','D','E'};
   C. char *s; s="ABCDE";　　　　　　D. char *s; scanf("%s",s);

10. 下面程序段的运行结果是( )。

    char *s = "abcde";
    s += 2; printf("%d", s);

    A. cde B. 字符'c'
    C. 字符'c'的地址 D. 不确定

11. 设 p1 和 p2 是指向同一个字符串的指针变量,c 为字符变量,则以下不能正确运行的赋值语句是( )。

    A. c=*p1+*p2
    B. p2=c
    C. p1=p2
    D. c=*p1*(*p2)

12. 以下正确的叙述是( )。

    A. C语言允许 main()函数带形参,且形参个数和形参名均可由用户指定
    B. C语言允许 main()函数带形参,形参名只能是 argc 和 argv
    C. 当 main()函数带有形参时,传给形参的值只能从命令行中得到
    D. 若有说明:int main(int argc, char **argv),则 argc 的值必须大于 1

13. 以下与库函数 strcpy(char *p1, char *p2)功能不相等的程序段是( )。

    A. strcpy1(char *p1, char *p2)
       { while ((*p1++=*p2++)!='\0') ; }
    B. strcpy2(char *p1, char *p2)
       { while ((*p1=*p2)!='\0') { p1++; p2++; }}
    C. strcpy3(char *p1, char *p2)
       { while (*p1++=*p2++) ; }
    D. strcpy4(char *p1, char *p2)
       { while (*p2) *p1++=*p2++ ; }

14. 以下程序段的运行结果是( )。

    char a[] = "language", *p ;
    p = a ;
    while (*p!='u') { printf("%c", *p-32); p++; }

    A. LANGUAGE B. language
    C. LANG D. langUAGE

15. 有程序段 int p=5, *q=&p;,则计算机给指针变量 q 分配的地址为( )。

    A. &p B. q C. &q D. *q

16. 以下与库函数 strcmp(char *s, char *t)功能相等的程序段是( )。

    A. strcmp1(char *s, char *t)
       { for(; *s++=*t++;)
           if (*s=='\0') return 0;
         return (*s-*t);
       }
    B. strcmp2(char *s, char *t)
       { for(; *s++=*t++;)
           if (! *s) return 0;
         return (*s-*t);
       }

C. strcmp3(char *s,char *t)
　　{ for (;*t==*s;)
　　　　{ if (!*t) return 0;
　　　　　t++;s++;}
　　　return (*s-*t);
　　}

D. strcmp4(char *s,char *t)
　　{ for (;*s==*t;s++,t++)
　　　　if (!*s) return 0;
　　　return (*t-*s);
　　}

17. 以下说明不正确的是（　　）。
　　A. char a[10]="china";
　　B. char a[10],*p=a;p="china";
　　C. char *a;a="china";
　　D. char a[10],*p;p=a="china";

18. 设有说明语句 char a[]="It is mine";char *p="It is mine";,则以下不正确的叙述是（　　）。
　　A. a+1 表示的是字符 t 的地址
　　B. p 指向另外的字符串时,字符串的长度不受限制
　　C. p 变量中存放的地址值可以改变
　　D. a 中只能存放 10 个字符

19. 若已定义 char s[10];,则在下面表达式中不表示 s[1]的地址是（　　）。
　　A. s+1　　B. s++　　C. &s[0]+1　　D. &s[1]

20. 若有定义 int a[5],*p=a;,则对 a 数组元素的正确引用是（　　）。
　　A. *&a[5]　　B. a+2　　C. *(p+5)　　D. *(a+2)

21. 若有定义 int a[5],*p=a;,则对 a 数组元素地址的正确引用是（　　）。
　　A. p+5　　B. *a+1　　C. &a+1　　D. &a[0]

22. 以下程序的运行结果是（　　）。

```
#include
int main() { char s[ ] = "rstuv"; printf("%c\n", *s+2); }
```

　　A. tuv
　　B. 字符 t 的 ASCII 码
　　C. t
　　D. 出错

23. 有以下程序,程序中库函数 islower(ch)用以判断 ch 中的字母是否为小写字母,程序的运行结果是（　　）。

```
#include <stdio.h>
#include <ctype.h>
void fun(char *p)
{ int i = 0;
  while(p[i])  { if(p[i] == ' '&&islower(p[i-1]))  p[i-1]=p[i-1]-'a'+'A';  i++; } }
int main()  { char s1[100]="ab cd EFG!";  fun(s1);  printf("%s\n", s1);  }
```

　　A. ab cd EFG !
　　B. Ab Cd EFg !
　　C. aB cD EFG !
　　D. ab cd EFg !

24. 以下程序的运行结果是（　　）。

```
#include <stdio.h>
void fun(char *c,int d) { *c = *c+1;d = d+1;  printf("%c,%c,",*c,d); }
int main() {char b = 'a',a = 'A';  fun(&b,a);printf("%c,%c\n",b,a); }
```

A. b,B,b,A　　　　　　　　　　B. b,B,B,A
C. a,B,B,a　　　　　　　　　　D. a,B,a,B

25. 以下程序的运行结果是（　　）。

```
#include <stdio.h>
#define N 8
void fun(int *x, int i){ *x = *(x+i);}
int main()
{int a[N] = {1, 2, 3, 4, 5, 6, 7, 8}, i;   fun(a, 2);
 for(i = 0;i < N/2;i++) {printf("%d", a[i]);}   printf("\n");}
```

A. 1313　　　　B. 2234　　　　C. 3234　　　　D. 1234

26. 下列程序段 s 的值为（　　）。

```
int a[10] = {10, 9, 8, 7, 6, 5, 4, 3, 2, 1};
int *p, s;
p = a;
s = *(p+3)*a[8];
```

A. 24；　　　　B. 30；　　　　C. 42；　　　　D. 14；

27. 以下选项中，对指针变量 p 的正确操作是（　　）。

A. int a[3], *p;　　　　　　　B. int a[5], *p;
　　p=&a;　　　　　　　　　　　　p=a;
C. int a[5];　　　　　　　　　D. int a[5]
　　int *p=a=100;　　　　　　　　int *p1, *p2=a;
　　　　　　　　　　　　　　　　　*p1=*p2;

28. 若有定义 int x[10]={0,1,2,3,4,5,6,7,8,9}, *p1;则数值不为 3 的表达式是（　　）。

A. x[3]　　　　　　　　　　　　B. p1=x+3, *p1++
C. p1=x+2, *(p1++)　　　　　　D. p1=x+2, *++p1

29. 若要对 a 进行自减运算，则 a 应有下面说明（　　）。

A. int p[3];　　B. int k;　　　C. char *a[3];　　D. int b[10];
　　int *a=p;　　　int *a=&k;　　　　　　　　　　　　int *a=b+1;

30. 若有定义 int a[2][3];,则对 a 数组的第 i 行第 j 列元素值的正确引用是（　　）。

A. *(*(a+i)+j)　　　　　　　　B. (a+i)[j]
C. *(a+i+j)　　　　　　　　　　D. *(a+i)+j

二、程序阅读题

1. 写出下面程序的运行结果(　　)。

```c
#include <stdio.h>
void func(char *s, char a, int n)
{ int j;  *s = a; j = n;  while(*s < s[j]) j--;  return j;}
int main()
{ char c[6];  int i;
   for(i=1; i<=5; i++)  *(c+i) = 'A'+i+1;  printf("%d\n", func(c, 'E', 5)); }
```

2. 写出下面程序的运行结果(　　)。

```c
#include <stdio.h>
fun(char *s) { char *p = s;  while(*p) p++;  return (p-s);}
int main() { char *a = "abcdef";  printf("%d\n", fun(a)); }
```

3. 写出下面程序的运行结果(　　)。

```c
#include <stdio.h>
void sub(char *a, int t1, int t2)
{   char ch;
    while(t1<t2) { ch = *(a+t1); *(a+t1) = *(a+t2); *(a+t2) = ch; t1++; t2--; }
}
int main()
{ char s[12];  int i;
    for(i=0; i<12; i++) s[i] = 'A'+i+32;
    sub(s, 7, 11);
    for(i=0; i<12; i++) printf("%c", s[i]);
    printf("\n");
}
```

4. 当运行以下程序时,写出输入_____6_____的程序运行结果(　　)。

```c
void sub(char *a, char b)
{ while(*(a++)!='\0');
   while(*(a-1)<b)   *(a--) = *(a-1);   *a = b; }
int main()
{ char s[] = "97531", c;   c = getchar();   sub(s, c); puts(s); }
```

5. 写出下面程序的运行结果(　　)。

```c
#include <stdio.h>
int main()
{ char *a[] = {"Pascal", "C Language", "dBase", "Java"};
   char (**p)[]; int j;
   p = a + 3;
   for(j=3; j>=0; j--)   printf("%s\n", *(p--));
}
```

三、程序填空题

1. 下面函数的功能是将一个整数字符串转换为一个整数。例如,将"-1234"转换为

1. 请填空使程序完整。

```
int chnum(char *p)
{   int num = 0, k, len, j;
    len = strlen(p);
    for ( ;_____①_____; p++) {
        k = _____②_____;  j = ( -- len );
        while ( _____③_____ ) k = k * 10;
        num = num + k;
    }
    return (num);
}
int main()
{
    char a[] = "1234";
    int n = chnum(a);
    printf("%d\n", n);
}
```

2. 下面函数的功能是统计子串 substr 在母串 str 中出现的次数。请填空使程序完整。

```
int count(char *str, char *substr)
{   int i, j, k, num = 0;
    for ( i = 0;_____①_____; i++)
        for (_____②_____, k = 0; substr[k] == str[j]; k++, j++)
            if (substr[_____③_____] == '\0') {
                num++; break;
            }
    return (num);
}
```

3. 下面函数的功能是将两个字符串 s1 和 s2 连接起来。请填空使程序完整。

```
void conj(char *s1, char *s2)
{
    while (*s1)_____①_____;
    while (*s2) { *s1 = _____②_____; s1++, s2++; }
    *s1 = '\0';
}
```

四、编程题

1. 定义 3 个整数及整数指针,仅用指针方法按由大到小的顺序输出。
2. 编写一个程序,将字符串 computer 赋给一个字符数组,然后从第一个字母开始间隔地输出该字符串,输出结果为 cmue。请用指针完成。
3. 编写一个求字符串的函数(参数用指针),在主函数中输入字符串,并输出其长度。
4. 编写一个函数,实现求 3×3 矩阵对角线元素之和。函数原型为:int sum(int (*p)[3]);。

5. 编写一个函数，实现对两个字符串的连接。要求输入输出在主函数完成，并从键盘输入字符串。

6. 编写函数将字符串中的小写字符变为大写字符，其他字符不变。要求在 main()中输入字符串，调用函数，并输出结果。使用指针法编程(不能使用 C 语言提供的大小写字符转换函数)。

第 10 章 构造数据类型

学习目标
- 掌握结构体的定义和使用；
- 能够正确计算结构体类型所占内存空间；
- 掌握共用体的定义和使用；
- 了解枚举类型的用法；
- 掌握链表的概念和使用。

本章之前介绍了 C 语言中的基本数据类型，如 char、int、float 和 double 等，我们可以借助此类基本数据类型来解决一般的问题。但在程序中往往需要处理一些关系密切的数据。例如，描述一个学生的信息，该学生的信息包括学号、姓名、性别、年龄、住址等。这些信息的类型又不尽相同。为了对这些数据进行统一管理，C 语言引入了由用户根据需要自己建立的数据类型，用它来定义变量。本章就围绕构造数据类型进行详细讲解。

10.1 结构体数据类型

在程序中使用基本数据类型定义的变量大多数是互相独立、无内在联系的。对于上述的学生信息这种数据间存在联系的情况，一般使用结构体（struct）类型进行处理。

10.1.1 结构体的定义

结构体类型是由不同类型的数据构成的，组成结构体类型的每一个数据都称为该结构体类型的成员。在程序中要使用结构体，则必须对结构体的组成进行描述。结构体类型的定义方式如下：

```
struct 结构体类型名称
{
    数据类型 成员名1；
    数据类型 成员名2；
    ……
    数据类型 成员名n；
};
```

在上述语法结构中，struct 是关键字，而后是结构体类型名称。在结构体名称下的大括号中，定义了结构体类型的成员项，每项成员由数据类型和成员名共同组成。

例如，描述一个学生的信息，该信息由学号（id）、姓名（name）、性别（sex）、年龄（age）、住址(addr)等组成。我们可以定义成下面的结构体类型：

```
struct student
{
    int id;
    char name[12];
    char sex;
    int age;
    char addr[40];
};
```

结构体类型具有如下一些特点。

(1) 使用 struct 关键字定义结构体类型。结构体类型名称的命名规则和变量名相同，建议使用具有一定意义的单词或组合作为结构体名称。

(2) 成员的类型定义形式同简单变量，但不能像普通变量一样直接使用。

(3) 定义一个结构体后，并不意味着分配一块内存单元用来存放各个数据成员。这只是定义类型而不是定义变量，它仅表示在编译系统中将这些成员当作一个整体来处理，用此类型去定义变量时才分配空间。

10.1.2 结构体变量的定义

定义结构体类型相当于给出了一个模型，其中并没有数据，编译系统也不会为之分配空间。为了能使用结构体类型的数据，还需要定义结构体类型变量。下列是定义结构体变量的三种方式。

1. 先定义结构体类型，再定义结构体变量

定义格式：

struct 结构体类型名 结构体变量名;

例如：

struct student stu1, stu2;

上述语句定义了两个结构体变量 stu1 和 stu2。请注意 struct student 代表了类型名，此时的 stu1 和 stu2 都具有了结构体特征，它们各自都可以存储一组学号(id)、姓名(name)、性别(sex)、年龄(age)、住址(addr)等信息的变量。

注意：使用结构体类型定义变量，不能只使用类型名 student，必须写为 struct student，不能缺少关键字 struct。

2. 在定义结构体类型的同时，定义结构体变量

定义格式：

```
struct 结构体类型名称
{
    数据类型 成员名1;
    数据类型 成员名2;
    ……
    数据类型 成员名n;
}结构体变量名列表;
```

例如：

```
struct student
{
    int id;
    char name[12];
    char sex;
    int age;
    char addr[40];
}stu1, stu2;
```

上述代码在定义结构体类型 student 的同时，定义了结构体类型变量 stu1 和 stu2。如有必要还可采用第一种方式再定义另外的结构体类型变量，如：

```
struct student stu3;
```

3. 直接定义结构体变量

定义格式：

```
struct
{
    数据类型 成员名1;
    数据类型 成员名2;
    ……
    数据类型 成员名n;
}结构体变量名列表;
```

例如：

```
struct
{
    int id;
    char name[12];
    char sex;
    int age;
    char addr[40];
}stu1, stu2;
```

上述代码同样定义了结构体变量 stu1 和 stu2，但没有给该结构体类型起名字。因此该结构体类型只能使用一次，后面不能再用来定义其他变量。

注意：结构体类型中的成员也可以是一个结构体变量，如下所示：

```
struct date
{
    int month; int day;
    int year;
};
struct student
{
    int id;
    char name[8];
    struct date birthday;
}stu1, stu2;
```

此处 student 的 birthday 类型就是上述的 struct date 类型。student 的类型结构如图 10-1 所示。

id	name	birthday		
		month	day	year

图 10-1 struct student 类型结构图示

结构体类型变量占用的内存大致是各个成员所占字节数之和。例如，在变量 stu1 中，成员 id 占 4 字节，name 占 8 字节，birthday 中各个成员均是 4 字节，共计 12 字节。因此，变量 stu1 占用内存 24 字节。

10.1.3 结构体变量的初始化与引用

1. 结构体变量初始化

和其他简单变量及数组型变量一样，结构体类型变量也可以在变量定义时初始化。同理，也可以在定义变量的同时给变量的成员赋值。因此，结构体变量初始化的方式可分为两种。

（1）在定义结构体类型和结构体变量的同时，对结构体变量初始化。

示例如下：

```
struct student
{
    int id;
    char name[12];
    char sex;
    int age;
    char addr[40];
}stu1 = {318202050101, "张三", 'M', 20, "新芜区永和路"},
 stu2 = {318202050102, "小红", 'F', 18, "文津西路"};
```

上述代码在定义结构体变量 stu1 和 stu2 的同时，就对其中的成员进行了初始化，用一对大括号将所有值括起来。每个值根据数据类型不同，使用正确的书写方法。

（2）定义好结构体类型后，对结构体变量初始化。

示例如下：

```
struct student
{
    int id;
    char name[12];
    char sex;
    int age;
    char addr[40];
};
struct student stu1 = {318202050101, "张三", 'M', 20, "新芜区永和路"}, stu2;
```

上述代码是先定义了结构体类型 student，而后定义结构体变量 stu1 和 stu2 并对变量 stu1 进行成员初始化；对变量 stu2 只定义，暂时未赋值。

2. 整体赋值

在结构体类型变量定义的同时在赋值称为初始化。如果定义时未赋值，也可以在程序中赋值,但程序中赋值不可以再用大括号括起来一组值的方式整体赋值,需要一个一个元素地赋值。例如：

stu2.id = 1002;   strcpy(stu2.name, "小红");   stu2.sex = '女';   stu2.age = 18;

也可以这样整体赋值：

stu2 = stu1;

但这样整体赋值前提条件是：stu1 和 stu2 是同一个结构体类型定义的变量。

3. 结构体变量的引用

在定义了一个结构体类型变量并对其进行初始化以后,就可以引用该变量的成员了,也可以将结构体变量作为一个整体来引用。引用结构体变量中一个成员的方式如下：

结构体变量名.成员名

或

结构体指针变量名->成员名

其中的点运算符(.)称为成员运算符,—>为指针运算符。

如以下代码：

```
struct date
{
    int month;
    int day;
    int year;
};
struct student
{
    int id;
    char name[8];
    struct date birthday;
}stu1, * stu;
```

则：stu1.id、stu1.name[0]、stu->id、*(stu).name[0]、stu1.birthday.year 都是对成员的正确引用。

下面通过一个案例来输出结构体变量中的所有成员的值。

【例 10-1】 输出结构体变量中的所有成员的值。

```
# include <stdio.h>
struct student {                                    //定义结构体数据类型,包含 4 个成员
    int id;
    char name[9];
    char sex;
    int age;   };
int main() {
    struct student stu = {20180101, "Li Si", 'M', 18};//定义结构体变量并赋初值
    printf("%d %s %c %d\n", stu.id, stu.name, stu.sex, stu.age);      //逐个成员输出
}
```

运行结果如图10-2所示。

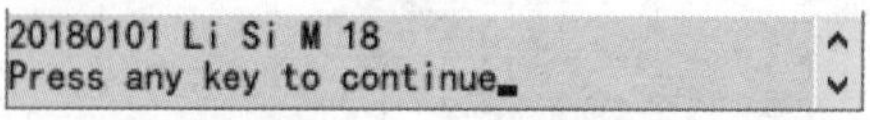

```
20180101 Li Si M 18
Press any key to continue_
```

图10-2 例10-1运行结果

提示:

(1) 输出结构体变量的时候必须一个成员一个成员地输出,不能整体输出,后面介绍的共用体也是如此。

(2) 计算结构体类型变量所占内存空间,理论上是将所有成员所占内存空间加起来,但实际上还要遵守内存对齐的原则。感兴趣的读者可以上网搜索进行了解。

10.2 结构体数组与结构体指针

一个结构体变量可以存放一组有关联的数据,如一个学生的学号、姓名等基本信息。如果有10名学生的基本信息需要参加运算,那么就可以采用结构体数组来存储并运算。结构体数组可以同时定义一组结构体类型变量,其每个变量(元素)都是结构体类型,都包含若干个成员。

结构体指针就是指向结构体变量的指针,关联后指向结构体变量的起始地址。结构体指针的用法与一般指针没有太大的差异。

10.2.1 结构体数组的定义与使用

下面举一个例子来说明怎么定义和引用结构体数组。

【例10-2】 有5名学生进行竞选,每人只能投票选一人。要求编写一个统计选票的程序,先后输入候选人编号,最后输出个人得票结果。

```c
#include <stdio.h>
struct student {                          //定义结构体类型,同时定义变量并赋初值
    int id;
    char name[9];
    int count;
}stus[5] = {{1, "zhao", 0}, {2, "qian", 0}, {3, "sun", 0}, {4, "li", 0}, {5, "gao", 0}};
int main() {
    int i, j;
    int sid;
    for(i = 0; i < 10; i++) {             //循环10次完成10个人投票
        scanf("%d", &sid);
        for(j = 0; j < 5; j++)            //判断投票编号,分别计数
            if(stus[j].id == sid)
                stus[j].count++;
    }
    printf("Result:\n");
    for(i = 0; i < 5; i++) {              //循环5次,输出五人的票数
        printf("%d %s:%d\n", stus[i].id, stus[i].name, stus[i].count);
    }
}
```

运行结果如图 10-3 所示。

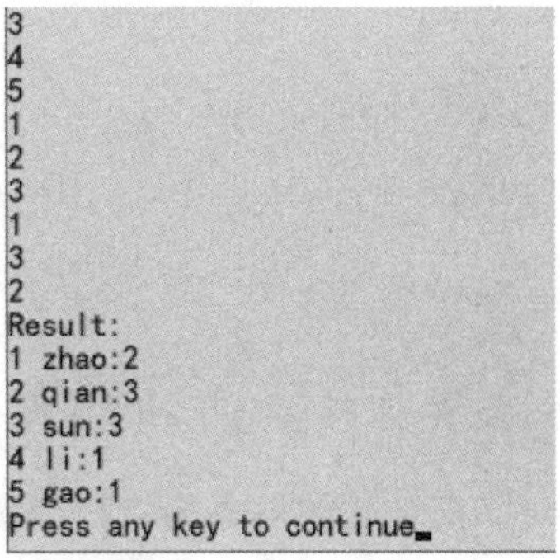

通过例 10-2 可以看出结构体数组的一般定义和使用方法。同定义结构体变量一样,定义一个结构体数组的方式一般有如下三种:

1. 先定义结构体类型,后定义结构体数组

```
struct 结构体类型名称
{
    数据类型 成员名1;
    数据类型 成员名2;
    ……
    数据类型 成员名n;
};
struct 结构体类型名称 数组名[长度];
```

图 10-3　例 10-2 运行结果

2. 定义结构体类型的同时定义结构体数组

```
struct 结构体类型名称
{
    数据类型 成员名1;
    数据类型 成员名2;
    ……
    数据类型 成员名n;
}数组名[长度];
```

3. 直接定义结构体数组

```
struct
{
    数据类型 成员名1;
    数据类型 成员名2;
    ……
    数据类型 成员名n;
}数组名[长度];
```

结构体数组与数组的初始化方式是类似的,都是通过为元素赋值的方式完成的。由于结构体数组中每个元素都是一个结构体变量。因此,在为结构体数组赋值的时候有两种赋值方式:可以按顺序对每一个元素进行赋值;也可以按每个结构体变量为一项,使用大括号括起来进行赋值。后者在数据量较多时阅读和检查起来比较清晰、方便,例如:

```
struct student stus[5] = { {1, "zhao", 0}, {2, "qian", 0}, {3, "sun", 0},
                           {4, "li", 0}, {5, "gao", 0} };
```

另外,如果对结构体数组所有元素都进行了初始化,也可以不指定数组的长度,由赋值的个数决定数组长度,例如:

```
struct student stus[ ] = { {1, "zhao", 0}, {2, "qian", 0}, {3, "sun", 0}, {4, "li", 0},
{5, "gao", 0} };
```

结构体数组的引用就是指对结构体数组元素的引用。由于每个结构体数组元素都是一

个结构体变量,因此结构体数组元素的引用方式与结构体变量的引用方式类似。其语法格式如下:

数组名[数组元素下标].成员名;

例如,在例 10-2 中,引用结构体数组 stus 中第 2 个元素的 id 成员,可以采用下列方式:

stus[1].id;

10.2.2 结构体指针变量

指向结构体对象的指针变量既可以指向结构体变量,也可以指向结构体数组中的元素。指针变量的类型必须与结构体变量类型一致,例如:

struct student stu = {1, "zhangsan", 'M', 20};
struct student * ps = &stu;

在程序中定义了一个指向结构体变量的指针后,就可以通过"指针名—>成员变量名"的方式来访问结构体变量中的成员。

【例 10-3】 通过"指针名—>成员变量名"的方式访问结构体变量中的成员。

```
#include <stdio.h>
struct student {                          //定义结构体数据类型
    int id;
    char name[9];
};
int main() {
    struct student stu = {1, "zhao"};     //定义结构体变量,并赋初值
    struct student * ps = &stu;           //定义结构体指针,指向结构体变量
    printf("%d %s\n", ps->id, ps->name);  //用指针输出变量成员值
}
```

运行结果如图 10-4 所示。

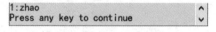

图 10-4 例 10-3 运行结果

在上述案例中,首先定义了一个结构体变量 stu,并对结构体变量进行初始化;然后定义了一个结构体指针 ps 指向 stu 变量。通过 ps->id 和 ps->name 访问结构体变量成员。

10.3 结构体类型在函数间的传递

在函数间传递结构体类型数据,可以分为三类,分别是结构体变量作为函数参数、结构体数组作为函数参数和结构体指针作为函数参数。

结构体变量作为函数参数的用法与普通变量类似,都需要保证调用函数的实参类型和被调用函数的形参类型相同。

【例 10-4】 结构体变量作为函数参数。

```c
#include <stdio.h>
struct student {                                    //定义结构体数据类型
    int id;
    char name[9];
};
void printInfo(struct student s) {                  //子函数,结构体变量作为形参
    s.id = 111;                                     //改变成员值
    printf("2. %d: %s\n", s.id, s.name);            //2.输出变量成员值
}
int main() {
    struct student stu = {1, "zhao"};               //定义结构体类型变量并赋初值
    printf("1. %d: %s\n", stu.id, stu.name);        //1.输出变量成员值
    printInfo(stu);                                 //调用子函数
    printf("3. %d: %s\n", stu.id, stu.name);        //3.输出变量成员值
}
```

运行结果如图10-5所示。

```
1. 1:zhao
2. 111:zhao
3. 1:zhao
Press any key to continue
```

图10-5 例10-4运行结果

程序说明：函数间不管是传递基本类型变量，还是结构体类型变量，只要是传递"变量"，就是"传值"，形参的改变不影响实参。所以返回到主函数再次输出的还是"1：zhao"，而不是"111：zhao"。

函数的参数不仅可以是结构体变量，还可以是结构体数组。

【例10-5】 结构体数组作为函数参数。

```c
#include <stdio.h>
struct student {                                    //定义结构体数据类型
    int id;
    char name[9];  };
void printInfo(struct student s[], int len) {       //子函数,参数为结构体数组
    int i;
    for(i = 0; i < len; i++) {
        s[i].id = s[i].id + 60;                     //改变人员编号
        printf("  [2] %d: %s\n", s[i].id, s[i].name); //循环输出三个人信息
    }
}
int main() { int i;
    struct student stus[3] = {{1, "赵"}, {2, "钱"}, {3, "孙"}};  //定义结构体数组并赋初值
    for(i = 0; i < 3; i++)                          //循环输出三个人信息
        printf("[1] %d: %s\n", stus[i].id, stus[i].name);
    printInfo(stus, 3);                             //调用子函数,传入数组名和长度
    for(i = 0; i < 3; i++)                          //循环输出三个人信息
        printf("[3] %d: %s\n", stus[i].id, stus[i].name);
}
```

运行结果如图10-6所示。

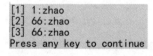

图 10-6 例 10-5 运行结果

不管是基本数据类型数组，还是结构体数据类型数组，以数组名作为函数参数就是传递地址，都是传递了数组的首地址。改变形参的值就是改变实参，所以主函数中两次输出的值不同。

【例 10-6】 结构体指针作为函数参数。

```
#include <stdio.h>
    struct student {                                         //定义结构体数据类型
    int id;
char name[9];    };
void printInfo(struct student * p) {                         //子函数,参数为结构体指针
    p->id = 66;                                              //改变人员编号
    printf("[2]%d:%s\n", p->id, p->name);                    //输出信息
}
int main() {
    struct student stu = {1, "zhao"};                        //定义结构体变量并赋初值
    struct student * ps = &stu;
    printf("[1]%d:%s\n", ps->id, ps->name);                  //输出信息
    printInfo(ps);                                           //调用子函数
    printf("[3]%d:%s\n", ps->id, ps->name);                  //再次输出信息
}
```

运行结果如图 10-7 所示。

```
[1] 1:zhao
[2] 66:zhao
[3] 66:zhao
Press any key to continue
```

图 10-7 例 10-6 运行结果

不管是基本数据类型指针，还是结构体数据类型指针，以指针作为函数参数就是传递地址，都是传递了首地址。所以改变形参的值就是改变实参，主函数中两次输出的值不同。

10.4 共用体数据类型

在 C 语言中除了结构体构造数据类型以外，还有共用体和枚举数据类型两种。和结构体一样，共用体也是一种把不同类型的数据项组成一个整体的数据类型。但和结构体不同的是：共用体成员在内存中共享空间，所有成员在内存中所占空间的起始单元是相同的。

共用体又称联合体。共用体类型的定义形式和结构体十分相似，只是关键字不同。结构体的关键字是 struct，而共用体的是 union。定义共用体类型和其变量的形式有如下三种。

1. 先定义共用体类型，再定义共用体类型变量

union 共用体名
{
　　成员列表;
};
union 共用体名 变量名;

例如:

union data
{
　　float x;
　　int y;
　　char z;
};
union data tag1, tag2;

2. 在定义共用体类型的同时，定义共用体类型变量

union 共用体名
{
　　成员列表;
}变量名列表;

例如:

union data
{
　　float x;
　　int y;
　　char z;
} tag1, tag2;

3. 直接定义共用体类型变量，而省略共用体名

union
{
　　成员列表;
}变量名列表;

例如:

union
{
　　float x;
　　int y;
　　char z;
} tag1, tag2;

上述三种方式都可以用来定义共用体变量 tag1 和 tag2。但是用第三种形式定义的共用体类型不能再用来定义其他变量，因为该类型没用类型名，只能使用这一次。

以共用体 tag1 为例，它由三个成员组成，分别是 x、y 和 z。因为 float 和 int 占 4 字节，char 占 1 字节，其中最大的是 4 字节。因此 tag1 在内存分配的空间是 4 字节。内存分配情况如图 10-8 所示。

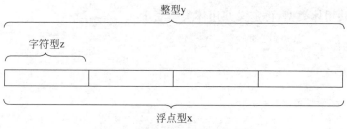

图 10-8 共用体内存分配示意图

共用体类型变量的引用方式与结构体变量的引用方法类似：

共用体类型变量名.成员名

由于共用体变量所用成员共用同一段内存空间，因此，只保留最后一次赋值的共用体成员变量值。

【例 10-7】 共用体类型变量的使用。

```c
#include <stdio.h>
union data {                            //定义共用体数据类型
    int id;char n;   float f;
};
int main() {
    union data d;                       //定义共用体类型变量
    d.id = 2;                           //为变量三个成员赋值
    d.n = 'c';
    d.f = 3.14f;
    printf("d.id = %d\nd.n = %c\nd.f = %f\n", d.id, d.n, d.f);
                                        //逐个成员输出，不能整体输出
}
```

运行结果如图 10-9 所示。

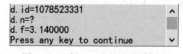

图 10-9 例 10-7 的运行结果

从运行结果可以看出，虽然给 id 和 n 成员赋了值，但它只保存了最后一个赋值。因此只有成员 f 的值是确定的，而 id 和 n 的值是不可预料的。

共用体有它的用途。比如学校记录某会议参会人员信息，包括序号、姓名、身份、工号或学号。如果身份是"学生"，只需记录"学号"；身份是"教师"，只需记录"工号"。

存储这个信息可以定义一个结构体类型，其中的"工号或学号"可以定义为共用体。我们经常会用到结构体里再嵌入结构体或共用体的方式。

10.5 枚举数据类型

枚举类型是用标识符表示的整数常量集合，枚举常量相当于自动设置值的符号常量。枚举类型定义的一般形式如下：

enum 枚举类型名 {标识符 1, 标识符 2, …, 标识符 n};

枚举常量的起始值为 0。例如：

enum day{MON, TUES, WED, THUR, FRI, SAT, SUN};

其中 MON 的值为 0，后面常量的值依次加 1。也可以在定义时指定标识符的初始值：

enum day{MON = 1, TUES, WED, THUR, FRI, SAT, SUN};

因此，以上枚举常量的值被依次设为 1~7。
或者可以在中间变化某个枚举常量的默认值：

enum day{MON, TUES, WED, THUR = 5, FRI, SAT, SUN};

由于指定了 THUR 的值为 5，因此 MON=0，TUES=1，WED=2，THUR=5，FRI=6，SAT=7，SUN=8。

定义了枚举类型后，其枚举常量的值就不可更改，只可作为整型数使用。但可以在程序中定义枚举类型变量，其定义的一般形式如：

enum 枚举类型名 变量名1, 变量名2, …, 变量名 n;

例如：

enum color {red, yellow, green} light;
enum day yesterday, today, tomorrow;

【例 10-8】 枚举类型的用法如下所示。

```
#include <stdio.h>
enum day {MON, TUES, WED, THUR, FRI, SAT, SUN};    //定义枚举类型
int main() {
    enum day d;                        //定义枚举类型变量 d
    int i;
    char *dayName[] = {"Monday", "Tuesday", "Wednesday", "Thursday", "Friday", "Saturday", "Sunday"};
    for(d = MON; d <= SUN; d++) {      //用枚举型变量循环输出数组元素
        printf("%d-%s\n", d, dayName[d]);
    }
    for(i = 0; i <= 6; i++) {          //用整型变量循环输出数组元素
        printf(" %d- %s\n", i, dayName[i]);    }
}
```

运行结果：

```
0-Monday
1-Tuesday
2-Wednesday
3-Thursday
4-Friday
5-Saturday
6-Sunday
 0-Monday
 1-Tuesday
 2-Wednesday
 3-Thursday
 4-Friday
 5-Saturday
 6-Sunday
```

程序说明：程序中第一个 for 循环使用枚举类型变量输出指针数组中的值，与第二个

for 循环使用整型变量输出的值是一样的。

10.6 链表的概念与应用

在程序设计中,我们经常会使用数组来存储一组类型相同的数据。但使用数组作为数据存放方式时,数组的大小必须事先定义好并且不允许动态调整。而实际使用时,一个程序运行处理的数据个数经常不确定,这样就有可能出现数组溢出(用得多)或空间浪费(用得少)。用动态存储的方法可以很好地解决这些问题。链表就是一种动态存储的实现方式。

C 语言中的链表是一种特殊的数据结构,它存储的数据个数不固定。通过一个自引用结构将各个数据项连接起来,构成一个完整的链表。

所谓的自引用就是结点项中包含一个指针成员,该指针指向与自身同一个类型的结构。例如。

```
struct node {
    int data;
    struct node * next;
}
```

上述代码就定义了一个自引用结构类型 struct node。它有两个成员,一个是整数类型的成员 data;另一个是指针类型的成员 next,且该指针指向 struct node 类型的结构。也就是说,通过 next 指针可以把一个 struct node 类型的结构与下一个同类型的结构连在一起。可以说链表就是用链表指针连接在一起的结点的线性集合。链表的逻辑结构如图 10-10 所示。

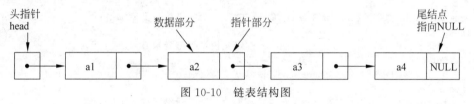

图 10-10 链表结构图

从图 10-10 可以看出,一个链表有一个"头指针(head)",用于存放一个地址,该地址指向第一个结构体变量。链表中每一个结构体变量都是结点,每一个结点都包括数据和指针两部分。数据部分用于存储用户需要的实际数据。指针部分用于指向下一个结点的地址。直到最后一个元素,该元素不再指向其他元素,它就是"尾结点"。尾结点中的指针部分指向 NULL(表示空地址),表示链表到此结束。

另外,结点中的成员可以包含任何类型的数据,也可以包含其他的结构体类型。例如:

```
struct birthday {              //普通结构体类型
    int day;
    int month;
    int year;
};
struct student {               //带链表的结构体类型
    int id;
    char name[10];
    struct birthday birth;
    struct student * next;     //指向下一个结点的指针
};
```

在 struct student 中,共有四个成员:id、name、birth 和 next。birth 为一个 birthday 结构体变量,其中又含有三个成员 day、month 和 year。而 next 为指向自身的结构体类型指针。

链表是一种较为复杂的数据结构。根据数据间的关系。链表又可以分为单链表、循环链表、双向链表等。本节主要介绍单链表。

10.6.1 动态分配内存

建立和维护动态数据结构需要实现动态内存分配,可以在程序运行过程中申请或者删除内存空间来实现结点的创建和释放。

在 C 语言中使用 malloc() 函数和 free() 函数以及 sizeof() 运算符来进行内存空间的动态分配和释放。malloc() 函数和 free() 函数在 stdlib.h 头文件中。

1. malloc()函数

原型:

void * malloc(unsigned size)

功能:从内存分配一个大小为 size 字节的内存空间。若成功则返回新分配的内存空间首地址;当没有足够的内存分配时则返回 NULL。

例如,通过 malloc() 函数分配存放 10 个学生信息的内存空间,并将该空间的首地址赋予指针变量 students。

```
struct student                                    //定义带链表的结构体类型
{
    int id;
    char name[10];
    struct student * next;                        //指针
};
struct student * students;                        //定义结构体类型指针
students = (struct student * )malloc(sizeof(struct student));  //指向动态分配内存地址
```

程序会通过 sizeof() 运算符计算 struct student 的字节数,然后根据所需的字节数进行内存分配,并将首地址存放在指针变量 students 中。

2. free()函数

原型:

void free(void * p)

功能:释放由 malloc() 函数所分配的内存块,无返回值。

在采用动态内存分配时,需要注意以下几个方面。

(1) 结构体类型占用的内存空间不一定是连续的,因此要使用 sizeof() 运算符进行计算该结构体类型所需空间的大小。

(2) 使用 malloc() 函数时,应检测其返回值是否为 NULL,以确保内存分配成功。

(3) 要及时使用 free() 函数释放不再需要的内存空间,避免内存资源被过早用光。

(4) 不要引用已经释放的内存空间。

10.6.2 单链表的应用

单链表的使用主要包含三个操作:建立链表,插入结点和删除结点。

1. 建立一个单链表

主要操作步骤如下：

(1) 定义单链表的数据结构；

(2) 建立表头；

(3) 利用 malloc()函数向系统申请分配一个结点空间；

(4) 将新结点的指针成员的值赋为 NULL。若是空表，将新结点连接到表头；若非空表，则将新结点连接到表尾；

(5) 若有后续结点要接入链表，则转到(3)，否则结束。

2. 输出一个单链表

主要步骤如下：

(1) 将结点指针 p 指向头结点；

(2) 若 p 为非空，则循环运行下列操作：

{
　　输出结点值；
　　p 指向下一结点；
}

否则结束。

3. 插入结点

为了不破坏链表的结构，通过修改结点指针来完成结点的插入。对于被插入的结点 s，插入链表后的位置只有三种情况，对应修改结点指针的方法也有相应的三种。

① 将 s 结点插入到链表的内部，如图 10-11 所示。通过完成以下操作来实现 s 结点的插入：

```
s->next = t;
p->next = s;
```

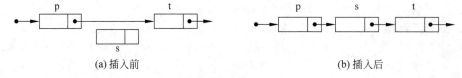

(a) 插入前　　　　　　　　　　(b) 插入后

图 10-11　插入结点

② 将 s 结点插入到表头，如图 10-12 所示。通过完成以下操作来实现 s 结点的插入：

```
s->next = t;
head = s;
```

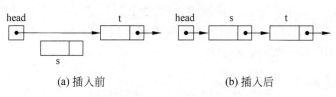

(a) 插入前　　　　　　　　　　(b) 插入后

图 10-12　将 s 结点插入表头

③ 将 s 结点插入到表尾,如图 10-13 所示。通过完成以下操作来实现 s 结点的插入:

s->next = NULL;
p->next = s;

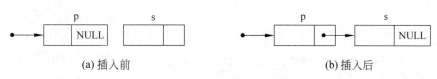

(a) 插入前　　　　　　　　　　　　　(b) 插入后

图 10-13　将 s 结点插入表尾

【例 10-9】 用链表的结构建立一条公交线路的站点信息。从键盘依次输入站点信息,以单个"#"字符作为输入结束,并对线路信息进行调整。最后统计站点的数量并输出站点信息。

分析:各个站点信息可以采用结构体类型存储数据,st 为 station 缩写。

```
struct st {
    char name[8];
    struct st * next;
};
```

本程序需定义四个子函数,分别为:

子函数 1,struct st * createSt(struct st * h)表示创建新链表,并将键盘输入的站点信息依次插入链表中,h 为链表头结点。

子函数 2,void printSt(struct st * h)表示将所有站点信息依次输出到屏幕上。

子函数 3,struct st * addSt(struct st * h, char * stName, char * stAfter)表示将输入的站点名 stName 加入到指定的站点 stAfter 后边,h 为链表头结点。

子函数 4,struct st * delSt(struct st * h, char * stName)表示按输入的站点名 stName,将站点从链表中删除。

程序如下:

```c
#include <stdio.h>
#include <stdlib.h>
#include <string.h>
struct st {                                    //定义结构体类型,全局变量,通用
    char name[20];
    struct st * next;
};
struct st * createSt(struct st * h);           //四个子函数声明
void printSt(struct st * h);
struct st * addSt(struct st * h, char * stName, char * stAfter);
struct st * delSt(struct st * h, char * stName);
int numStations = 0;                           //记录站点总数,全局变量,通用
int main()                                     //主函数 main
{
    struct st * head;                          //创建头指针
    char name[20], afterName[20];
    head = NULL;                               //头指针初值为空 NULL
    printf("请输入站名(#号结束):\n");
    head = createSt(head);                     //调用子函数 1 创建链表
    printf("共有 %d 个站点:\n", numStations);  //输出链表结点数
```

```c
        printSt(head);                                      //调用子函数 2 打印链表
        printf("请输入要删除的站点名: ");
        scanf("%s", name);
        head = delSt(head, name);                           //调用子函数 4,按名字查找删除链表结点
        printf("操作完成后,共有%d个站点: \n", numStations);   //输出链表结点数
        printSt(head);                                      //调用子函数 2 打印链表
        printf("请输入要增加的站点名: ");
        scanf("%s", name);
        printf("请输入要增加到哪个站点的后面: ");
        scanf("%s", afterName);
        head = addSt(head, name, afterName);                //调用子函数 3 添加链表结点
        printf("操作完成后,共有%d个站点: \n", numStations);   //输出链表结点数
        printSt(head);                                      //调用子函数 2 打印链表
    }
/*子函数 1:创建新链表,并将键盘输入的站点信息依次插入链表中*/
struct st * createSt(struct st * h) {
    struct st * s, * p;                                     //声明结构体类型结点指针
    p = s = (struct st * )malloc(sizeof(struct st));        //分配空间,创建结点,让 p,s 同指该结点
    if(s!= NULL) {                                          //如果结点创建成功
        scanf("%s", s->name);                               //读入一个字符串,存为站点名
        s->next = NULL;                                     //将新结点指针置为空,因为后面暂无结点
    }
    while(s->name[0]!= '#') {                               //判断输入的站点名不为#循环(#退出)
        numStations++;                                      //站点数累加 1
        if(h == NULL) {                                     //h 为形参,如果头指针为空,是空链表时,
            h = s;                                          //将头指针指向该结点
        }
        else {
            p->next = s;                                    //将该结点链接到上一个结点后,实现尾插入
        }
        p = s;                                              //p 指针指向下一个结点
        s = (struct st * )malloc(sizeof(struct st));        //s 指向新分配空间,建新结点
        if(s!= NULL) {
            scanf("%s", s->name);                           //s 每次接收输入的新值,p 延续记录链表结点
            s->next = NULL;
        }
    }
    return h;                                               //h 为形参,是链表表头结点
}
/*子函数 2:将线路中所有站点的信息依次打印到屏幕上*/
void printSt(struct st * h) {
    struct st * p;
    p = h;                                                  //p 指针指向头结点
    while(p != NULL) {
        printf("%s\n", p->name);                            //输出该结点内容
        p = p->next;                                        //p 指针指向下一个结点
    }
}
/*子函数 3:通过输入的站点名 stName,将站点加入到指定站点 stAfter 后边。其中
    h 为链表头结点,stName 为要增加的结点名,stAfter 为上一结点名*/
struct st * addSt(struct st * h, char * stName, char * stAfter) {
    struct st * s, * p;
    p = h;                                                  //p 指针指向头指针
    s = (struct st * )malloc(sizeof(struct st));            //分配空间,创建新结点
```

```c
        strcpy(s->name, stName);                  //将形参 stName 存到该结点
        while(p!= NULL) {
            if(!strcmp(p->name, stAfter)) {       //按名字找上一结点
                numStations++;                    //找到了将结点数 + 1
                s->next = p->next;                //将当前结点的下一个地址赋给新建结点的下一个
                p->next = s;                      //将当前结点的下一个地址指向新建结点
                return h;                         //返回头结点
            }
            else {
                p = p->next;                      //p指针指向下一个结点,若找不到,不加新结点
            }
        }
        return h;                                 //返回头结点
}
/* 子函数4:通过输入的站点名 stName 将站点从链表中删除, h 为链表头结点 */
struct st *delSt(struct st * h, char * stName) {
    struct st *s, *p;
    p = h;                                        //p指针指向头结点,从头向后一个个查找
    if(p!= NULL) {                                //当p指针不为空时
        s = p->next;                              //s指向p所在结点的下一个结点
        while(s!= NULL) {
            if(!strcmp(s->name, stName)) {        //判断是否找到要删除的结点名
                numStations--;                    //结点数减1
                p->next = s->next;                //上一结点的下一地址指向当前结点的下一地址
                free(s);                          //释放当前结点,删除掉
                return h;                         //返回头结点指针
            }
            else {
                p = s;                            //p指针指向下一个结点
                s = s->next;                      //s指针指向p所在结点的下一个结点
            }
        }
    }
    return h;                                     //返回头结点指针
}
```

从上述例子中,当创建链表时,程序的运行结果如图 10-14 所示。

```
请输入站名 (#号结束):
1station
2station
4station
#
共有3个站点:
1station
2station
4station
请输入要删除的站点名:2station
操作完成后,共有2个站点:
1station
4station
请输入要增加的站点名:3station
请输入要增加到哪个站点的后面:1station
操作完成后,共有3个站点:
1station
3station
4station
```

图 10-14 创建链表的运行结果

删除和增加结点的效果也同步演示,请参考程序注释理解程序的运行过程。

10.7 用typedef说明一种新类型名

C语言中允许使用typedef说明一种新的类型名,常用于为结构体或共用体数据类型取"别名",简化语句,以方便后续多次使用。语句一般形式为:

typedef 类型名 标识符;

一般习惯将新的类型名用大写字母表示。如:

typedef int INTEGER;

则 int a, b;等价于 INTEGER a, b;。

例10-9中结构体定义语句可改为:

```
typedef struct st {
    char name[8];
    struct st * next;
}ST;
```

因为前面有typedef关键字,那么这里的ST就不是结构体类型变量了,而是结构体数据类型的别名,表示后续程序中所有使用结构体的语句struct st都可以改为ST。例如,四个子函数声明语句简化为:

```
ST * createSt(ST * h);
void printSt(ST * h);
ST * addSt(ST * h, char * stName, char * stAfter);
ST * delSt(ST * h, char * stName);
```

程序中其他用到语句struct st的地方都可以用ST替代。

本 章 小 结

本章介绍了自定义数据类型,包括结构体、共用体和枚举类型。在使用自定义数据类型时需要注意分清类型的定义与变量的定义。当结构体类型变量作为函数参数进行传递时,和普通变量的传递方式一样,是值传递。当结构体类型数组或者指向结构体类型的指针作为函数参数进行传递时,是传递地址。

可以对结构体类型进行嵌套定义,只是要注意被嵌套的类型必须先有定义。通过结构体数组和结构体指针等,可以方便地描述更复杂的数据结构,设计出更高效的程序。

使用结构体或共用体等数据类型定义变量时,不能只用类型名,前面还必须加上类型关键字,可以用typedef关键字为结构体或共用体数据类型取"别名",简化语句。

习 题

一、选择题

1. 当声明一个结构体变量时系统分配给它的内存是(   )。

A. 各成员所需内存量的总和　　　　　　B. 结构中第一个成员所需内存量
C. 成员中占内存量最大者所需的容量　　D. 结构中最后一个成员所需内存量

2. 设有如下定义,若有"p=&data;",则对 data 中的 a 域的正确引用是(　　)。

   struct sk
   {int a;　float b;　}data, *p;

   A. (*p).data.a　　　　　　　　　　B. *p.a
   C. p->data.a　　　　　　　　　　　D. p->a

3. 有以下程序片段,则运行 printf("%d,",++p->x);printf("%d",++p->y);的结果为:(　　)。

   struct ord
   {int x, y;} dt[3] = {1, 2, 3, 4, 5, 6}, *p = dt;

   A. 1,2　　　　B. 2,3　　　　C. 3,4　　　　D. 3,6

4. 若有下面的说明和定义 union uu { char uc[5];float ui[2];} ua;,则共用体变量 ua 在内存中占用的内存空间是(　　)字节。

   A. 2　　　　B. 5　　　　C. 8　　　　D. 13

5. 若有下面的说明和定义,则 sizeof(struct test)的值是(　　)。

   struct test
   { long m1; char m2; float m3;
   union { char u1[5];long u2[2];} ua;
   } myTest;

   A. 20　　　　B. 17　　　　C. 12　　　　D. 9

6. 设有定义"struct {char mark[12]; int num1; double num2;}t1, t2;"若变量均已正确赋初值,则以下语句中错误的是(　　)。

   A. t1=t2;　　　　　　　　　　　　B. t2.num1=t1.num1;
   C. t2.mark=t1.mark;　　　　　　　D. t2.num2=t1.num2;

7. 以下结构体类型变量的定义中不正确的是(　　)。

   A. #define STUDENT struct student
      STUDENT{ int num;float age;}std1;
   B. struct　student
      { int num;float age; } std1;
   C. struct
      { int num;float age;}std1;
   D. struct{ int num;float age;} ;
      struct　student std1;

8. 设有以下说明语句,则下面的叙述不正确的是(　　)。

   struct stu{ int a;　float b;　} stutype;

   A. struct 是结构体类型的关键字
   B. struct stu 是用户定义的结构体类型
   C. stutype 是用户定义的结构体类型名
   D. a 和 b 都是结构体成员名

9. C 语言结构体类型变量在程序运行期间(　　)。

   A. 所有成员一直驻留在内存中　　　　B. 只有一个成员驻留在内存中

C. 部分成员驻留在内存中　　　　　　　　D. 没有成员驻留在内存中

10. 以下对结构体变量 stu1 中成员 age 的非法引用是（　　）。

```
struct student{ int age; int num;} stu1, * p;
p = &stu1;
```

  A. stu1.age　　　　　　　　　　　　B. student.age
  C. p->age　　　　　　　　　　　　　D. (*p).age

11. 当说明一个共用体变量时，系统分配给它的内存是（　　）。

  A. 各成员所需内存量的总和
  B. 结构中第一个成员所需的内存量
  C. 成员中占内存量最大者所需的容量
  D. 结构中最后一个成员所需内存量

12. 以下对 C 语言中共用体类型数据的叙述正确的是（　　）。

  A. 可以对共有体变量名直接赋值
  B. 一个共用体变量中可以同时存放其所有成员
  C. 一个共用体变量中不可以同时存放其所有成员
  D. 共用体类型定义中不能出现结构体类型的成员

13. C 语言共用体类型变量在程序运行期间（　　）。

  A. 所有成员一直驻留在内存中　　　　B. 只有一个成员驻留在内存中
  C. 部分成员驻留在内存中　　　　　　D. 没有成员驻留在内存中

14. 若有定义 union data { int i;char ch;double f;} b;,则共用体变量 b 占用内存的字节数是（　　）。

  A. 1　　　　　　　B. 2　　　　　　　C. 8　　　　　　　D. 11

15. 若有语句 typedef struct S{int g ; char h;}T;,以下叙述中正确的是（　　）。

  A. 可用 S 定义结构体变量　　　　　　B. 可用 T 定义结构体变量
  C. S 是 struct 类型的变量　　　　　　D. T 是 struct S 类型的变量

16. 设有定义 struct complex { int real,unreal;} data1={1,8},data2;,则以下赋值语句中错误的是（　　）。

  A. data2=data1;　　　　　　　　　　B. data2=(2,6);
  C. data2.real=data1.real;　　　　　D. data2.real=data1.unreal;

17. 以下程序的运行结果是（　　）。

```
# include <stdio.h>
struct A {int a; char b[10]; double c;};
void f(struct A t);
int main()
{ struct A a={1001, "ZhangDa", 1098.0};
    f(a);
    printf("%d, %s, %6.1f\n", a.a, a.b, a.c);}
void f(struct A t)
{ t.a=1002;    strcpy(t.b, "ChangRong");t.c=1202.0; }
```

  A. 1001,ZhangDa,1098.0　　　　　　B. 1002,ChangRong,1202.0

C. 1001, ChangRong, 1098.0　　　　　　D. 1002, ZhangDa, 1202.0

18. 有以下定义和语句,则能给 w 中 year 成员赋值 1980 的语句是(　　)。

　　struct workers
　　{ int num; char name[20]; char c; struct { int day; int month; int year; } s; };
　　struct workers w, * pw; pw = &w;

　　A. * pw.year=1980;　　　　　　　　B. w.year=1980;
　　C. pw->year=1980;　　　　　　　　D. w.s.year=1980;

19. 以下程序的运行结果是(　　)。

```
struct S{ int a, b;}data[2] = {10, 100, 20, 200};
int main()
{   struct S p = data[1];
    printf("%d\n", ++(p.a));    }
```

　　A. 10　　　　B. 11　　　　C. 20　　　　D. 21

20. 以下关于枚举的叙述不正确的是(　　)。

　　A. 枚举变量只能取对应的枚举类型的枚举元素表中的元素
　　B. 可以在定义枚举类型时对枚举元素进行初始化
　　C. 枚举元素表中的元素有先后次序,可以进行比较
　　D. 枚举元素的值可以是整数或字符串

21. 以下程序的运行结果是(　　)。

```
#include <stdio.h>
#include <stdlib.h>
int main()
{ int *a, *b, *c;
  a = b = c = (int *)malloc(sizeof(int));
  *a=1; *b=2; *c=3;   a=b;
  printf("%d, %d, %d\n", *a, *b, *c);   }
```

　　A. 3,3,3　　　　　　　　　　　　　B. 2,2,3
　　C. 1,2,3　　　　　　　　　　　　　D. 1,1,3

22. 链表不具有的特点是(　　)。

　　A. 不必事先估计存储空间　　　　　　B. 可随机访问任意元素
　　C. 插入、删除不需要移动元素　　　　D. 所需空间与线性表长度成正比

二、判断题

1. 以下结构体的声明语句是正确的。　　　　　　　　　　　　　　(　　)

　　struct　{ int date;　int month; int year; }

2. 结构体的成员可以作为变量使用。　　　　　　　　　　　　　　(　　)

3. "."称为成员运算符,"->"称为箭头运算符。　　　　　　　　　(　　)

4. 在一个函数中,不允许定义与结构体类型的成员相同名的变量,它们代表相同的对象。　　　　　　　　　　　　　　　　　　　　　　　　　　　(　　)

5. 在说明一个联合体变量时,系统分配给它的存储空间是该联合体中所有成员所占存

储空间的总和。   (   )

6. 设有说明 union data ｛int i; char c; float f; ｝un;，则 un 的地址和它的各成员地址都是同一地址。   (   )

7. 枚举类型变量只能取对应的枚举类型的枚举元素表中的元素。   (   )

8. 枚举值是常量，不是变量。不能在程序中用赋值语句再对它赋值。   (   )

9. 用 typedef 可以定义各种类型名，但不能用来定义变量。   (   )

10. 链表中创建一个新的结点要使用 malloc() 函数开辟内存空间，当该结点不再使用的时候必须要用 free() 函数删除。   (   )

11. 作为单链表的结尾结点的指针域，应该指向 NULL。   (   )

三、编程题

1. 将一个链表反转排列，即将链头当链尾，链尾当链头，试编写程序。

2. 完成函数编写：

void array2list(int a[ ], int n, struct node * head)

该函数的功能：从一个无序数组中提取数据，建立单链表，并使该单链表有序。

参数说明：

int a[ ]，存储原始数据的整型数组；

int n，整型数组当前元素的个数；

struct node * head，将转换的空链表的头结点。

第 11 章 位 运 算

学习目标
- 掌握常用位运算操作的运算规则；
- 了解复合位运算符的含义；
- 了解使用位运算进行清零、屏蔽等操作的规律。

前面介绍的各种运算都是以字节为单位进行的运算，但在很多系统程序中常要求在位(bit)一级进行运算或处理。C语言提供了位运算的功能，这使得 C 语言也能像汇编语言一样用来编写系统程序。

表 11-1 是 C 语言提供的六种位运算符，其中只有取反运算符～是单目运算符，其余均是双目运算符。

表 11-1　C 语言中的位运算符

操作符	含义	优先级
～	取反	14
<<	左移	11
>>	右移	11
&	按位与	8
|	按位或	6
^	按位异或	7

注意：位运算只适合于整型操作数，是对二进制位进行的操作，所以进行位运算之前要把相应操作数转化为二进制形式。

11.1　按位取反运算

取反运算符～为单目运算符，其功能是对参与运算的数的各个二进制位按位求反，即 1 变 0，0 变 1。

【例 11-1】 对于 short int i＝85，计算～i 的值。

分析：定义变量 short　int　i＝85;，首先要把 i 转换成二进制形式。

i 的二进制形式为(转换过程如图 11-1 所示)：
$$i = (85)_{10} = (0000\ 0000\ 0101\ 0101)_2$$

对 i 按位取反：
$$\sim i = (1111\ 1111\ 1010\ 1010)_2$$

图 11-1 整型数 85 的二进制转换

此时,最高位为 1,表示 i 取反之后是一个负数。由于在计算机内负数是以补码的形式存放的,(1111 1111 1010 1010)$_2$ 的原码才是取反后的真值。负数从补码转换为原码的过程为:符号位不变,数值位减 1 取反。

$$\sim i = (1111\ 1111\ 1010\ 1010)_2 \quad |_{补码}$$
$$= (1111\ 1111\ 1010\ 1001)_2 \quad |-1$$
$$= (1000\ 0000\ 0101\ 0110)_2 \quad |_{取反} \quad = (-86)_{10}$$

所以,当 short int i=85 时,$\sim$i=(-86)$_{10}$。

注意:有符号整数最高位为 1,代表负数,为补码形式。

原码→补码:符号位不变,数值位取反加 1。

补码→原码:符号位不变,数值位减 1 取反。

【**例 11-2**】 对于无符号整型数 unsigned short int j=85,计算 ~j 的结果。

分析:unsigned short int j 的二进制形式表示为:

$$j = (85)_{10} = (0000\ 0000\ 0101\ 0101)_2$$
$$按位取反 \sim j = (1111\ 1111\ 1010\ 1010)_2$$

此时,~j 的最高位为 1,但是由于 j 是无符号数,它的各个位都是数值位。因此,~j 值就是 i 按位取反后的值:

$$\sim j = (1111\ 1111\ 010101)_2 = (65450)_{10}$$

所以,当 unsigned short int j=85 时,~j=(65450)$_{10}$。

【**例 11-3**】 分析程序代码 example11_1.c 的运行结果。

```c
#include<stdio.h>
void main()
{
    short i = -86;                                  //有符号短整型,2 字节
    unsigned short j = 86;                          //无符号短整型,2 字节
    printf("i = %hd, ~i = %hd\n", i, ~i);           //hd 表示十进制短整型数
    printf("j = %hu, ~j = %hu\n", j, ~j);
}
```

运行结果:

```
i = -86, ~i = 85
j = 86, ~j = 65449
```

思考：

（1）比较例11-3和例11-1，观察有符号整数取反前后数值有什么关系？

85取反是－86，－86取反是85，大家可以再选几组数，验证下有符号整数取反的规律是不是符号相反，数值的绝对值相差1，而且负数绝对值大？

（2）比较例11-3和例11-2，找出无符号整数取反前后数值的规律，两个数值之和是不是有限位数内的最大值？

86取反后的数值是65449，而 $86 + 65449 = 65535 = 2^{16} - 1$。

提示： 位运算适用于整型数，包括有符号的char类型、short类型、int类型、long类型，和无符号的unsigned char类型、unsigned short类型、unsigned int类型、unsigned long类型。位运算不适合于浮点型数据。对于需要进行位运算操作的数据，通常应定义成unsigned型。

11.2　按位左移运算

左移运算的表示形式为：

m << n;

其中m和n都是整型数，而且n必须为正整数。左移运算符<<是双目运算符，其功能把<<左边的运算数m的各二进位全部左移n位，由<<右边的数n指定移动的位数。高位左移后溢出，则丢弃；右边低位空出的位置补零。但是对于有符号的整数，原则上符号位保留。例如：a << 4; 指把a的各二进位向左移动4位。

11.2.1　无符号整型数按位左移

【例11-4】 若有 unsigned short m=65;，计算 m << 2 的值。

分析：m为两个字节的短整型数，先将m转换成二进制数。

$$m = (65)_{10} = (0000\ 0000\ 0100\ 0001)_2$$

则：　　　　　m << 2 = 00 00　0000　0100　0001 00

　　　　　　　　　　　↘丢弃　　　　　　　　　↘补入

所以　　　　　m << 2 = (0000　0001　0000　0100)$_2$ = (260)$_{10}$

通过对比发现，$260 = 65 \times 2^2$。实际上，左移运算相当于做乘法操作，左移比乘法快很多。左移一位相当于原操作数乘以2，左移n位相当于原操作数乘以2^n。但这只是一般规律，也要具体问题具体分析。如例11-5和例11-6，给出的数值过大或者移动位数过多，有可能不满足这个规律。

【例11-5】 若有 unsigned short m=0Xffff;，计算 m << 2 的值。

分析：m为十六进制数，对应的二进制数为 m = (1111　1111　1111　1111)$_2$，是16位二进制数所能表示的最大值。

　　　　　　　m << 2 = 11 11　1111　1111　1111　00

　　　　　　　　　　　↘丢弃　　　　　　　　　↘补入

高位的两个1被丢弃掉，低位补入两个0。

所以，m<<2=(1111 1111 1111 1100)$_2$=(65532)$_{10}$
=(0Xfffc)$_{16}$

提示：对过大数值按位左移运算，无法满足左移相当于做乘法的一般规律。

【例 11-6】 若有 unsigned short m=65;，计算 m<<16 的值。

分析：m=(65)$_{10}$=(0000 0000 0100 0001)$_2$
m<<16= (0000 0000 0000 0000)$_2$

无符号短整型一共只有 16 位，移动 16 位就会把所有的数值都移走，全部补 0，最后的结果就是 0。

所以，m<<16=0。

提示：从上面的例子中可以看出，任何无符号整数左移位数等于或超过它本身位数的时候，结果就是 0。

【例 11-7】 阅读下面的程序，分析程序的运行结果。

```
//example11_7.c 分析无符号数左移运算的结果
#include<stdio.h>
void main()
{
    unsigned short i = 65;                          //无符号短整型,十进制数 65
    unsigned short j = 0Xffff;                      //0X 表示十六进制数,回顾第 3 章
    unsigned short k = 0Xfffe;
    printf(" -- 全部左移 2 位 -- \n");
    printf("i = % hu, \ti<<2 = % hu\n", i, i<<2);   //h 表示短整型,u 表示无符号整型
    printf("j = % hu, j<<2 = % hu\n", j, j<<2);
    printf("k = % hu, k<<2 = % hu\n", k, k<<2);
    printf(" -- 全部左移 16 位 -- \n");
    printf("i = % hu, \ti<<16 = % hu\n", i, i<<16);
    printf("j = % hu, j<<16 = % hu\n", j, j<<16);
    printf("k = % hu, k<<16 = % hu\n", k, k<<16);
}
```

运行结果：

```
--全部左移2位--
i=65,     i<<2=260
j=65535, j<<2=65532
k=65534, k<<2=65528
 --全部左移16位--
i=65,     i<<16=0
j=65535, j<<16=0
k=65534, k<<16=0
```

数值过大或者移动位数过多，有可能不满足左移相当于做乘法的一般规律，要具体问题具体分析。大家可以再找几组数据验证一下。

11.2.2 有符号整型数按位左移

原则上对于有符号的整数左移运算，符号位保留。

【例 11-8】 若有 short int n=-65;，计算 n<<2 的值。

分析：先将 n 转换成二进制数，n=(-65)$_{10}$=(1000 0000 0100 0001)$_2$。

在计算机内，对负数实际存储和计算时，是对其补码进行操作的，所以要计算 n 的补码。

$$n = (\underline{1}000\ 0000\ 0100\ 0001)_2$$

→取反　　　　$\underline{1}111\ 1111\ 1011\ 1110$

→加 1　　　$+\qquad\qquad\qquad\qquad\qquad 1$

→补码　　　　$\underline{1}111\ 1111\ 1011\ 1111$

所以 n 的补码为 $(\underline{1}111\ 1111\ 1011\ 1111)_2$。

$(n)_{补} << 2 = (\underline{1}111\ 1110\ 1111\ 11\underline{00})_{补码}$

　　　　　　↘符号位,保留　　　↘补入

由于左移两位之后,得到的操作数依然是补码,要将其再转换成原码。

short int n＝$(-65)_{10}$

n << 2 ＝ $(\underline{1}111\ 1110\ 1111\ 1100)_{2补码}$

　　　＝$(\underline{1}111\ 1110\ 1111\ 1011)_2$ ——数值位减 1

　　　＝$(\underline{1}000\ 0001\ 0000\ 0100)_2$ ——数值位取反

　　　＝$(-260)_{10}$

从例 11-8 可以看出,$-260=(-65)\times 2^2$,左移一位相当于原操作数乘以 2,移动 n 位相当于原操作数乘以 2^n,有符号整数左移运算也符合一般规律。

【例 11-9】 若有 short m＝-65;,计算 m << 15,m << 16 的值。

分析:m＝$(-65)_{10}=(\underline{1}000\ 0000\ 0100\ 0001)_2$ 原码

　　　　　＝$(\underline{1}111\ 1110\ 1111\ 1100)_2$ 补码

所以:m << 15 ＝ ($\underline{1}111\quad 1110\quad 1111\quad 1100$　000　0000　0000　0000$)_2$

　　　　　　　↘符号位保留　↘数值位全部移走　　↘全部补 0

　　　　＝$(-32768)_{10}$

　　　　＝$(-2^{15})_{10}$

　　m << 16 ＝ $(0000\ 0000\ 0000\ 0000)_2 = 0$

有符号整数左移位数超过数值位位数,结果为 0,符号位不再保留。

【例 11-10】 阅读下面程序,分析程序的运行结果。

```
#include <stdio.h>
void main()
{
    short int n = -9;
    printf(" -- 左移 2 位 -- \n");
    printf("n = %hd, \tn << 2 = %hd\n\n", n, n << 2);
    printf(" -- 左移 15 位 -- \n");
    printf("n = %hd, \tn << 15 = %hd\n\n", n, n << 15);
    printf(" -- 左移 16 位 -- \n\n");
    printf("n = %hd, \tn << 16 = %hd\n", n, n << 16);
}
```

运行结果:

```
--左移2位--
n=-9,    n<<2=-36

--左移15位--
n=-9,    n<<15=-32768

--左移16位--
n=-9,    n<<16=0
```

按位左移运算 m<<n 是指将 m 的二进制位全部左移 n 位,右边空出的位补零,高位左移后溢出,则丢弃。对于有符号的整数,原则上符号位保留。一般情况下,按位左移 1 位相当于将原操作数乘以 2。因此,左移 n 位相当于原操作数乘以 2^n。但是,m 为数值大的情况要具体题目具体分析。移动位数超过数值位数时,则值恒为 0,符号位也不再保留。

11.3 按位右移运算

右移运算的表示形式为:

m>>n;

右移运算符>>是双目运算符。其功能是把>>左边的运算数 m 的各二进位全部右移 n 位,其中 n 为正整数。

应该说明的是,对于有符号的数值,在右移时,符号位将随同移动。分两种情况处理。

(1) m 为正数,m 右移 n 位后,左边补 n 个零。

(2) m 为负数,m 右移 n 位后,左边补 n 个符号位,也就是 n 个 1。

【例 11-11】 假设有 unsigned short m=65;,计算 m>>2 的值。

分析:先将 m 转化正二进制数,m=$(65)_{10}$=$(0000\ 0000\ 0100\ 0001)_2$。

所以 m>>2 = 00　0000　0000　0100　0001

　　　　　　　↓补入　　　　　　　　↓丢弃

　　　　　= $(0000\ 0000\ 0001\ 0000)_2$

　　　　　= $(16)_{10}$

因为 m 是正数,补入的是 0。所以得到的结果依旧是正数,转换成十进制数是 16。分析发现,16=65÷2^2(在 C 语言中,两个整数相除结果依然是整数)。

在右移运算中,若 m>0,则 m>>n 为逻辑右移。一般情况下,每移一位相当于原操作数除以 2,移 n 位相当于除以 2^n。数值过大和移位过多不遵守此规则。

【例 11-12】 假设有 short int n=-65;,计算 m>>2 的值。

分析:将 n 转换成二进制数,负数是按补码存放的,对负数的移位就是对补码的移位。所以先将 n 转换成补码。

　　　　n　　　= $(1000\ 0000\ 0100\ 0001)_2$

　　　　n 的补码　= $(1111\ 1111\ 1011\ 1111)_2$

　　　　$(n)_补$>>2 = 11　1111　1111　1011　1111

　　　　　　　　　　↓补入　　　　　　　　↓丢弃

即:n>>2　= $(1111\ 1111\ 1110\ 1111)_{2补}$

　　　　　= $(1000\ 0000\ 0001\ 0001)_{2原}$

　　　　　= $(-17)_{10}$

右侧低位的两个 1 被丢弃,高位补入两个 1,这个结果是补码,要转成原码,转成十进制数,结果是-17,17=65÷2^2+1。

当 m<0,m 向右移动 n 位,称为算术右移。按照本例题结果,似乎每移动一位相当于原操作数除以 2 再减 1;移动 n 位,相当于原操作数除以 2 的 n 次方,再减 1。但负数右移

要小心,还有其他特例,见例 11-14。

【例 11-13】 假设有 short int m＝65,n＝−65;,分析 m >> 15 和 n >> 15 的值。

$$m >> 15 = (0000\ 0000\ 0000\ 0000)_2 = 0$$
$$n >> 15 = (1111\ 1111\ 1111\ 1111)_{2补}$$
$$= (1000\ 0000\ 0000\ 0001)_{2原}$$
$$= (-1)_{10}$$

m 为有符号的正整数,数值位一共 15 位,还有一位是符号位,右移 15 位就会把数值位全部移走,补入都是符号位 0,此时 m 变成了全 0。正数按位右移,如果移出数据有效范围,值恒为 0。

n 为负数,1 位符号位,15 个数值位。向右移动 15 位,补入 15 个符号位 1,补完之后还是负数的补码。将补码转换成原码,再转换成十进制数,最后等于−1。负数按位右移,如果移出数据有效范围,值恒为−1。

【例 11-14】 阅读下面程序,分析按位右移运算结果。

```
1   #include <stdio.h>
2   void main()
3   {
4       unsigned short int m = 65;
5       short int   n = -65, k = -64;
6       printf(" -- 右移 2 位 -- \n");
7       printf("m = %hd, \tm >> 2 = %hd\n", m, m >> 2);
8       printf("n = %hd, \tn >> 2 = %hd\n", n, n >> 2);
9       printf("k = %hd, \tk >> 2 = %hd\n\n", k, k >> 2);
10      printf(" -- 右移 15 位 -- \n");
11      printf("m = %hd, \tm >> 15 = %hd\n", m, m >> 15);
12      printf("n = %hd, \tn >> 15 = %hd\n", n, n >> 15);
13      printf("k = %hd, \tk >> 15 = %hd\n\n", k, k >> 15);
14      printf(" -- 右移 16 位 -- \n\n");
15      printf("m = %hd, \tm >> 16 = %hd\n", m, m >> 16);
16      printf("n = %hd, \tn >> 16 = %hd\n", n, n >> 16);
17      printf("k = %hd, \tk >> 16 = %hd\n", k, k >> 16);
18  }
```

运行结果:

```
--右移2位--
m=65,    m>>2=16
n=-65,   n>>2=-17
k=-64,   k>>2=-16

--右移15位--
m=65,    m>>15=0
n=-65,   n>>15=-1
k=-64,   k>>15=-1

--右移16位--
m=65,    m>>16=0
n=-65,   n>>16=-1
k=-64,   k>>16=-1
```

程序说明:程序第 8、9 行,负数−65 和−64 右移 2 位,结果分别为−17 和−16,即−65

$>>2=-17=-65/2^2-1$,$-64>>2=-16=-65/2^2$。可见负数右移不是都符合一般规则：每移动一位相当于原操作数除以 2 再减 1；移动 n 位，相当于原操作数除以 2 的 n 次方，再减 1。如果负数除以 2 余数为 0，则和正整数逻辑右移的规则相同。

逻辑右移（无符号整数或者正整数右移），前面空位补 0，每移一位相当于原操作数除以 2，m >> n 相当于 $m/2^n$。如果移出数据有效范围，则值恒为 0。

算术右移（负整数右移），前面空位补 1。如果移出数据有效范围，值恒为 -1。一般建议对无符号整数或正整数进行位运算。

11.4　按位与运算

按位与运算表达式：

a&b;

按位与运算符"&"是双目运算符。其功能是参与运算的两数各对应的二进位相与。只有对应的两个二进位均为 1 时，结果位才为 1，否则为 0。运算规则如表 11-2 所示。

表 11-2　按位与的运算结果

位 1	位 2	表达式	运算结果
1	1	1&1	1
1	0	1&0	0
0	1	0&1	0
0	0	0&0	0

在按位与运算中：两位都为 1 结果才是 1，否则就是 0。

即：0&0=0　　0&1=0

1&0=0　　1&1=1

规律：

与 0"与"，值固定为 0；

与 1"与"，值保持不变。

【例 11-15】　若有 short int a=73,b=21;，计算 a&b 的值。

分析：首先将 a 和 b 转换成二进制数。

a=(73)₁₀=(0000 0000 0100 1001)₂

b=(21)₁₀=(0000 0000 0001 0101)₂

则 a&b：

    0000 0000 0100 1001 →a 的二进制值

& 0000 0000 0001 0101 →b 的二进制值

    0000 0000 0000 0001 → a&b

所以 a&b=(0000 0000 0000 0001)₂=1。两个正数按位与，结果还是正数。

【例 11-16】　若有 short int a=73,b=-21;，计算 a&b 的值。

分析：由于 b 是负数，对负数需要用其补码来计算。所以 a&b 的值要用 a 的原码和 b

的补码进行按位与运算。

$b|_{原码} = (-21)_{10} = (1000\ 0000\ 0001\ 0101)_2$

$b|_{补码} = \qquad\quad (1111\ 1111\ 1110\ 1011)_{2补}$

于是： 0000 0000 0100 1001　→a 的二进制值
&　　 1111 1111 1110 1011　→b 的补码
　　　0000 0000 0100 1001　→a&b

所以 a&b = $(0000\ 0000\ 0100\ 1001)_2 = (73)_{10}$，结果中符号位为 0，表示是正数。因此一正一负按位与，结果为正。

【例 11-17】 若有 short int a=-73,b=-21;，计算 a&b 的值。

分析：首先需要将两个负数分别转换为二进制数，再转换为补码；对两个补码进行按位与操作；最后将结果补码转换为二进制原码，再转换为十进制数。

$a|_{原码} = (-73)_{10} = (1000\ 0000\ 0100\ 1001)_2$

$a|_{补码} = \qquad\quad (1111\ 1111\ 1011\ 0111)_{2补}$

$b|_{原码} = (-21)_{10} = (1000\ 0000\ 0001\ 0101)_2$

$b|_{补码} = \qquad\quad (1111\ 1111\ 1110\ 1011)_{2补}$

于是： 1111 1111 1011 0111　→a 的补码
&　　 1111 1111 1110 1011　→b 的补码
　　　1111 1111 1010 0011　→a&b 的补码

所以 a&b = $(1111\ 1111\ 1010\ 0011)_{2补}$
　　　　 = $(1000\ 0000\ 0101\ 1101)_{2原}$
　　　　 = $(-93)_{10}$

结果中符号位为 1，表示是负数，是补码，需要将其再转换成原码。两个负整数按位与，结果一定是负数。

【例 11-18】 阅读下面程序，分析按位与运算的结果。

```
#include <stdio.h>
void main()
{
    short int a = 7, b = 9;
    printf("-- 按位与运算 -- \n");
    printf(" %hd& %hd =   %hd\n", a, b, a&b);
    a = 7, b = -9;
    printf(" %hd&%hd =   %hd\n", a, b, a&b);
    a = -7, b = -9;
    printf(" %hd&%hd = %hd\n", a, b, a&b);
}
```

运行结果：

```
--按位与运算--
 7& 9=  1
 7&-9=  7
-7&-9=-15
```

按位与运算的结果不容易直观判断出来。实际应用中常常是利用按位与运算的特点，进行一些特殊的操作,如清零、屏蔽等,而不是随意对两个操作数进行与运算。按位与运算通常用来对某些位清 0 或保留某些位不变。

例如,要把 a 的高八位清 0,保留低八位,可进行 a&255 运算(255 的二进制数为 0000000011111111)。

  a 的二进制值为： xxxx xxxx xxxx xxxx
  （x 表示即可为 0,也可为 1）
  b 的二进制值为： 0000 0000 1111 1111
  则 a&b 的二进制值为：0000 0000 xxxx xxxx

11.5 按位或运算

按位或运算表达式：

a|b;

按位或运算符 | 是双目运算符。将变量 a、b 的二进制值按位进行或运算。若 a、b 的值对应位有 1,则该位的结果为 1,否则为 0。按位或运算的运算结果如表 11-3 所示。

表 11-3 按位或运算的运算结果

位 1	位 2	表达式	运算结果
1	1	1|1	1
1	0	1|0	1
0	1	0|1	1
0	0	0|0	0

在按位或运算中：两位都是 0,结果才是 0,只要有一位是 1,结果就是 1。
即：0 | 0=0 0 | 1=1
  1 | 0=1 1 | 1=1
规律：
  与 0"或",值保持不变；
  与 1"或",值固定为 1。

【例 11-19】 若有 short int a=73,b=21;,计算 a|b 的值。

分析：a=$(73)_{10}$=$(0000\ 0000\ 0100\ 1001)_2$
   b=$(21)_{10}$=$(0000\ 0000\ 0001\ 0101)_2$。

所以 a|b 的结果为：
  0000 0000 0100 1001 →a 的二进制值
 | 0000 0000 0001 0101 →b 的二进制值
  0000 0000 0101 1101 → a|b

结果：a|b=$(0000\ 0000\ 0101\ 1101)_2$=$(93)_{10}$,可以看出,两个正数按位或,结果还是正数。

【例 11-20】 若有 short int a=73,b=−21;,计算 a|b 的值。

分析：对负数需要用其补码来计算,所以要先将 b 转换成补码。

$b|_{原码} = (-21)_{10} = (1000\ 0000\ 0001\ 0101)_2$

$b|_{补码} = \qquad\quad (1111\ 1111\ 1110\ 1011)_{2补}$

所以 a|b 的结果为：

   0000 0000 0100 1001 →a 的二进制值

 | 1111 1111 1110 1011 →b 的补码

   1111 1111 1110 1011 →a|b 的补码

所以 a|b = $(1000\ 0000\ 0001\ 0101)_2$

   = $(-21)_{10}$

a|b 的结果中符号位为 1，表示是负数，是补码形式。补码并不是最后的结果，需要将补码转换成原码。一正一负按位或，结果为负。

因为两个负数符号位都是 1，1 和 1 进行按位或运算，符号位还是 1，是负数。所以两个负数按位或运算，结果一定是负数。

【例 11-21】 阅读下面程序，分析按位或运算的结果。

```
# include <stdio.h>
void main()
{
  short int a = 7, b = 9;
  printf("-- 按位或运算 --\n");
  printf(" %hd| %hd=  %hd\n", a, b, a|b);
  a = 7, b = -9;
  printf(" %hd| %hd=  %hd\n", a, b, a|b);
  a = -7, b = -9;
  printf(" %hd| %hd= %hd\n", a, b, a|b);
}
```

运行结果：

```
--按位或运算--
 7| 9=  15
 7|-9= -9
-7|-9=-1
```

在按位或运算中，与 0 "按位或" 运算的结果将保持自身值不变；与 1 "按位或" 运算的结果固定为 1。实际应用时，可用 "按位或" 运算来提取变量某些字节的值或将变量某些字节的值变为 1。

例如：

 a 的二进制值为： xxxx xxxx xxxx xxxx

  （x 表示即可为 0，也可为 1）

 b 的二进制值为： 0000 0000 1111 1111

则 a|b 的二进制值： xxxx xxxx 1111 1111

【例 11-22】 通过位运算，将无符号短整数数字前 8 位和后 8 位交换。

```
# include <stdio.h>
void main()
{
    unsigned short int m = 0XFF11, a, b;
```

```
    a = m << 8;
    b = m >> 8;
    b = a|b;
    printf(" m = %hx, 置换后为: %hx\n", m, b);
}
```

运行结果：

m=ff11,置换后为：11ff

分析：将数值左移 8 位后，后 8 位移到前 8 位，后面空位补 8 个 0；右移 8 位后，前 8 位移到后 8 位，前面空位也是补 8 位数（正数补 0，负数补 1）；将两个移位的结果按位或运算，任何数与 0"或"都保留原值。

11.6 按位异或运算

按位异或表达式：

a^b

按位异或运算符^是双目运算符。其功能是将变量 a、b 的二进制值按位进行异或运算。运算规则为：若 a、b 对应位的值相同，则该位的结果为 0，否则为 1。其运算结果如表 11-4 所示。

表 11-4 按位异或运算的运算结果

位 1	位 2	表达式	运算结果
1	1	1^1	0
1	0	1^0	1
0	1	0^1	1
0	0	0^0	0

在按位异或运算中：两位相同异或结果为 0，两位不同异或结果为 1。

即：0^0=0　　0^1=1

　　1^0=1　　1^1=0

规律：

　　与 0"异或"其值不变；

　　与 1"异或"其值取反。

【例 11-23】 若有 short int a=73，b=21;，计算 a^b 的值。

分析：a=$(73)_{10}$=$(0000\ 0000\ 0100\ 1001)_2$

　　　b=$(21)_{10}$=$(0000\ 0000\ 0001\ 0101)_2$

a^b 的结果为：

　　　　0000 0000 0100 1001 →a 的二进制值

^ 　　 0000 0000 0001 0101 →b 的二进制值

　　　　0000 0000 0101 1100 → a^b

所以 a^b=$(0000\ 0000\ 0101\ 1100)_2$=$(92)_{10}$。两个正数按位异或，结果还是正数。

【例 11-24】 若有 int a=73,b=-21;,计算 a^b 的值。

分析：对负数需要用其补码来计算,要先将负数 b 转换成补码。

b|$_{原码}$=(-21)$_{10}$=(1000 0000 0001 0101)

b|$_{补码}$=　　　　　1111 1111 1110 1011

a^b 的结果为：

  0000　0000　0100　1001 →a 的二进制值
 ^　1111　1111　1110　1011 →b 的补码
  1111　1111　1010　0010 →a^b 的补码

所以,a^b=(1000 0000 0101 1110)$_2$=(-94)$_{10}$。由于符号位为 1,是负数,所以 a^b 的结果是补码,并不是最后的结果,需要将补码转换成原码。一正一负按位异或,结果是负数。

两个负数按位异或结果一定是正数,因为两个负数符号位都是 1,是相同的,结果的符号位一定是 0。一正一负两个数按位异或,结果一定是负数。

【例 11-25】 阅读下面程序,分析按位或运算的结果。

```
# include <stdio.h>
void main()
{
  unsigned short int a = 7, b = 9;
  printf("-- 按位异或运算 --\n");
  printf(" %hd^ %hd = %hd\n", a, b, a^b);
  a = 7, b = -9;
  printf(" %hd^ %hd = %hd\n", a, b, a^b);
  a = -7, b = -9;
  printf(" %hd^ %hd = %hd\n", a, b, a^b);
}
```

运行结果：

```
--按位异或运算--
 7^ 9= 14
 7^-9=-16
-7^-9=14
```

任何二进制值与 0 相"异或"时,其值保持不变;与 1 相"异或"时,其值取反。实际应用时,可通过按位异或运算实现对指定位的二进制值取反或保持不变的操作,而不是随意对两个数进行异或。

11.7　复合位运算符

与算术运算符一样,位运算符也可以和赋值运算符一起组成复合位运算赋值运算符。如表 11-5 所示,给出了复合运算符的表达式以及等价的表达式,两种表达式的作用完全一致。

表 11-5　复合位运算符

运算符	表达式	等价的表达式
&=	a&=b;	a=a&b;
|=	a|=b;	a=a|b;

续表

运算符	表达式	等价的表达式
<<=	a<<=b;	a=a<<b;
>>=	a>>=b;	a=a>>b;
^=	a^=b;	a=a^b;

11.8 程序范例

【例11-26】 编写程序,取整型数a的二进制数从右端开始的第4~7位。

分析:(1) 先将a右移3位,将第4~7位数值移到最右侧,即:a>>3。

(2) 设置一个低4位为1,其他位为0的数,如:~(~0<<4)。

(3) 将两者进行按位与(&)运算。

例如:输入数据a=90,(90)$_{10}$=(0 1011 010)$_2$,第4~7位(1011)$_2$=(11)$_{10}$。

通过以上的分析,源程序代码如下:

```
#include<stdio.h>
void main()
{
    unsigned short a, b, c, d;              //无符号短整型
    printf("请输入数字a:");
    scanf("%ud", &a);                       //u无符号 d十进制整型数
    b = a>>3;                               //右移三位
    c = ~(~0<<4);                           //制造后四位为1其他位为0的数
    d = b&c;                                //按位与
    printf("数字a:%u\n4~7位:%u\n", a, d);
}
```

运行结果:

```
请输入数字a:90
数字a:90
4~7位:11
```

问题:低4位全为1,其他位全为0的数,为什么用~(~0<<4)?而不是直接用十六进制数0X000F,这是因为用~(~0<<4)可以不去区分整数占2字节还是4字节,可以适用任何机器。

【例11-27】 循环将无符号短整数a的右端n位放到a的左端n位中。

分析:(1) 将a的右端n位移到最左端n位,存到b中。short型一共16位,需要左移16-n位才能从最右端n位移到最左端,即b=a<<(16-n)。

(2) 将a右移n位,丢掉后面已经移走的n位,前面空出n位,补n个0,存到c中,即c=a>>n。

(3) 将c与b进行按位或运算,结果存入c中。

以a=93,n=2为例,16-n=14,a=(93)$_{10}$=(0000 0000 0101 1101)$_2$

$$b = a \ll 14 = (01\ 0000\ 0000\ 0000\ 00)_2$$
$$c = a \gg 2 = (00\ 0000\ 0000\ 0101\ 11)_2$$
$$c = c \mid b = (0100\ 0000\ 0001\ 0111\ )_2$$

通过上述分析,源程序代码如下:

```
#include <stdio.h>
void main()
{
    short a, b, c;                              //无符号短整数,16位
    int n;
    printf("请输入无符号整数a:");
    scanf("%hd", &a);                           //hd 无符号短整数
    printf("请输入移动位数n:");
    scanf("%d", &n);
    b = a<<(16-n);                              //左移 16-n 位
    c = a>>n;                                   //右移 n 位
    c = c|b;                                    //按位或运算
    printf("a的值为: %hd\n移位后为: %hd\n", a, c);
    printf("转为十六进制: ox%hx\n", c);
}
```

运行结果:

```
请输入无符号整数a:93
请输入移动位数n:2
a的值为: 93
移位后为: 16407
转为十六进制: ox4017
```

【例 11-28】 编写程序,通过异或运算交换两个变量的值。

分析:通常交换两个变量值需要用第三个变量辅助,例如:

```
int temp;
temp = a; a = b;   b = temp;
```

使用异或运算可以不用借助第三个变量,直接交换两个变量值。

异或运算有以下几个特点:

(1) 任意一个变量 X 与其自身进行异或运算,结果为 0,即:X^X=0。
(2) 任意一个变量 X 与 0 进行异或运算,结果不变,即:X^0=X。
(3) 异或运算具有可结合性,即 a^b^c=(a^b)^c=a^(b^c)。
(4) 异或运算具有可交换性,即 a^b=b^a。

第 1 步:a=a^b;

a 中的数值变成 a^b 的结果。

第 2 步:b=a^b;   //这个 a 是第一步运算后的新值
      =(a^b)^b   //这个 a 是原值,用第 1 步表达式 a=a^b 替换
      =a^(b^b)
      =a^0
      =a

b 中的值换成了 a 的值。

第 3 步：a ＝ a ^ b;　　　　//这个 a、b 都是新值，前 2 步运算后的结果
　　　　＝ (a ^ b) ^ a　　　//替换为旧值，a ＝ a ^ b; b ＝ a;
　　　　＝ a ^ b ^ a
　　　　＝ a ^ a ^ b
　　　　＝ 0 ^ b
　　　　＝ b

a 中的值换成了 b 的值。

通过上述分析，源程序代码如下：

```
//example11_28.c 通过异或运算交换两个变量的值
#include <stdio.h>
void main()
{   unsigned short a, b;
    printf("请输入无符号整数 a:");
    scanf("%hu", &a);
    printf("请输入无符号整数 b:");
    scanf("%hu", &b);
    printf("交换前 a=%hu,b=%hu\n", a, b);
    a = a^b;
    b = a^b;
    a = a^b;
    printf("交换后 a=%hu,b=%hu\n", a, b);
}
```

运行结果：

```
请输入无符号整数a:12
请输入无符号整数b:56
交换前a=12, b=56
交换后a=56, b=12
```

本 章 小 结

位运算是 C 语言的一种特殊运算功能，它是以二进制位为单位进行运算的。总共只有 6 个基本的位运算符。

(1) ~ 取反。

(2) << 左移，相当于做乘法。

(3) >> 右移，相当于做除法。

(4) & 按位与，用于置 0 或保持不变。

(5) | 按位或，用于置 1 或保持不变。

(6) ^ 按位异或，用于取反或保持不变。

记住一些规则可以快速计算出位运算的结果，利用位运算可以完成某些特殊的功能，如置位、位清零、移位等。实际应用中常用位运算进行加密、解密和与硬件相关的操作。

虽然计算机可以对有符号整数进行各种运算，但对负数进行位运算意义不大。因此，建议在程序中对要进行位运算的整数定义为 unsigned 型整数。

习 题

一、选择题

1. 设 int b＝2；表达式(b≫2)/(b≫1)的值是(　　)。
   A. 0　　　　　　B. 2　　　　　　C. 4　　　　　　D. 8

2. 设有定义语句 char c1＝92，c2＝92;，则以下表达式中值为零的是(　　)。
   A. c1^c2　　　　B. c1&c2　　　　C. ~c2　　　　　D. c1|c2

3. 设有以下语句 char a＝3，b＝6，c；c＝a^b≪2;，则 c 的二进制值是(　　)。
   A. 00011011　　B. 00010100　　C. 00011100　　D. 00011000

4. 以下程序的运行结果是(　　)。

   ```
   # include <stdio.h>
   int main()
   { char x = 040;
     printf("%o\n", x<<1);
   }
   ```

   A. 100　　　　　B. 80　　　　　　C. 64　　　　　　D. 32

5. 以下程序的运行结果是(　　)。

   ```
   # include <stdio.h>
   int main()
   {
     int x = 0.5;
     char z = 'a';
     printf("%d\n", (x&1)&&(z<'z') );
   }
   ```

   A. 0　　　　　　B. 1　　　　　　C. 2　　　　　　D. 3

6. 表达式 0x13 & 0x17 的值是(　　)。
   A. 0x17　　　　B. 0x13　　　　　C. 0xf8　　　　　D. 0xec

7. 以下程序的运行结果是(　　)。

   ```
   char x = 56;
   x = x&056;
   printf("%d\n", x);
   ```

   A. 56　　　　　B. 0　　　　　　C. 40　　　　　　D. 62

8. 若 x＝2，y＝3 则 x&y 的结果是(　　)。
   A. 0　　　　　　B. 2　　　　　　C. 3　　　　　　D. 5

9. 运行以下 C 语句后，B 的值是(　　)。

   ```
   int B;
   char Z = 'A';
   B = (241&15)&&(Z|'a');
   ```

   A. 0　　　　　　B. 1　　　　　　C. TRUE　　　　　D. FALSE

10. 表达式 0x13 | 0x17 的值是(　　)。
    A. 0x03　　　　B. 0x17　　　　C. 0xE8　　　　D. 0xc8
11. 在位运算中,操作数每右移一位,其结果相当于(　　)。
    A. 操作数乘以 2　　　　　　　　B. 操作数除以 2
    C. 操作数除以 4　　　　　　　　D. 操作数乘以 4
12. 在位运算中,操作数每左移一位,其结果相当于(　　)。
    A. 操作数乘以 2　　　　　　　　B. 操作数除以 2
    C. 操作数除以 4　　　　　　　　D. 操作数乘以 4
13. 代码 unsigned char i=15;j=i << 2;printf("%d" , j);,输出结果是(　　)。
    A. 7　　　　　B. 30　　　　　C. 60　　　　　D. 120
14. 程序 unsigned char a=8, c; c=a >> 3; printf("%d\n", c);运行后的结果是
(　　)。
    A. 32　　　　B. 16　　　　　C. 1　　　　　D. 0
15. 假设 i 是一个 8 位的 unsigned char 变量,并假定最高有效位为第 7 位,最低有效位为第 0 位。要将 i 的第 2 位设置为 0,以下正确的是(　　)。
    A. i &=~(1 << 2);　　　　　　B. i &=~(1 >> 2);
    C. i |=1 << 2;　　　　　　　　D. i |=1 >> 2;
16. 假设 i 是一个 8 位的 unsigned char 变量,并假定最高有效位为第 7 位,最低有效位为第 0 位。要将 i 的第 2 位设置为 1,以下正确的是(　　)。
    A. i &=~(1 << 2);　　　　　　B. i &=~(1 >> 2);
    C. i |=1 << 2;　　　　　　　　D. i |=1 >> 2;
17. 有以下程序,若要使程序的运行结果为 248,应在下画线处填入的是(　　)。
    int main() { short c = 124; c = c____　　printf("%d\n", c); }
    A. >> 2　　　　B. | 248　　　　C. & 0248　　　　D. << 1
18. 以下运算符中优先级最低的是(　　),优先级最高的是(　　)。
    A. &&　　　　B. &　　　　　C. ||　　　　　D. |

二、判断题

1. 利用位运算按位与 & 可以判断整数的奇偶。　　　　　　　　　　(　　)
2. ||和|都是在 C 语言中的运算符,运算含义不一样。　　　　　　　(　　)
3. 移位运算 m >> n 要求 m 和 n 都是整数即可。　　　　　　　　　(　　)

三、填空题

1. 设 x 是一个整数(16bit)。若要通过 x|y 使 x 低 8 位置 1,高 8 位不变,则 y 的二进制数是(　　)。
2. 以下代码:unsigned char i=3, j=4; printf("%d", i & j);输出结果是(　　)。
3. 以下代码:unsigned char i=3, j=4; printf("%d", i | j);输出结果是(　　)。
4. 以下假定整数占 2 字节,程序运行的结果是(　　)。

#include <stdio.h>
int main()

```
{  unsigned a = 0112, x, y, z;
   x = a >> 3;
   printf("x = %o, ", x);
   y = ~(~0 << 4);
   printf("y = %o, ", y);
   z = x&y;
   printf("z = %o\n", z);
}
```

5. 以下程序的运行结果是(　　　)。

```
int m = 20, n = 025;
if(m^n)   printf("mmm\n");
else      printf("nnn\n");
```

6. 以下程序的运行结果是(　　　)。

```
#include <stdio.h>
int main()
{   char a = 0x95, b, c;
    b = (a&0xf)<< 4;   c = (a&0xf0)>> 4;   a = b|c;   printf("%x\n", a);   }
```

7. 假定整型数占 4 字节,以下程序的运行结果是(　　　)。

```
#include <stdio.h>
int main()
{   unsigned a = 0361, x, y;
    int n = 5; x = a <<(16 - n);
    printf("x = %o\n", x);
    y = a >> n;
    printf("y1 = %o\n", y);
    y |= x;
    printf("y2 = %o\n", y);
}
```

8. 假设 a 赋值为 32,以下程序的运行结果是(　　　)。

```
#include <stdio.h>
int main(){
    unsigned a, b;
    printf("input a number: ");
    scanf("%d", &a);
    b = a >> 5;    b = b&15;
    printf("a = %d\tb = %d\n", a, b);
}
```

9. 以下程序的运行结果是(　　　)。

```
#include <stdio.h>
int main(){
    int a = 9;    a = a^5;
    printf("a = %d\n", a);    }
```

10. 以下程序的运行结果是(　　)。

```c
#include <stdio.h>
int main(){
    int a = 9, b = 5, c;
    c = a|b;
    printf("a = %d\nb = %d\nc = %d\n", a, b, c);    }
```

11. 以下程序的运行结果是(　　)。

```c
#include <stdio.h>
int main(){
    int a = 9, b = 5, c;
    c = a&b;
    printf("a = %d\nb = %d\nc = %d\n", a, b, c);    }
```

12. 以下程序的运行结果是(　　)。

```c
#include <stdio.h>
int main(){
    char a = 'a', b = 'b';          int p, c, d;
    p = a;          p = (p<<8)|b;
    d = p&0xff;     c = (p&0xff00)>>8;
    printf("a = %d\nb = %d\nc = %d\nd = %d\n", a, b, c, d);    }
```

四、编程题

1. 编写程序,定义一个 unsigned short 类型的数据,实现高 8 位保持不变,低 8 位清零。
2. 编写程序,定义一个 unsigned short 类型的数据,实现高 8 位置 1,低 8 位保持不变。
3. 写一个函数,对一个 16 位的二进制数取出它的奇数位(即从左边起第 1,3,5,…,15 位)。

第 12 章　文件操作

学习目标
- 了解 C 语言中文件的使用方法；
- 能够读写文本文件和二进制文件；
- 掌握顺序读写和随机读写函数的用法。

12.1　文件的相关概念

在内存中存储数据只是临时存储，若想长期保存数据，可以使用"文件"将数据存储到磁盘上。

12.1.1　文件的概念

"文件"实际上就是记载在外部存储器上的数据集合，是存储数据的载体。在 C 语言中，把这些数据的集合看成是字符或者字节序列，是一个有序的"字节流"。C 程序处理这些文件时，并不区分文件类型，而是按字节处理。

从文件输入（读）数据时，逐一读入数据，直到遇到 EOF 或文件结束标志就停止；向文件输出（写）数据时，系统不添加任何信息，依次将字节写入文件。内存中存储文件如图 12-1 所示。

| 0 | 1 | 2 | 3 | 4 | … | n-1 | 结束标志 |

图 12-1　内存中的字节流

一个 C 语言程序可以创建文件和对文件内容进行更新、修改，程序运行所需的数据也可以从另一个文件中获得。

外部存储器上的文件需要有唯一的标识，以便用户可以识别找到唯一的文件。文件标识分为三个部分：文件路径、文件名和文件扩展名。例如，在 c 盘 user 目录下的二进制文件 file1.dat 的完整标识为：c:\user\file1.dat。

12.1.2　文件的分类

我们对文件并不陌生，创建 Word 文档、Excel 表格都是创建文件，编写的 C 语言程序也是以文件形式存在磁盘上，称为源程序文件。

计算机可以处理的文件很多，如源程序文件、数据文件、图形图像文件、音频文件、视频文件、可运行文件等。但本章仅讨论 C 语言程序输入输出操作涉及的数据文件,数据文件有文本文件和二进制文件两种存储方式。

1. 文本文件

文本文件与二进制文件在计算机中存储的都是二进制,区别仅仅是编码不同。文本文件将文件内容都当做字符看待,在计算机中存储每个字符对应的编码。

例如,float 型数据占 4 字节,float a1=1.2345,a2=2.1,如果把 a1、a2 的值存储在文本文件中,系统会将每个数字和小数点分别按照一个字符对待,那么 a1 是 6 个字符,占 6 字节,a2 是 3 个字符,占 3 字节,而不是都存为 4 字节。

源程序文件就是文本文件,使用文本编辑软件可以打开查看文件中的内容。

2. 二进制文件

二进制文件是把数据按其在内存中的存储形式原样输出到磁盘上存放。

例如,float 型数据 1.2345 和 2.1 都按照单精度浮点数形式存储,固定占 4 字节。读写二进制文件比读写文本文件速度快,节省了数据转换的时间。

使用文本编辑软件打开二进制文件可能出现乱码,需要专门的软件打开不同的二进制文件。可运行文件就是二进制文件。

3. 普通文件

指存储在磁盘或其他外部介质上的文件,可以是源文件、可运行文件、目标文件,也可以是一组用于输入、输出处理的数据等。源文件、目标文件、可运行文件称为程序文件,输入输出数据称为数据文件。

4. 设备文件

指与主机相连的各种外部设备,如显示器、打印机、键盘等。

在操作系统中,把外部设备也当作一个文件来处理,把它们的输入、输出等同于文件的读、写操作。通常把键盘定义为标准输入文件,显示器定义为标准输出文件。从键盘上输入数据就意味着从标准输入文件输入数据,如 scanf()函数、getchar()函数;在屏幕上显示信息就是向标准输出文件输出,如 printf()函数、putchar()函数。

12.1.3 文件的缓冲区

目前 C 语言所使用的磁盘文件系统有两大类:一类称为"缓冲文件系统";另一类称为"非缓冲文件系统"。两类系统的比较如表 12-1 所示。

表 12-1 两类磁盘文件系统的比较

比　　较	缓冲文件系统	非缓冲文件系统
缓冲区	系统自动地在内存区为每一个正在使用的文件开辟一个缓冲区	不由系统自动设置缓冲区,而由用户根据需要设置
输入输出	标准输入输出(标准 I/O)	系统输入输出(系统 I/O)
输入输出函数	都在 stdio.h 头文件中	在另外头文件中

缓冲区作用:从磁盘文件读入数据时,一次将一批数据读到内存缓冲区(充满缓冲区),然后再从缓冲区逐个地将数据送给接收变量;向磁盘文件写数据时,先将数据送到内存缓冲区,装满缓冲区后,再一起写到磁盘文件。

用缓冲区可以一次输入或输出一批数据,而不是运行一次输入或输出操作就访问一次磁盘。利用缓冲区可以减少对磁盘的读写次数,加快读、写操作的速度。

在 C 语言中,没有输入输出语句,对文件的读写都是用库函数来实现的。"缓冲文件系统"和"非缓冲文件系统"分别使用不同的输入、输出库函数。本节只介绍"缓冲文件系统",它的输入、输出函数在 stdio.h 头文件中。

12.2 文件的相关操作

对文件的操作只有读和写两种,"读"就是"输入","写"就是"输出"。

从键盘(stdin)或手写板输入,都是读数据,将数据读入内存中。将文件中数据读入内存就称为"读"文件,也称为文件的输入;将内存中的数据输出到显示器(stdout)或打印机,都是写数据,将内存中的数据写入到文件,就称为"写"文件,也称为文件的输出。

C 语言对文件进行操作的步骤分为四步。

(1) 定义文件指针。
(2) 打开文件。
(3) 读或写文件。
(4) 关闭文件。

12.2.1 定义文件指针

若要对文件进行操作,必须先打开文件。打开文件之前必须定义文件指针,用这个文件指针接收文件打开函数的返回值,记录文件当前的读写位置。文件指针就相当于 Word 文件和 Excel 文件中的光标。

定义文件指针的一般形式为:

FILE *<变量标识符>;

例如:

FILE * fp1, * fp2;

FILE:系统中已经定义的结构体数据类型名,类型定义在 stdio.h 头文件中。
fp1 和 fp2:定义的两个文件指针变量名。
星号 *:表示指针类型,此处不代表"乘号",也不代表"取内容"。
stdio.h 头文件中对文件指针类型的定义如下:

```
typedef struct {
        short           level;
        unsigned        flags;
        char            fd ;
        unsigned char   hold;
        short           bsize;
        unsigned char   * buffer;
        unsigned char   * curp;
        unsigned        istemp;
```

```
        short         token;
}FILE;
```

FILE是系统定义的结构体数据类型别名。用FILE类型定义文件指针变量,用于记录文件当前的读写位置、文件缓冲区的地址、文件缓冲区的形状等。不过文件操作时,并不需要用到文件结构中的所有信息。

12.2.2 文件的打开与关闭

1. 打开文件

定义好文件指针之后就可以打开文件,用该指针接收打开文件函数的返回值,将程序与磁盘上要读、写的文件联系起来。打开文件函数的原型为:

FILE * fopen(char * filename, char * type);

filename:字符串类型,代表一个文件名,可以是一个合法的带有路径的文件名。该文件可以在当前工作目录(相对路径)下;也可以在指定路径(绝对路径)下。

type:字符串类型,代表对文件的操作模式,不同的模式对应不同的操作。对文本文件和二进制文件分别使用不同的操作模式。

函数返回值:打开成功返回文件指针;打开失败,返回错误标志NULL。

文本文件的操作模式取值及含义如表12-2所示。

表12-2 文本文件的操作模式取值及含义

type	含 义	文件存在时	文件不存在时
r	以只读方式打开	打开文本文件,只可读,不可写	返回错误标志
w	以只写方式建立新文件	打开文本文件,清空文件内容,只写	建立新文件
a	以追加方式打开	打开文本文件,保留原有内容,只能在文件尾部追加,不可读	建立新文件
r+	以读/写方式打开	打开文本文件,保留原有内容,可读可写	返回错误标志
w+	以读/写方式建立新文件	打开文本文件,清空文件内容,可写可读	建立新文件
a+	以读/写方式打开	打开文本文件,保留原有内容,可读,可从文件尾追加数据	建立新文件

文本文件的操作模式还可以写为rt、wt、at、rt+、wt+、at+,其中字符t表示文本文件;二进制文件的操作模式与文本文件的操作模式相对应,用字符b来表示二进制,分别为rb、wb、ab、rb+、wb+、ab+,这里的"b"不可以省略,省略则默认是操作文本文件。

关于文件使用方式的几点说明:

(1) 文件打开操作模式中各个字母的含义:r(read)、w(write)、a(append)、t(txt)、b(binary)、+(读和写)。

(2) 不管使用哪一种方式打开文件,文件打开成功时,文件指针都是指向文件的开始处。

(3) 为了防止程序运行发生意外,一般都要对文件打开函数fopen()的返回值进行判断,打开成功与不成功分别运行不同的操作。

(4) 读写文本文件速度慢些,读写二进制文件速度快。读写文本文件要花费编码转换的时间。

(5) 文件读写完毕应该关闭文件,以防止丢失数据等错误。

(6) 以 r 和 r+方式打开文件时,该文件必须已经存在,否则会出错。

(7) 以 w 和 w+方式打开文件时,该文件不存在则直接创建;如果该文件已经存在,会先删除,再创建,都是用一个新的空文件开始操作。

(8) 以 a 和 a+方式打开文件时,该文件已经存在,会打开该文件,保留原有内容,在后面追加新内容;如果该文件不存在,则重新创建一个文件。

以 a+方式打开文件时,如果第 1 次操作是"读取",第 2 次操作是"写入",则在"写入"前必须将文件指针定位到文件尾部,才能正确写入数据;如果第 1 次操作是"写入",第 2 次操作是"读取",则"写入"直接进行,自动在文件尾部追加,"读取"操作运行前则需重新定位文件指针,否则会读出错误的数据。也就是说,以 a+方式打开文件,两个不同的操作切换时需要重新定位文件指针。

(9) 运行 C 程序时,系统自动打开三个文件,分别是标准输入文件(键盘)、标准输出文件(显示器)、标准出错文件(出错信息),并规定三个文件指针为 stdin、stdout、stderr,它们已经在 stdio.h 头文件中声明,可直接使用。注意:这三个指针是常量,而不是变量,不能重新赋值。

(10) 由于编译器的原因,并不是所有的 C 语言系统都具备以上文件操作模式。

【例 12-1】 文件打开方式 1。

```
/* p12_1.c 文件打开方式 1 */
#include <stdio.h>
void main()
{   FILE * fp;                          //定义文件指针
    fp = fopen("myfile1.txt", "r");     //只读打开
    if (fp == NULL)                     //判断打开失败退出
        printf("file open error!\n");
    else
        printf("file open OK!\n");
}
```

程序说明:

"r"表示以只读方式打开文件 myfile1.txt。

对 fopen()函数的运行结果进行判断,若为 NULL,表示打开失败,退出。否则,返回一个指向该文件的指针,赋给指针变量 fp,将 fp 与文件联系起来,可以运行后续的操作。

【例 12-2】 文件打开方式 2。

```
/* p12_2.c 文件打开方式 2 */
#include <stdio.h>
void main()
{   FILE * fp;                              //定义文件指针
    fp = fopen("c:\\myfile2.txt", "w");     //只写
    if (fp == NULL)                         //判断打开失败退出
        printf("file open error!\n");
    else
        printf("file open OK!\n");
}
```

程序说明：

"w"表示以只写方式打开文件。

上题 fopen("myfile1.txt","r")表示使用文件相对路径,在程序当前目录查找 myfile1.txt 文件。

fopen("c:\\myfile2.txt","w")表示使用文件绝对路径,在C盘根目录查找 myfile2.txt 文件。反斜杠\需要转义,所以这里用两个反斜杠\\。

【例 12-3】 文件打开方式 3。

```
/* p12_3.c 文件打开方式3 */
#include <stdio.h>
#include <stdlib.h>
void main()
    {   FILE *fp;                              //定义文件指针
    if ((fp = fopen("myfile3.txt", "a")) == NULL)
    {   printf("file open error!\n");
        exit(0);                               //退出
    }
    else
    {   printf("File open is OK!\n");
        /* 此处为读写文件的操作代码 */
    }
    fclose(fp);                                //关闭文件
}
```

程序说明：

本题将打开文件与判断文件打开是否成功的语句合并,简化了语句,运行效果与前两个例题效果一样。

此处要注意先用小括号把 fp 赋值语句括起来再和 NULL 比较,因为双等号优先级高于赋值的单等号。

本题在文件打开失败语句中增加调用 exit()函数的语句。exit()函数定义在 stdlib.h 头文件中,exit(0)的功能是终止程序。

2. 关闭文件

文件读写完毕应该关闭该文件。关闭文件时会将缓冲区中内容写入磁盘,释放缓冲区及其他资源,文件不关闭可能造成数据错误。文件关闭函数原型为：

```
int fclose(FILE *stream);
```

stream：文件指针,指向一个已经打开的文件。

函数返回值：0 表示文件关闭正确；非 0 值表示文件关闭失败。

例如：

```
fclose(fp);
```

作用：关闭文件指针 fp 所指向的文件。如果 fp 是只读文件指针,关闭文件操作会释放该指针,使之可以重新分配；如果 fp 是写文件的指针,则关闭文件时系统会先将文件缓冲区中剩余的数据全部输出到文件中,然后再释放该指针。完成了文件操作之后应当关闭文件,避免文件缓冲区中的数据丢失。

12.2.3 文件读写函数

当文件按指定的操作模式打开后就可以对文件进行读写操作。读写文件分为"顺序读写"和"直接读写"(又称随机读写)两种方式。

顺序读写：是指文件被打开后，按照数据流的先后顺序对文件进行读写操作。从文件开始处起，每读写一次，文件指针自动指向下一个读写位置。如果要读第 n 个字节，必须要从第 1 字节开始按顺序读，先读前 n-1 字节；如果要在第 n 字节写，也必须从第一字节开始，按顺序写完前 n-1 字节，才可以写第 n 字节；

直接读写又称随机读写：是指先通过库函数指定要开始读写的字节号，将文件指针进行准确定位，然后从此位置开始对文件内容进行读或写操作。直接读写适合于具有固定长度记录的文件。

针对二进制文件和文本文件的不同性质，对文本文件，可按字符、按字符串读写，或者格式化读写；对二进制文件，可按块读写或者格式化读写。C 语言通过调用库函数实现对文件的读写操作，函数的声明在 stdio.h 头文件中。文件读写函数主要有四组，分别为 fgetc()/fputc()、fgets()/fputs()、fscanf()/fprintf() 和 fread()/fwrite()，其功能说明如表 12-3 所示。

表 12-3 文件读写函数功能说明

函数名	调用形式	功 能	返 回 值	文件类型
fgetc()	ch=fgetc(fp)	从 fp 所指文件位置读一个字符，存入 ch 变量	成功：字符 ASCII 码 失败：-1(EOF)	文本文件
fputc()	fputc(ch, fp)	将字符 ch 的值写入 fp 所指文件位置	成功：字符 ch 失败：-1(EOF)	文本文件
fgets()	fgets(str, n, fp)	从 fp 所指文件位置读一个最大长度为 n-1 的字符串存入起始地址为 str 的内存空间，后面加上 '\0'	成功：0 失败：-1(EOF)	文本文件
fputs()	fputs(str, fp)	将 str 指定的字符串(不含\0)写入 fp 所指文件位置	成功：0 失败：-1(EOF)	文本文件
fscanf()	fscanf(fp, 格式字符串, 输入列表)	从 fp 所指文件位置，按照给定格式读入数据，存入列表变量中	成功：已输入数据个数 失败：-1	文本和二进制文件
fprintf()	fprintf(fp, 格式字符串, 输出列表)	按指定格式将列表中数据写入 fp 所指文件位置	成功：输出数据个数 失败：-1	文本和二进制文件
fread()	fread(buf, size, n, fp)	从 fp 所指文件位置读 n 个长度为 size 的数据项存入 buf 所指块(一般为数组)	成功：n 的值 失败：小于 n 的值	二进制文件
fwrite()	fwrite(buf, size, n, fp)	将 n 个长度为 size 的数据项写入 fp 所指文件位置	成功：n 的值 失败：小于 n 的值	二进制文件

说明：EOF 是在 stdio.h 头文件中定义的符号常量，其值等于−1。
所有文件读写函数的函数名都以字符 f 开头，函数参数中都有文件指针。

1. 字符读写函数

(1) 函数 fgetc()：从文件中读一个字符。

原型：int fgetc(FILE * stream);

stream：文件指针，指向一个已经正确打开的文件；

函数返回值：字符的 ASCII 码表示读取成功；
−1(EOF)表示错误或到达文件尾。

例如：while((ch=fgetc(fp))!=EOF)

作用：从文件指针 fp 所指文件中读一个字符存入字符变量 ch(事先已经定义)，读取成功则循环运行循环体里的语句，如果读到文件尾部(ch==EOF)则退出循环。

(2) 函数 fputc()：向文件中写一个字符。

原型：char fputc(char ch, FILE * stream);

ch：待输出的某个字符，可以是一个字符常量，也可以是一个字符变量；

stream：文件指针，指向一个已经正确打开的文件；

函数返回值：字符 ch 表示写入正确；−1(EOF)表示错误。

例如：fputc(ch, fp);

作用：将字符 ch 写入 fp 指针所指的文件位置。

【例 12-4】 从键盘输入一串字符，写入文件 file1.dat，用字符 * 作为结束标志。

```
/* p12_4.c 字符读写函数 1 */
#include <stdio.h>
#include <stdlib.h>                    //包含 exit()函数
void main()
{   FILE *fp;                          //定义文件指针
    char ch;
    fp = fopen("file1.dat", "w");      //只写打开
    if (fp == NULL)                    //判断打开失败退出
    {   printf("file open error!\n");
        exit(0);                       //退出
    }
    printf("请连续输入字符: \n");
    ch = getchar();                    //读入一个字符
    while (ch!= ' * ')                 //判断不等于 * 循环
    {
      fputc(ch, fp);                   //将字符写入文件
      ch = getchar();                  //读入下一个字符
    }
    fclose(fp);                        //关闭文件
}
```

程序算法：

① 定义变量(1个文件指针，1个字符变量)。

② 打开文件，以只写方式打开。

③ 判断文件打开失败则退出程序。

④ 从键盘输入一个字符,存入 ch 变量。
⑤ 判断循环条件,遇字符 '*' 跳转到⑨。
⑥ 将刚输入的字符写入打开的文件中。
⑦ 从键盘输入下一个字符。
⑧ 循环运行⑤⑥⑦。
⑨ 关闭文件,程序结束。

运行结果:

```
请连续输入字符:
hello!
12345*
Press any key to continue
```

文件内容:

```
file1.dat - 记事本
文件(F)  编辑(E)  格式(O)
hello!
12345
```

【例 12-5】 将文件 file1.dat 中的内容逐个字符读出来,原样显示在屏幕上。

```c
/* p12_5.c 字符读写函数 2 */
#include <stdio.h>
#include <stdlib.h>
void main()
{   FILE *fp;                          //定义文件指针
    char ch;
    fp = fopen("file1.dat", "r");       //只读打开
    if (fp == NULL)                    //判断打开失败则退出
    {   printf("file open error!\n");
        exit(0);                       //退出
    }
    printf("读出的字符是:\n");
    ch = fgetc(fp);                    //文件中读一个字符
    while (ch != EOF)                  //不是文件结束标志循环
    {
        putchar(ch);                   //屏幕上输出字符
        ch = fgetc(fp);                //文件中读下一个字符
    }
    fclose(fp);                        //文件关闭
}
```

程序算法:
① 定义变量(文件指针、字符变量)。
② 打开文件,以只读方式打开。
③ 判断文件打开失败则退出程序。
④ 从文件中读一个字符,存入 ch 变量。
⑤ 判断循环条件,文件结束则跳转到⑨。
⑥ 将刚读到的字符输出在屏幕上。

⑦ 从文件中读入下一个字符。
⑧ 循环运行⑤⑥⑦。
⑨ 关闭文件,程序结束。

运行结果:

```
读出的字符是:
hello!
12345Press any key to continue
```

文件内容:

```
file1.dat - 记事本
文件(F) 编辑(E) 格式(O)
hello!
12345
```

拓展:循环读字符的语句可以简化,可以将读数据语句与 while 循环条件合并。
改写例 12-4,从键盘输入多个字符语句。

```
ch = getchar();
while (ch!= '*')
{
  fputc(ch, fp);
  ch = getchar();
}
```

简化为:

```
while ((ch = getchar())! = '*')
  fputc(ch, fp);
```

改写例 12-5,从文件中读多个字符语句。

```
ch = fgetc(fp);
while (ch!= EOF)
{
  putchar(ch);
  ch = fgetc(fp);
}
```

简化为:

```
while ((ch = fgetc(fp))!= EOF)
  putchar(ch);
```

提示:读取文件时,一定要先读一次,再判断文件是否结束。循环语句中一定要有再次读文件的语句。

2. 字符串读写函数

(1) 函数 fgets():从文件中读取字符串。

原型:char * fgets(char * string,int n,FILE * stream);

string:字符型指针,表示字符串的起始地址。

n:读取字符串的最大长度为 n-1 个字符。如果在 n-1 个字符前,遇到回车换行符或文件结束符,则操作提前结束。读取操作结束后,自动在读入的字符串后面加一个 '\0' 字符作为字符串结束标志。

stream:文件指针,指向一个已经正确打开的文件。

返回值:0 表示正确;-1(EOF)表示错误。

例如:fgets(ch, 10, fp);

作用:从文件指针 fp 所指文件位置读取最多 9 个字符,放到以 ch 为起始地址的存储空间,遇到回车换行符或文件结束符时,则操作结束。读取结束后在读入的字符串后面加一个

'\0'字符作为字符串结束标志。

(2) 函数 fputs()：向文件写入字符串。

原型：int fputs(char * str, FILE * stream);

str：要写入文件的字符串。可以是字符串常量，也可以是指向字符串的指针或字符型数组。

stream：文件指针，指向一个已经正确打开的文件。

返回值：非负数表示正确；-1(EOF)表示错误。

例如：fputs("你好啊!", fp);

作用：将字符串"你好啊!"保存到文件指针 fp 所指的文件位置。

【例 12-6】 改进例 12-4，用读写字符串函数实现从键盘输入一行字符，原样写入一个文本文件中，文件名字由用户输入指定。

```
/* p12_6.c 字符串读写函数 1 */
#include <stdio.h>
#include <stdlib.h>
#include <string.h>
void main()
{   FILE * fp;                                //定义文件指针
    char str[30], name[20];
    printf("请输入文件名：\n");
    gets(name);                               //读一个字符串
    fp = fopen(name, "w");                    //只写方式打开
    if (fp == NULL)                           //判断打开失败则退出
    {   printf("file open error!\n");
        exit(0);                              //退出
    }
    printf("请输入字符串：\n");
    while (strlen(gets(str)) > 0)
        fputs(str, fp);                       //字符串写入文件
    fclose(fp);                               //文件关闭
}
```

程序说明：

运行程序输入文件名，用该文件名以只写方式新建文件，保存数据。

循环读多个字符串，每一行内容作为一个字符串(含空格)，用 gets()函数将字符串读到 str 数组中，用字符串函数 strlen()计算字符串长度，长度大于 0 则将该字符串写入文件，长度为 0 则退出循环。

运行效果：

```
请输入文件名：
ww.txt
请输入字符串：
how are you?
fine. and you?

Press any key to continue
```

文件中内容：

```
ww.txt - 记事本
文件(F) 编辑(E) 格式(O) 查看(V)
how are you?fine. and you?
```

【例 12-7】 改进例 12-5,用字符串读写函数将例 12-6 创建的 ww.txt 文件中内容串读出来,原样显示在屏幕上。

```c
/* p12_7.c 字符串读写函数2 */
#include <stdio.h>
#include <stdlib.h>
void main()
{   FILE *fp;                          //定义文件指针
    char str[30], name[20];            //定义数组
    printf("请输入文件名:\n");
    gets(name);                        //读入文件名
    fp = fopen(name, "r");             //只读方式打开
    if (fp == NULL)                    //判断打开失败则退出
    {   printf("file open error!\n");
        exit(0);                       //退出
    }
    printf("读出的字符是:\n");
    while (fgets(str, 30, fp) != NULL)
        puts(str);                     //在屏幕输出字符串
    fclose(fp);                        //文件关闭
}
```

程序说明:

在运行程序时输入文件名,输入上个例题创建的文件 ww.txt,以只读方式打开。

从文件中循环读多个字符串,用 fgets() 函数读取一行长度不超过 29 的一串字符,存到 str 数组变量中。判断函数返回值不为 NULL 则读取成功,在屏幕上输出。

运行效果:

```
请输入文件名:
ww.txt
读出的字符是:
how are you?fine. and you?
Press any key to continue
```

问题: 为什么输入两行字符串变为了一行?

提示: fputs() 函数输出字符串时首尾相连,两个字符串之间不加任何分隔符。为了便于阅读,在程序中可以增加 '\n' 进行换行。

修改例 12-6 中语句:

```c
while (strlen(gets(str)) > 0)
    fputs(str, fp);                    //字符串写入文件
```

修改为:

```c
while (strlen(gets(str)) > 0)
{
    fputs(str, fp);                    //字符串写入文件
    fputc('\n', fp);                   //回车换行
}
```

说明: 修改程序后运行程序,输入同样的两行字符串,在文件中也以换行符分隔,分两行存储为两个字符串。文件中内容变为:

```
ww.txt - 记事本
文件(F)  编辑(E)  格式(O)
how are you?
fine.and you?
```

3. 格式化读写函数

1) 格式化读函数

原型：int fscanf(FILE * stream, char * format, &arg1, &arg2, …, &argn);

stream：文件指针，指向一个已经正确打开的文件。

format：格式控制字符，与 scanf() 函数一致。

&arg1, &arg2, …, &argn：输入项列表，与 scanf() 函数一致。

例如：fscanf(fp, "%d%d", &a, &b);

作用：从 fp 指针所指文件位置读两个整数，分别存入变量 a 和 b 中，变量 a 和 b 事先已经正确定义，两个整数之间以空格（或者跳格符、回车换行符）分隔。

提示：fscanf(stdin, "%d%d", &a, &b); 等价于 scanf("%d%d", &a, &b);
因为 stdin 表示标准输入设备文件：键盘。

2) 格式化写函数

原型：int fprintf(FILE * stream, char * format, arg1, arg2, …argn);

stream：文件指针，指向一个已经正确打开的文件。

format：格式控制字符，与 printf() 函数一致。

arg1,arg2,…argn：输出项列表，与 printf() 函数一致。

例如：fprintf(fp, "%d %s\n", i, name);

作用：向 fp 指针所指文件位置写两个数据，一个整数 i，一个字符串 name。变量 i 和 name 事先已经正确定义，并存入数据。为了便于读文件数据，格式符中加了空格进行分隔。

提示：因为 stdout 表示标准输出设备文件为显示器，fprintf(stdout, "%d %s\n", i, name); 等价于 printf("%d %s\n", i, name);

【例 12-8】 编写程序，输入 5 名学生的成绩、姓名，存在文本文件 cj.txt 中。每个学生数据占一行，不同数据之间以 tab 分隔，垂直对齐。

```
/* p12_8.c 格式化读写函数 1-写文本文件 */
#include <stdio.h>
#include <stdlib.h>
void main()
{   FILE *fp;                              //定义文件指针
    int cj, i;
    char name[8];                          //定义字符型数组
    fp = fopen("cj.txt", "w");             //只写方式打开文件
    if (fp == NULL)                        //判断打开失败则退出
    {   printf("file open error!\n");
        exit(0);                           //退出
    }
    for(i = 1; i <= 5; i++)                //循环 5 次
    {
        printf("第 %d 名学生的成绩、姓名：", i);
        scanf("%d%s", &cj, name);          //键盘输入
```

```
            fprintf(fp, "%d\t%s\n", cj, name);   //写文件
        }
        fclose(fp);                               //关闭文件
    }
```

运行效果：

```
第1名学生的成绩、姓名：80 张丽丽
第2名学生的成绩、姓名：78 笑笑
第3名学生的成绩、姓名：100 小明
第4名学生的成绩、姓名：57 刘洋洋
第5名学生的成绩、姓名：98 娜娜
```

文件中内容：

```
cj.txt - 记事本
文件(F)  编辑(E)
80      张丽丽
78      笑笑
100     小明
57      刘洋洋
98      娜娜
```

【例 12-9】 编写程序，将文本 cj.txt 文件中的内容读出，原样显示在屏幕上。

```c
/* p12_9.c 格式化读写函数2-读文本文件 */
#include <stdio.h>
#include <stdlib.h>
void main()
{   FILE *fp;                                //定义文件指针
    int cj, i;
    char name[8];                            //定义字符型数组
    fp = fopen("cj.txt", "r");               //只读方式打开文件
    if (fp == NULL)                          //判断打开失败则退出
    {   printf("file open error!\n");
        exit(0);                             //退出
    }
    for(i = 1; i <= 5; i++)                  //循环5次
    {
        printf("第%d名学生：", i);
        fscanf(fp, "%d%s", &cj, name);       //文件中读
        printf("%d\t%s\n", cj, name);        //屏幕输出
    }
    fclose(fp);                              //关闭文件
}
```

运行效果：

```
第1名学生：80    张丽丽
第2名学生：78    笑笑
第3名学生：100   小明
第4名学生：57    刘洋洋
第5名学生：98    娜娜
Press any key to continue
```

文件中内容：

【例 12-10】 用格式化读写函数读写二进制文件。

```c
#include <stdio.h>
#include <stdlib.h>
void main()
{   FILE *fp;                              //定义文件指针
    int cj, i;
    char name[8];                          //定义字符型数组
    fp = fopen("cj.dat", "wb+");           //读写二进制方式
    if (fp == NULL)                        //判断打开失败退出
    {   printf("file open error!\n");
        exit(0);                           //退出
    }
    printf("【输入数据】\n");
    for(i = 1; i <= 3; i++)                //循环 3 次
    {
        printf("第%d名学生的成绩、姓名：", i);
        scanf("%d%s", &cj, name);          //键盘输入
        fprintf(fp, "%d\t%s\n", cj, name); //写文件
    }
    rewind(fp);                            //文件指针移到文件开始处
    printf("\n【输出数据】\n");
    for(i = 1; i <= 3; i++)                //循环 3 次
    {
        printf("第%d名学生：", i);
        fscanf(fp, "%d%s", &cj, name);     //读文件
        printf("%d\t%s\n", cj, name);      //屏幕输出
    }
    fclose(fp);                            //关闭文件
}
```

程序说明：

文件扩展名为 dat 的文件可以存二进制数据，也可以存文本数据；文件打开方式改为 wb+，可以读写二进制文件；写完数据后，开始读数据之前要改变文件指针到文件头部。换行符只对文本数据有作用，对二进制数据无效。

运行效果：

4. 按块读写函数

前面介绍的几种读写方法对于复杂的数据类型无法以整体形式写入文件,或者从文件中读出。C 语言提供按块读写方式,使其可以对数组或结构体等数据类型进行一次性读写。按块读写函数用于读写二进制文件。

1) 按块读函数

原型:int fread (void * buf, int size, int count, FILE * stream);

buf:数据块指针,准备读数据的内存首地址,通常为字符数组。

size:每个数据块的字节数。

count:每次读的数据块个数。

stream:文件指针,指向一个已经正确打开的文件。

函数返回值:数据项数(count 的值)表示读取成功;
    小于 count 的值表示出错或到达文件尾。

作用:从 stream 所指的文件中读取 count 个数据项,每一个数据项的长度为 size 字节,放到由 buf 所指的块中(buf 通常为字符数组或字符指针)。读取的字节总数为 size×count。

2) 按块写函数

原型:int fwrite (void * buf, int size, int count, FILE * stream);

buf:数据块指针,准备写数据的首地址。

size:每个数据块的字节数。

count:每次写的数据块个数。

stream:文件指针,指向一个已经正确打开的文件。

函数返回值:数据项数(count 的值)表示成功;
    小于 count 的值表示出错。

作用:将 count 个长度为 size 的数据项写到 stream 所指的文件流中去。

【例 12-11】 输入 3 名学生的序号、姓名、成绩,使用按块读写函数保存在二进制文件 st.dat 中。每个学生数据占一行,不同数据之间以 tab 分隔,垂直对齐。

```
/* p12_11.c 按块读写函数 1 */
#include <stdio.h>
#include <stdlib.h>
void main()
{   FILE *fp;                              //定义文件指针
    int i;
    struct s                               //定义结构体数据类型
    {  int xh;
       char name[8];
       int cj;
    }ss[3];                                //同时定义结构体数组
    fp = fopen("st.dat", "ab");            //追加二进制文件方式
    if (fp == NULL)                        //判断打开失败退出
    {  printf("file open error!\n");
       exit(0);                            //退出
    }
    for(i = 0;i < 3;i++)                   //循环 3 次
```

```
        {   ss[i].xh = i + 1;
            printf("第%d名学生的姓名:", i + 1);
            scanf("%s", &ss[i].name);              //键盘输入
            printf("第%d名学生的成绩:", i + 1);
            scanf("%d", &ss[i].cj);                //键盘输入
            fwrite(&ss[i], sizeof(struct s), 1, fp); //按块写入文件
        }
        fclose(fp);                                //关闭文件
}
```

程序说明:

(1) 定义结构体数据类型 s,包括三个成员:学生序号、姓名、成绩。

(2) 定义 3 个元素的结构体类型数组 ss[5],可以存 3 名学生数据。

(3) 文件打开模式为 ab,文件不存在,会自动创建一个新文件;文件存在,则追加。多次运行程序每次输入 3 名学生数据,原有学生数据不会丢失。

(4) 使用 sizeof()函数计算结构体类型所占字节数,用 fwrite()函数每次写入 1 名学生的全部信息。

程序运行第一次:

```
第1名学生的姓名:郑丽丽
第1名学生的成绩:67
第2名学生的姓名:李世民
第2名学生的成绩:87
第3名学生的姓名:刘艳阳
第3名学生的成绩:66
```

程序运行第二次:

```
第1名学生的姓名:沛沛
第1名学生的成绩:99
第2名学生的姓名:点点
第2名学生的成绩:98
第3名学生的姓名:娃娃
第3名学生的成绩:77
```

说明:二进制文件内容无法被读懂,因此不展示文件内容。

【例 12-12】 编写程序,将二进制文件 st.dat 中的学生数据读出来,显示在屏幕上。

```
/* p12_12.c 按块读写函数 2 */
#include <stdio.h>
#include <stdlib.h>
void main()
{   FILE *fp;                                //定义文件指针
    int i = 0;
    struct s                                 //定义结构体数据类型
    {   int xh;
        char name[8];
        int cj;
    }ss[30];                                 //同时定义结构体数组
    fp = fopen("st.dat", "rb");              //只读二进制文件方式
    if (fp == NULL)                          //判断打开失败退出
    {   printf("file open error!\n");
        exit(0);                             //退出
    }
```

```
        fread(&ss[i], sizeof(struct s), 1, fp);        //读文件一块
        while(!feof(fp))                               //判断未到文件尾部
        {                                              //屏幕输出读到的数据
          printf("序号:%d 姓名: %s", ss[i].xh, ss[i].name);
          printf("\t成绩:%d\n", ss[i].cj);             //屏幕输出
          i++;
          fread(&ss[i], sizeof(struct s), 1, fp);      //读下一块
        }
        fclose(fp);                                    //关闭文件
    }
```

程序说明：

(1) 定义 30 个元素的结构体类型数组 ss[30]，最多可以存 30 名学生的数据。

(2) 以 rb 方式打开二进制文件，进行只读操作。

(3) 用 fread() 函数每次按块读一个学生的全部数据。

(4) 使用 feof() 函数判断是否读到文件尾部(该函数在 12.2.5 节介绍)，未到尾部则输出学生数据，循环再读取。

运行效果：

```
第1名学生的姓名:沛沛
第1名学生的成绩:99
第2名学生的姓名:点点
第2名学生的成绩:98
第3名学生的姓名:娃娃
第3名学生的成绩:77
```

提示：如果输入数据格式较为复杂，可将这些数据当作字符串输入，然后将字符串转换为所需要的格式。C 语言提供如下函数进行字符串转换：

int atoi(char * ptr) 功能：将字符串转换为整型。

float atof(char * ptr) 功能：将字符串转换为浮点型。

long int atol(char * ptr) 功能：将字符串转换为长整型。

使用这些函数需要包含头文件 malloc.h 和 stdlib.h。

12.2.4 文件定位相关函数

直接读写(随机读写)文件操作需要先使用文件定位函数对文件进行准确定位，然后再进行读写。随机读写适合于具有固定长度记录的文件。相关文件定位函数原型在 stdio.h 头文件中。

1. 文件定位函数

原型：int fseek(FILE * stream, long offset, int position);

stream：文件指针，指向一个已经正确打开的文件。

offset：位移量，取值有两种情况。

   >0，表示指针向前(向文件尾)移动；

   <0，表示指针向后(向文件头)移动。

position：起始位置，取值有以下三种可能的情况。

   0 或 SEEK_SET，表示从文件的开始处开始；

　　　　　1 或 SEEK_CUR,表示从当前文件指针位置开始;

　　　　　2 或 SEEK_END,表示从文件尾开始。

函数返回值:0 表示定位成功;　　　非 0 值表示定位失败。

说明:文件头是文件中第一个数据的位置,文件尾是下一个待写入的位置。

例 1:fseek(fp, 30, SEEK_SET);

作用:把文件指针 fp 从文件头向后移动 30 字节。

例 2:fseek(fp, $-10*\text{sizeof(int)}$, 2);

作用:把文件指针 fp 从文件尾向前移动 10 个 sizeof(int)大小。如果 int 型占 2 字节,则移动 20 字节。

例 3:fseek(fp, 0, 0);

作用:把文件指针 fp 移动到文件开始位置。

例 4:fseek(fp, 0, SEEK_END);

作用:把文件指针 fp 移动到文件尾。

2. 位置函数

原型:long int ftell(FILE * stream);

stream:文件指针,指向一个已经正确打开的文件。

函数返回值:≥0 的长整数表示正确;-1 表示错误。

例 1:loc=ftell(fp);

作用:将 fp 所指位置距文件头的偏移量的值赋予长整型变量 loc。

例 2:fseek(fp, 0, SEEK_END); loc=ftell(fp);

作用:先将文件指针 fp 移动到文件尾,然后用 ftell()函数返回的值就是该文件的字节数,用此方法就可以知道这个文件一共有多少字节。

例 3:fseek(fp, 0, SEEK_END); loc=ftell(fp);

　　　n=t/sizeof(struct st)

作用:如果这是二进制文件,里面存的是结构体数据,用此方法可以计算出文件中存的以该结构体为单位的数据块的个数。

3. 重定位函数

原型:void rewind(FILE * stream);

stream:文件指针,指向一个已经正确打开的文件。

函数返回值:此函数无返回值。

例如:rewind(fp);

作用:将文件指针 fp 重新指向文件的开始处。

提示:如果以 a+方式打开文件,先追加,后读数据,就可以在写数据操作完成后使用 rewind()函数将指针定位到文件头部,开始读操作。

【例 12-13】 编写简单的点名程序,在班级学生名单中随机找一个学生进行提问。

```
/*p12_13.c 文件定位 */
#include <stdio.h>
#include <time.h>
int main()
```

```
{   int xh = 0, wz = 0;
    char name[40];
    FILE * fp;                                  //定义文件指针
    fp = fopen("bjmd1.txt", "r");               //只读打开班级名单
    srand(time(NULL));                          //以时间作为随机数种子
    xh = rand() % 40 + 1;                       //取随机数,40 人中任选 1 人
    wz = xh * 32;                               //计算位置,一个学生信息含空格占 32
    fseek(fp, wz, 0);                           //从文件开始处移动指针定位
    fgets(name, 31, fp);                        //读学生信息,存入 name
    printf("\n 提问: % s\n", name);              //屏幕显示姓名
    fclose(fp);                                 //关闭文件
}
```

程序说明：

① 只读方式打开班级名单文件；
② 用时间作为种子取真随机数；
③ 40 人中任点一人；
④ 计算该学生信息的位置；
⑤ 用 fseek()函数定位到该处；
⑥ fgets()函数读该学生信息；
⑦ 屏幕上显示学生信息；
⑧ 关闭文件。

运行效果：

```
提问: 软件1601班 316202060123 林志强
Press any key to continue
```

12.2.5 文件状态判断函数

在例 12-5 中，程序从磁盘文件中逐个读取字符，输出在屏幕上显示。在 while 循环条件中以 EOF 作为文件结束标志，只有文本文件才可以用 EOF 作为文件结束标志。因为在文本文件中，数据是按字节以字符的 ASCII 码形式存储的，一字节数值范围是 0～255，不可能出现 −1，因此可以用 EOF(−1)作为文件结束标志。

二进制文件中数据以二进制形式存储时，就会出现值为 −1 的可能，因此不可以用 EOF(−1)作为文件结束标志。为解决此问题，C 语言提供一个 feof()函数，用来判断文件是否结束。feof()函数即可用于二进制文件，也可用于文本文件。

函数 feof()：判断是否到达文件尾部。
原型：int feof(FILE * stream);
返回值：0 表示未到文件尾，可以继续读文件；非 0 值表示到达文件尾。

【例 12-14】 编程新建 f2.txt 文本文件，将 f1.txt 的内容复制到 f2.txt 中。

```
/* p12_14.c  feof()函数使用 */
# include < stdio.h >
# include < stdlib.h >
void main()
{   FILE * fp1, * fp2;                          //定义两个文件指针
```

```
        char ch;
        fp1 = fopen("f1.txt", "r");              //只读打开 f1.txt
        if (fp1 == NULL)                         //判断打开失败退出
        {   printf("file1 open error!\n"); exit(0);}
        fp2 = fopen("f2.txt", "w");              //只写打开 f2.txt
        if (fp2 == NULL)                         //判断打开失败退出
        {   printf("file2 open error!\n"); exit(0);}
        ch = fgetc(fp1);                         //f1 中读一个字符
        while (!feof(fp1))                       //未到文件尾循环
        {
           fputc(ch, fp2);                       //将字符写入 f2
           ch = fgetc(fp1);                      //f1 中读下一个字符
        }
        fclose(fp1);    fclose(fp2);             //关闭两个文件
    }
```

程序算法：

① 定义两个指针变量，一个字符变量。
② 以只读方式打开文件 f1，判断 f1 打开失败退出程序；
③ 以只写方式打开文件 f2，判断 f2 打开失败退出程序；
④ 从文件 f1 中读一个字符，存入变量 ch；
⑤ 判断循环条件，f1 未到文件尾部运行语句⑥，否则运行语句⑨；
⑥ 将 ch 中字符写入文件 f2；
⑦ 从 f1 中读入下一个字符，存入变量 ch；
⑧ 循环运行⑤⑥⑦；
⑨ 关闭两个文件，程序结束。

提示：同时打开多个文件时要注意文件的打开模式是否符合操作要求，文件指针不要弄混，文件使用完毕时要全部关闭。

使用 feof(fp1) 函数判断文件是否结束之前必须先读该文件。

本 章 小 结

文件操作是程序设计的一项重要内容，C 语言把文件看作"字节流"，按字节进行处理。C 语言数据文件分为文本文件（ASCII 码文件）和二进制文件，分别采用不同的读写模式，用文件指针标识文件中位置。

对文件进行操作的步骤分为四步：定义文件指针、打开文件、读或写文件、关闭文件。读写操作可以是顺序读写，也可以是直接（随机）读写。C 语言提供库函数完成文件的相关操作，主要库函数有：

文件打开、关闭函数 fopen()，fclose()；
文件读写函数 fgetc()/fputc()，fgets()/fputs()，fscanf()/fprintf()，fread()/fwrite()；
文件定位函数 fseek()，ftell()，rewind()；
判断是否到文件尾函数 feof()。

习 题

一、选择题

1. 下列关于 C 语言文件的叙述中正确的是(　　)。
   A. 文件由字符序列构成,其类型只能是文本文件
   B. 文件由数据序列组成,可以构成二进制文件或文本文件
   C. 文件由结构序列组成,可以构成二进制文件或文本文件
   D. 文件由一系列数据依次排列组成,只能构成二进制文件

2. 下列关于 C 语言数据文件的叙述中正确的是(　　)。
   A. 文件由 ASCII 码字符序列构成,C 语言只能读写文本文件
   B. 文件由二进制数据序列构成,C 语言只能读写二进制文件
   C. 文件由记录序列组成,按数据的存放形式分为二进制文件和文本文件
   D. 文件由数据流形式组成,按数据的存放形式分为二进制文件和文本文件

3. C 语言能处理的文件类型是(　　)。
   A. 文本文件和数据文件   B. 文本文件和二进制文件
   C. 数据文件和二进制文件   D. 数据文件和非数据文件

4. 在 C 语言中,从计算机内存中将数据写入文件,称为(　　)。
   A. 输入   B. 输出   C. 修改   D. 删除

5. C 语言中标准输入文件 stdin 是指(　　)。
   A. 显示器   B. 键盘   C. 鼠标   D. 硬盘

6. 在 C 语言的文件操作中,fopen()函数的作用是(　　)。
   A. 打开文件   B. 读文件   C. 写文件   D. 删除文件

7. 指针 fp 已定义,运行语句 fp=fopen("file","w");后,以下针对文本文件 file 操作叙述的选项中正确的是(　　)。
   A. 写操作结束后可以从头开始读   B. 只能写不能读
   C. 可以在原有内容后追加写   D. 可以随意读和写

8. 如需要打开一个已经存在的非空文件"FILE"进行修改,正确语句是(　　)。
   A. fp=fopen("FILE","a+");   B. fp=fopen("FILE","r+");
   C. fp=fopen("FILE","w+");   D. fp=fopen("FILE","r");

9. 若用 fopen()函数打开一个已经存在的文本文件,保留原有数据,可以在后面追加数据,也可以读所有数据,下面适合的打开模式是(　　)。
   A. r+   B. a   C. w+   D. a+

10. 如果需要打开 C 盘 user 目录下 f1.txt 文本进行读、写操作,下面符合要求的函数调用是(　　)。
    A. fp=fopen("c:\\user\\f1.txt","r");
    B. fp=fopen("c:\\user\\f1.txt","r+");
    C. fp=fopen("c:\\user\\f1.txt","rb");
    D. fp=fopen("c:\\user\\f1.txt","w");

11. 如下程序运行后,文件 t1.dat 中的内容是( )。

    ```
    #include <stdio.h>
    #include <stdlib.h>
    void WriteStrn(char *fn, char *str)
    { FILE *fp;
      char s;
      fp = fopen(fn, "w");
      fputs(str, fp);
      fclose(fp);
    }
    int main()
    { WriteStrn("t1.dat", "start");
      WriteStrn("t1.dat", "end");
    }
    ```

    A. start   B. end   C. startend   D. endt

12. fgets(str,n,fp)函数从文件中读入一个字符串,以下错误的叙述是( )。

    A. fgets()函数将从文件中最多读入 n 个字符

    B. fgets()函数将从文件中最多读入 n-1 个字符

    C. fp 是指向该文件的文件型指针

    D. 字符串读入后会自动加入'\0'

13. 标准库函数 fgets(s,n,f)的功能是( )。

    A. 从文件 f 中读取长度为 n 的字符串存入指针 s 所指的内存

    B. 从文件 f 中读取长度不超过 n-1 的字符串存入指针 s 所指的内存

    C. 从文件 f 中读取 n 个的字符串存入指针 s 所指的内存

    D. 从文件 f 中读取长度为 n-1 的字符串存入指针 s 所指的内存

14. 使用 fseek()函数可以实现的操作是( )。

    A. 实现文件的顺序读写   B. 实现文件的随机读写

    C. 改变文件指针的当前位置   D. 以上都不对

15. 以下与 fseek(fp,0L,SEEK_SET)有相同作用的是( )。

    A. feof(fp)   B. ftell(fp)

    C. fgetc(fp)   D. rewind(fp)

16. 已知函数的调用形式是 fread(buf,s,n,fp);其中 buf 代表的是( )。

    A. 一个整型变量,代表要读入的数据总数

    B. 一个存储区,存放要读入的数据

    C. 一个指针,指向存放要读入数据的地址

    D. 一个文件指针,指向要读入的文件

17. 若 fp 是指向某文件的指针,且已经读到文件末尾,则函数 feof(fp)的返回值是( )。

    A. EOF   B. 0   C. 非零值   D. NULL

18. 以下程序的运行结果是( )。

    ```
    #include <stdio.h>
    int main()
    ```

```
{ FILE *fp;    int a[10] = {1, 2, 3}, i, n;
  fp = fopen("dl.dat", "w");
  for(i = 1; i < 3; i++)
      fprintf(fp, "%d", a[i]);
  fprintf(fp, "\n");
  fclose(fp);
  fp = fopen("dl.dat", "r");
  fscanf(fp, "%d", &n);    fclose(fp);
  printf("%d\n", n);  }
```

A. 12　　　　　　B. 123　　　　　　C. 23　　　　　　D. 321

19. 以下程序的运行结果是(　　)。

```
#include <stdio.h>
int main()
{   FILE *fp;    int i, k = 0, n = 0;
    fp = fopen("dl.dat", "w");
    for(i = 1; i < 4; i++)
        fprintf(fp, "%d", i);
    fclose(fp);
    fp = fopen("dl.dat", "r");
    fscanf(fp, "%d %d", &k, &n);
    printf("%d, %d\n", k, n);
    fclose(fp);
}
```

A. 0，0　　　　　B. 1，23　　　　　C. 123，0　　　　　D. 1，2

20. 以下程序的运行结果是(　　)。(提示：语句 fseek(fp, −2L * sizeof(int), SEEK_END);的作用是使指针从文件末尾向前移动2个int所占字节数。)

```
#include <stdio.h>
int main()
{
  FILE *fp;    int i, a[4] = {1, 2, 3, 4}, b;
  fp = fopen("data.dat", "wb");
  for (i = 1; i < 4; i++)
    fwrite(&a[i], sizeof(int), 1, fp);
  fclose(fp);
  fp = fopen("data.dat", "rb");
  fseek(fp, −2L * sizeof(int), SEEK_END);
  fread(&b, sizeof(int), 1, fp);
  fclose(fp);
  printf("%d\n", b);
}
```

A. 2　　　　　　B. 1　　　　　　C. 4　　　　　　D. 3

21. 以下程序的运行结果是(　　)。

```
#include <stdio.h>
int main()
{ FILE *fp;    int k, n, a[6] = {1, 2, 3, 4, 5, 6};
```

```
fp = fopen("d2.dat", "w");
fprintf(fp, "%d%d%d\n", a[0], a[1], a[2]);
fprintf(fp, "%d%d%d\n", a[3], a[4], a[5]);
fclose(fp);
fp = fopen("d2.dat", "r");
fscanf(fp, "%d%d\n", &k, &n);
printf("%d%d\n", k, n);   fclose(fp); }
```

A. 12 　　　　B. 14 　　　　C. 1234 　　　　D. 123456

22. 以下程序的运行结果是(　　)。

```
#include <stdio.h>
int main()
{
    FILE *fp;    int i, a[6] = {1, 2, 3, 4, 5, 6};
    fp = fopen("d3.dat", "w+b");
    fwrite(a, sizeof(int), 6, fp);
    /*将指针从文件头向后移动3个整型位置*/
    fseek(fp, sizeof(int)*3, SEEK_SET);
    fread(a, sizeof(int), 3, fp);
    fclose(fp);
    for(i=0;i<6;i++)    printf("%d,", a[i]);
}
```

A. 4,5,6,4,5,6 　　　　　　　　B. 1,2,3,4,5,6
C. 4,5,6,1,2,3 　　　　　　　　D. 6,5,4,3,2,1

23. 以下程序的运行结果是(　　)。

```
#include <stdio.h>
int main()
{ FILE *fp;
    int a[10] = {1, 2, 3, 0, 0}, i;
    fp = fopen("d2.dat", "wb");
    fwrite(a, sizeof(int), 5, fp);
    fwrite(a, sizeof(int), 5, fp);
    fclose(fp);
    fp = fopen("d2.dat", "rb");
    fread(a, sizeof(int), 10, fp);
    fclose(fp);
    for(i=0;i<10;i++)    printf("%d,", a[i]);
}
```

A. 1,2,3,0,0,0,0,0,0,0 　　　　B. 1,2,3,1,2,3,0,0,0,0
C. 0,0,0,0,0,1,2,3,0,0 　　　　D. 1,2,3,0,0,1,2,3,0,0

二、判断题

1. C语言对源程序、图形文件、音频文件、数据文件等都采用不同的读写方式。　　　　　　　　　　　　　　　　　　　　　　　(　　)
2. 顺序读写就是从文件的开头逐个数据读写。　　　　　　　(　　)
3. 对文件操作之前需要调用fopen()函数打开文件。　　　　(　　)
4. 调用fopen()函数,如果操作失败,函数返回值是EOF。　　(　　)

5. 对文件操作完毕之后需要调用 fclose() 函数关闭文件。 (   )
6. 如果不关闭文件而直接停止程序运行,会将当前缓冲区的内容写入文件。 (   )
7. 关闭文件将释放文件信息缓冲区。 (   )
8. 缓冲文件系统通常自动为文件设置所需缓冲区,缓冲区大小随机器而异。 (   )
9. 非缓冲文件系统不自动为文件设置缓冲区,用户根据需要自己设置。 (   )
10. 对终端设备,从来就不存在"打开文件"的操作。 (   )
11. 直接读写就是从文件的开头逐个数据读写。 (   )
12. 按记录方式输入输出文件,通常采用的是二进制文件。 (   )

三、填空题

1. C 系统的标准输入文件是指(   ),标准输出文件是指(   )。
2. C 语言中,文件的存取时是以(   )为单位的,这种文件被称为(   )式文件。
3. 在 C 程序中,可以用(   )、(   )两种方式存放数据。
4. 文件指针的类型名是(   )。
5. 在 C 程序中,如要定义文件指针 f,定义形式为(   )。
6. C 语言程序中使用文件的操作步骤是(   )。
7. 对磁盘问文件的操作顺序是"先(   ),后读写,最后关闭"。
8. 标准 I/O,它的输入输出函数在头文件(   )中。
9. 设有定义 FILE * fw;,请将以下打开文件的语句补充完整,以便可以向文本文件 w.txt 中续写内容。fw=fopen("w.txt",_____)。
10. 当顺利运行了文件关闭操作时,fclose() 返回值是(   )。
11. 列出能够用于写入数据到文件的三个函数(   )。
12. 列出能够用于从文件中读取数据的三个函数(   )。
13. 有函数语句 fgets(buf,n,fp);,其作用是从 fp 指向的文件中读入(   )个字符放到 buf 字符数组中,函数返回值是(   )。
14. fgets() 函数的作用是从指定文件读入一个字符串,该文件的打开方式必须是(   )。
15. fgetc(stdin) 的功能是从(   )读一个字符。
16. (   )函数可以把文件指针定位到文件中的任何位置。
17. 函数 fseek(fp,100,1) 的功能是(   )。
18. rewind() 函数的作用是(   )。
19. ftell(fp) 函数的功能是(   )。
20. 以下程序打开新文件 f.txt,并调用字符输出函数将 a 数组中的字符写入其中,请填空。

```
#include<stdio.h>
void main()
{ _____ * fp;   int i;
  char a[5]={'1','2','3','4','5'};
  fp=fopen("f.txt","w");
  for(i=0;i<5;i++)   fputc(a[i],fp);
  fclose(fp);
}
```

21. 以下 C 程序将磁盘中的一个文件复制到另外一个文件中,两个文件名已在程序中给出(假定文件名无误),请填空。

```
#include <stdio.h>
int main()
{
   FILE *f1, *f2;
   f1 = fopen("file_a.dat", "r");
   f2 = fopen("file_b.dat", "w");
   while(    ①    ) fputc(fgetc(f1),    ②    );
       ③    ;    ④    ; }
```

22. 以下 C 程序由键盘输入一个文件名,然后输入一些字符依次存入这个文件中,用 * 作为结束标志,请填空。

```
#include <stdio.h>
#include <stdlib.h>
int main()
{
   FILE *fp;   char ch, fname[10];
   printf("请输入文件名:");   gets(fname);
   if((    ①    ) == NULL)
   {  printf("文件打开出错!");   exit(0);  }
   printf("请输入数据:\n");
   while((ch = getchar())!= '*')
       fputc(    ②    , fp);
   fclose(fp);
}
```

23. 以下程序用来统计文件中字符的个数,请填空。

```
#include <stdio.h>
#include <stdlib.h>
int main()
{ FILE *fp;   long n = 0;
  fp = fopen("ww.txt",    ①    );
  while    ②
  {    ③    ; n++;}
  fclose(fp);   printf("%ld", n);
}
```

24. 假定磁盘当前目录下有文件名为 a.txt、b.txt、c.txt 三个文本文件,文件内容分别为 aaaa *、bbbb *、cccc *,运行以下程序后将输出(   )。

```
#include <stdio.h>
void fc(FILE *);
int main()
{ FILE *fp;   int i = 3;
  char fname[][10] = {"a.txt", "b.txt", "c.txt"};
  while(-- i >= 0)
  {  fp = fopen(fname[i], "r");   fc(fp);   fclose(fp);}
}
```

```
void fc(FILE * ifp)
{   char c;
    while ((c = fgetc(ifp))!= ' * ')    putchar(c - 32);
}
```

25. 文本文件 test.txt 中内容为：Hello，everyone！，以下程序中，test.txt 已经正确打开为"只读"方式，文件指针 fr 指向该文件，则程序输出结果是（   ）。

```
#include <stdio.h>
int main()
{ FILE * fr;
  char str[40];
  ......
  fgets(str, 5, fr);
  printf("%s\n", str);
  fclose(fr);
}
```

四、程序阅读题

1. 阅读以下程序回答问题

```
#include <stdio.h>
 void main ()
 { FILE * fp;
    fp = fopen("t1.txt", "w");
    if (fp == NULL)   printf("文件打开失败");
    else             fputs("你好啊!", fp);
    fclose(fp);
 }
```

问题：如何修改文件打开方式，使程序将数据写入文件后能直接读取文件 t1.txt 中的内容，并显示在屏幕上？

2. 以下程序有错，请找出第几行语句错误，并改正过来。

```
1    #include <stdio.h>
2    #include <stdlib.h>
3    void main()
4    {   FILE * fp;
5        if (fp = fopen("myfile3.txt", "a") == NULL)
6        {   printf("file open error!\n");
7            exit(0);
         }
8        else
9        {   printf("File open is OK!\n");
10           /* 此处为读写文件的操作代码 */
         }
11       fclose(fp);
     }
```

五、编程题

1. 编写一个程序，从键盘输入一个字符串"how are you?"，然后保存在文件 myfile.txt 中。

算法提示：

(1) 定义相关变量，文件指针和存字符串的一维字符型数；

(2) 写方式打开文件，判断打开失败则退出。

(3) 读入字符串。用 gets() 函数或 scanf() 函数都可以。

(4) 写入文件。用 fputs() 函数或 fprintf() 函数都可以。

(5) 关闭文件。

2. 请调用 fputs() 函数，把三个字符串输出到文件中；再从文件中读这 3 个字符串放在一个字符串数组中，最后把数组中的字符串输出到屏幕上。

算法提示：

(1) 定义相关变量，存多个字符串则需用二维字符型数组。

(2) 打开文件，判断打开失败则退出。可以用可写可读的方式一次打开文件，也可以两次打开文件，先只写，再只读。

(3) 从键盘读入字符串，用 gets() 函数比 scanf() 函数方便。

(4) 将字符串写入文件。如果用 fputs() 函数，可以用 fputc() 函数在每个字符串后面加一个换行符进行分隔；如果用 fprintf() 函数可以直接在格式符中加 \n。

(5) 如果是一次打开文件完成写和读两个操作的，需要移动指针到文件头部，然后读文件，最后关闭文件。

(6) 如果是只写方式打开文件，先关闭文件，然后再用只读方式打开，读文件内容，关闭文件。

3. 从键盘输入三个浮点数，以二进制形式存入文件，再从文件中读出数据，显示在屏幕上。

4. 文本文件 f1.txt 中有若干英文句子，要求把这些句子重新排版，按照每行一个句子的方式存到 f2.txt 文件中。

算法提示：

(1) 定义文件指针等变量。

(2) 打开文件，以只读方式打开文件 f1，以只写方式打开文件 f2。

(3) 用 fgetc() 函数读 f1，读取成功，则写入文件 f2，不成功则转到(6)。

(4) 判断如果读出的字符是句号 '.'，加入回车换行符 '\n'。

(5) 重复步骤(3)(4)。

(6) 关闭两个文件，结束程序。

5. 将一个文本文件的内容连接到另一个文本文件的末尾。

算法提示：

(1) 定义文件指针等变量。

(2) 运行时输入两个文本文件名。

(3) 打开文件。以追加方式打开文件 1，以只读方式打开文件 2。

(4) 读文件 2，判断读取成功，则写入文件 1，不成功则转到(5)，重复此操作。

(5) 关闭两个文件，结束程序。

附录 A ASCII 码表

表 A-1 为 ASCII 码对应的十进制的值。

表 A-1 ASCII 码对应的十进制的值

十进制	缩写/字符	十进制	缩写/字符	十进制	缩写/字符
0	NUL	30	RS	60	<
1	SOH	31	US	61	=
2	STX	32	SP	62	>
3	ETX	33	!	63	?
4	EOT	34	"	64	@
5	ENQ	35	#	65	A
6	ACK	36	$	66	B
7	BEL	37	%	67	C
8	BS	38	&	68	D
9	HT	39	'	69	E
10	LF	40	(	70	F
11	VT	41	)	71	G
12	FF	42	*	72	H
13	CR	43	+	73	I
14	SO	44	,	74	J
15	SI	45	-	75	K
16	DLE	46	.	76	L
17	DC1	47	/	77	M
18	DC2	48	0	78	N
19	DC3	49	1	79	O
20	DC4	50	2	80	P
21	NAK	51	3	81	Q
22	SYN	52	4	82	R
23	ETB	53	5	83	S
24	CAN	54	6	84	T
25	EM	55	7	85	U
26	SUB	56	8	86	V
27	ESC	57	9	87	W
28	FS	58	:	88	X
29	GS	59	;	89	Y

续表

十进制	缩写/字符	十进制	缩写/字符	十进制	缩写/字符
90	Z	103	g	116	t
91	[	104	h	117	u
92	\	105	i	118	v
93	]	106	j	119	w
94	^	107	k	120	x
95	_	108	l	121	y
96	`	109	m	122	z
97	a	110	n	123	{
98	b	111	o	124	|
99	c	112	p	125	}
100	d	113	q	126	~
101	e	114	r	127	DEL
102	f	115	s		

表 A-2 为控制字符说明。

表 A-2 控制字符说明

十进制 ASCII 码	缩写	作用	C 语言转义字符
0	NUL	NUL(null)空字符	
1	SOH	(start of headline)标题开始	
2	STX	(start of text)正文开始	
3	ETX	(end of text)正文结束	
4	EOT	(end of transmission)传输结束	
5	ENQ	(enquiry)请求	
6	ACK	(acknowledge)收到通知/确认	
7	BEL	(bell)响铃/报警	\a
8	BS	(backspace)退格	\b
9	HT	(horizontal tab)水平制表符	\t
10	LF	(NL line feed, new line) 换行键	\n
11	VT	(vertical tab)垂直制表符	\v
12	FF	(NP form feed, new page) 换页键	\f
13	CR	(carriage return)回车键	\r
14	SO	(shift out)不用切换/移位输出	
15	SI	(shift in)启用切换/移位输入	
16	DLE	(data link escape)数据链路转义	
17	DC1	(device control 1)设备控制 1	
18	DC2	(device control 2)设备控制 2	
19	DC3	(device control 3)设备控制 3	
20	DC4	(device control 4)设备控制 4	
21	NAK	(negative acknowledge)拒绝接收	
22	SYN	(synchronous idle)同步空闲	
23	ETB	(end of trans. block)传输块结束	

续表

十进制 ASCII 码	缩　写	作　　用	C 语言转义字符
24	CAN	(cancel)取消	
25	EM	(end of medium)介质中断(纸尽)	
26	SUB	(substitute)替补	
27	ESC	(escape)换码(溢出)	
28	FS	(file separator)文件分割符	
29	GS	(group separator)分组符	
30	RS	(record separator)记录分离符	
31	US	(unit separator)单元分隔符	
32	SP	(space) 空格	
127	DEL	(delete)删除	

附录 B 常用库函数

1. 数学函数

包含在头文件 #include <math.h> 中,其函数原型、功能和返回值如表 B-1 所示。

表 B-1 数学函数

函 数 原 型	功 能	返 回 值
int abs(int x)	计算整型数 x 的进程	返回 $\|x\|$
double acos(double x)	计算 $\arccos(x)$ 的值 ($-1 \leqslant x \leqslant 1$)	返回 $0 \sim \pi$ 的值
double asin(double x)	计算 $\sin^{-1}(x)$ 的值 ($-1 \leqslant x \leqslant 1$)	返回 $-\pi/2 \sim \pi/2$ 的值
double atan(double x)	计算 $\arctan(x)$ 的值	返回 $-\pi/2 \sim \pi/2$ 的值
double atan2(double x, double y)	计算 $\arctan(x/y)$ 的值	返回 $-\pi \sim \pi$ 的值
double cos(double x)	计算 $\cos(x)$ 的值 (x 单位为弧度)	返回 $-1 \sim 1$ 的值
double cosh(double x)	计算 x 的双曲余弦值 $\cosh(x)$ 的值	返回 $\cosh(x)$ 的计算结果
double exp(double x)	计算 e^x 的值	返回 e^x 的计算结果
double fabs(double x)	计算 x 的绝对值	返回 $\|x\|$ 的计算结果
double floor(double)	取 x 的整数部分	返回 x 取整后的双精度实数
double fmod(double x, double y)	计算浮点数 x 和 y 整除的余数	返回 (x%y) 的结果
double log10(double x)	计算 $\log_{10} x$	返回 $\log_{20} x$ 的计算结果
double pow(double x, double y)	计算 x^y 的值	返回 x^y 的计算结果
double sin(double x)	计算 sinx 的值(x 单位为弧度)	返回 sinx 的计算结果
double sinh(double x)	计算 x 的双曲正弦值	返回 sinh(x) 的计算结果
double sqrt(double x)	计算 x 的平方跟,$x \geqslant 0$	返回 $\sqrt{x}$ 的计算结果
double tan(double x)	计算 x 的正切值(x 单位为弧度)	返回 tanx 的计算结果
double tanh(double x)	计算 x 的双曲正切值	返回 tan(x) 的计算结果

2. 字符处理函数

包含头在头文件 #include <ctype.h> 中,其函数原型、功能和返回值如表 B-2 所示。

表 B-2 字符处理函数

函数原型	功能	返回值
int isalnum(int ch)	检查 ch 是否为字母或数字	若是,返回 1;否则返回 0
int isalpha(int ch)	检查 ch 是不是字母	若是,返回 1;否则返回 0
int iscntrl(int ch)	检查 ch 是否为控制字符(ASCII 码值为:0~0xlf 和 0X7F)(十进制数为:0~31 和 127)	若是,返回 1;否则返回 0
int isdigit(int ch)	检查 ch 是否为数字('0'='9')	若是,返回 1;否则返回 0
int isgraph(int ch)	检查 ch 是否为可打印字符(不含空格)	若是,返回 1;否则返回 0
int islower(int ch)	检查 ch 是否为小写字母(a~z)	若是,返回 1;否则返回 0
int ispunct(int ch)	检查 ch 是否为不包含数字、字母和空白字符的可打印字符	若是,返回 1;否则返回 0
int isprint(int ch)	检查 ch 是否为可打印字符(包括空格)	若是,返回 1;否则返回 0
int isspace(int ch)	检查 ch 是否为空格、跳格符(制表符)或换行符	若是,返回 1;否则返回 0
int issuper(int ch)	检查 ch 是否为大写字母('A'~'Z')	若是,返回 1;否则返回 0
int isxdigit(int ch)	检查 ch 是否为 16 进制数字字符	若是,返回 1;否则返回 0
int toascii(int c)	将 c 转换成相应的 ASCII 码	返回 c 的 ASCII 码
int tolower(int ch)	将 ch 字符转换成小写字母	若 ch 为大写字母,则返回它的小写,否则原样返回
int toupper(int ch)	将 ch 字符转换成大写字母	若 ch 为小写字母,则返回它的大写,否则原样返回
int upper(int ch)	判断 ch 是否为大写字母	若是,返回 1;否则返回 0

3. 字符串函数

包含表头文件 #include < string.h >中,其函数原型、功能和返回值如表 B-3 所示。

表 B-3 字符串函数

函数原型	功能	返回值
char * strcat(char * str1, char * str2)	将字符串 str2 连接到 str1 后面	返回加长后的字符串 str1
char * strchr(char * str, char ch)	找出 str 字符串中第一次出现 ch 的位置	若找到返回 ch 的位置指针,如找不到,返回空指针
int strcmp(char * str1, char * str2)	比较两个字符串 str1、str2	str1 < str2 返回负数 str1 与 str2 相同返回 0 str1 > str2 返回正数
int strcpy(char * str1, char * str2)	把 str2 指向的字符串复制到 str1 中	返回 str1(str1 内容与 str2 内容相同)
unsigned int strlen(char * str)	统计 str 中字符个数(不包括终止符'\0')	返回 str 中字符的个数
char * strstr(char * str1, char * str2)	找 str2 在 str1 中第一次出现的位置(不含\0)	若找到,返回 str2 位置指针,如找不到,返回空指针
char * strupr(char * str)	将字符串 str 中所有小写字母改为大写	字符串 str 首地址
char * strlwr(char * str)	将字符串 str 中所有大写字母改为小写	字符串 str 首地址

4. 输入输出函数

包含在头文件#include <stdio.h>中,其函数原型、功能与返回值如表 B-4 所示。

表 B-4 输入输出函数

函数原型	功 能	返 回 值
void clearerr(FILE * fp)	清除 fp 文件的错误标志,和文件结束指示器	无返回值
int close(FILE * fp)	关闭 fp 所指向的文件	若成功返回 0,否则返回 1
int eof(int hd)	检查与 hd 相关联的文件是否到达文件尾	若到达文件尾,返回 1,否则返回 0,遇到错误,返回-1
int fclose(FILE * fp)	关闭 fp 所指向的文件,释放文件缓冲区	若成功,返回 0,否则返回 EOF
int feof(FILE)	检查文件是否结束	结束返回非 0 值,否则返 0
int fgetc(FILE * fp)	从 fp 指定的文件中取得下一个字符	返回所得到的字符 ASCII 码,若出错,返回 EOF
char * fgets(char * buf, int n, FILE * fp)	从 fp 处读取不长于 n-1 的字符串,存入 buf 起始地址	成功,返回 0,失败返回-1(EOF)
FILE * fopen (char * filename, char * mode)	以 mode 指定的方式打开名为 filename 的文件	成功,返回文件指针(文件起始地址),失败返回 NULL
int fputs(char * str, FILE * fp)	将 str 指定的字符串输出到 fp 指定的文件中	成功,返回 0,失败返回-1(EOF)
int fputc(char ch, FILE * fp)	将字符 ch 输出到 fp 指向的文件中	若成功则返回该字符,否则返回 EOF
int fprintf(fp,格式串,输出列表)	按指定格式将列表中数据写入 fp 所指文件中	成功:输出数据个数 失败:0
int fread (void * pt, unsigned size,unsigned n, FILE * fp)	从 fp 处读 size * n 个数据,存到 pt 内存区	返回所读数据个数。如遇文件结束或出错,返回 0
int fscanf(fp,格式串,输入列表)	从 fp 处按给定格式读数据,存入列表变量中	成功:读入数据个数 失败:0
int fseek(FILE * fp, longoffset, int base)	从 fp 处,以 base 位置为基准,移动 offset 量	若成功,返回当前位置,否则,返回-1
long ftell(FILE * fp)	返回 fp 处的读写位置	返回 fp 指向文件中的读写位置
int fwrite(void * ptr, unsigned size, unsigned n, FILE * fp)	把 ptr 所指 n * size 个字节输出到 fp 处	写到文件中的数据项的个数
int getc(FILE * fp)	从 fp 所指向的文件中读入一个字符	返回所读的字符,若文件结束或出错,返回 EOF
int getch()	从标准输入设备读一个字符,但不显示在屏幕	返回所读到字符,若文件结束或出错,则返回-1
int getchar()	从标准输入设备读取下一个字符	返回所读到字符,若文件结束或出错,则返回-1
int gets(char * ch)	从键盘输入字符串存入 ch 数组	返回字符串首地址。否则,返回-1

续表

函数原型	功 能	返 回 值
int printf(char * format[, args....])	按 format 格式输出 args 的值到标准输出设备	返回输出字符个数,若出错,返回一个负数
int putc(int ch, FILE * fp)	把一个字符 ch 输出到 fp 所指的文件中	若成功,输出 ch;若出错,则返回 EOF
int putch(char * str)	把字符 ch 输出到标准输出设备	若成功,输出 ch;若出错,则返回 EOF
int putchar(char * str)	把字符 ch 输出到标准输出设备	若成功,输出 ch;若出错,则返回 EOF
int puts(char * str)	将 str 字符串输出到标准输出设备,回车换行	若成功,则将字符串 str 输出到标准输出设备;失败,返回 EOF
int scanf(char * format[, args...])	从键盘按 format 格式读数据,存入列表地址	成功:读入数据个数 失败:0
void rewind(FILE * fp)	将 fp 移到文件头,并清除文件结束和错误标志	无返回值

5. 常用内存操作、改变程序进程和动态存储分配、数据转换函数

包含在头文件 #include<stdlib.h>或 #include<malloc.h>中,其函数原型、功能和返回值如表 B-5 所示。

表 B-5 常用内存操作、改变程序进程和动态存储分配、数据转换函数

函数原型	功 能	返 回 值
void * calloc(unsigned n, unsigned size)	为数组分配内存空间,大小为 n * size	返回已分配内存首地址。如不成功,返回 NULL
void free(void * p)	释放 p 所指向的内存空间	无
void * malloc(unsigned size)	分配 size 个字节的存储区	返回分配内存首地址,若内存不够,返回 NULL
void realloc(void * p, unsigned size)	将 p 所指内存区大小改为 size,size 可以比原来大或小	返回指向该内存的指针
void abort()	结束程序的运行	非正常的结束程序
void exit(int status)	终止程序的进程	无返回值
void rand(void)	取随机数	返回一个伪随机数
void srand(unsigned seed)	初始化随机数发生器	无返回值
int random(int num)	随机数发生器	返回的随机数大小在 0～num－1 之间
void randomize(void)	用一个随机值初始化随机数发生器	无返回值
char * fcvt(double value, int ndigit, int * decp, int * sign)	将浮点数 value 转换成字符串	返回指向该字符串的指针
char * gcvt(double value, int ndigit, char * buf)	将数 value 转换成字符串并存于 buf 中	返回指向 buf 的指针
char * ultoa(unsigned long value, char * string, int radix)	将无符号整数 value 转换成字符串,radix 为转换基数	将无符号的长整型值 value 作为字符串 string

续表

函数原型	功能	返回值
char * itoa(int value, char * string, int radix)	将整数 value 转成字符串存入 string，radix 为转换基数	将整型值 value 作为字符串 string 返回
double atof(char * nptr)	将由数字组成的字符串 nptr 转化成双精浮点数	返回 nptr 的双精度值，如遇错误返回 0
int atoi(char * nptr)	将字符串 nptr 转换成整型值	返回 nptr 的整型值，如遇错误，返回 0
long atol(char * nptr)	将 nptr 所指的字符串转换成长整型值	返回 nptr 的长整型值，如遇错误，返回 0
double strtod(const char * str, char ** endptr)	将浮点数组成的字符串 str 转换成双精度浮点数	返回 str 的双精度值，遇非数字结束；如果第一个字符非数字，返回 0
int system(char * command);	发出一个 DOS 命令	system("pause")冻结屏幕；system("CLS")清屏

6. 时间函数

包含在头文件 #include <time.h> 中，其函数原型、功能及返回值如表 B-6 所示。

表 B-6 时间函数

函数原型	功能	返回值
char * asctime(struct tm * p)	将日期和时间转换成 ASCII 字符串	返回一个指向字符串的指针
clock_t clock()	测量程序运行所花费的时间	返回运行所花费时间，若失败，返回 −1
char * ctime(long * time)	把日期和时间转换成字符串	返回指向该字符串的指针
double difftime(time_t time2, time_t time1)	计算 time1 与 time2 之间所差的秒数	返回两个时间双精度差值
struct tm * gmtime(time_t * time)	得到一个以 tm 结构体表示的格林尼治标准时间	返回指向结构体 tm 的指针
time_t time(time_t * time)	返回系统的当前日历时间（以秒为单位）	返回系统自 1970 年 1 月 1 日格林尼治时间 00:00:00 开始，到现在所逝去的时间。若系统无时间，返回 −1

7. 目录函数

包含在头文件 #include <dir.h> 中，其函数原型、功能及返回值如表 B-7 所示。

表 B-7 目录函数

函数原型	功能	返回值
void fnmerge(char * path, char * drive, char * dir, char * name, char * ext)	通过盘符 drive(如 C:)，路径 dir(如 \BC\LIB\)，文件名 name(如 example)，扩展名 ext(如 .EXE)组成一个带路径的文件名，保存在 path 中	无返回值

续表

函数原型	功　能	返　回　值
int fnsplit(char * path, char * drive, char * name, char * exit)	将带路径的文件名 path 分解成盘符 drive（如 C:），路径 dir（如\BC\LIB），文件名 name（如 example），扩展名 ext（如.EXE）并分别存入相应的变量中	若成功返回一整数
int getcurdir(int drive, char * direct)	返回指定驱动器的当前工作目录名称。drive：指定驱动器（0＝当前，1＝A，2＝B，3＝C 等） direct：保存指定驱动器的目录变量	若成功返回 0，否则返回 －1
char * getcwd(char * buf, int n)	取当前工作目录，并存入 buf 中，长度不超过 n 个字符	若 buf 为空，返回 buf，错误返回 NULL
int getdisk()	取当前正在使用的驱动器	整数（0＝A，1＝B，2＝C 等）
int setdisk(int drive)	设置驱动器 drive(0＝A，1＝B，2＝C 等)	返回可用驱动器数
int mkdir(char * pathname)	建立一个新目录 pathname	成功 0，否则－1
int rmdir(char * pathname)	删除一个新目录 pathname	成功 0，否则－1

参 考 文 献

[1] 李丽娟.C 语言程序设计教程[M].北京:人民邮电出版社,2017.
[2] 李兴莹,等.C 语言程序设计基础[M].上海:上海交通大学出版社,2016.
[3] 张基温.新概念 C 程序设计大学教程[M].4 版.北京:清华大学出版社,2017.
[4] 谭浩强.C 程序设计[M].3 版.北京:清华大学出版社,2005.
[5] KING K N.C 语言程序设计现代方法[M].2 版.吕秀锋,等译.北京:人民邮电出版社,2010.
[6] 何钦铭,颜晖.C 语言程序设计.[M].3 版.北京:高等教育出版社,2015.

图书资源支持

感谢您一直以来对清华版图书的支持和爱护。为了配合本书的使用,本书提供配套的资源,有需求的读者请扫描下方的"书圈"微信公众号二维码,在图书专区下载,也可以拨打电话或发送电子邮件咨询。

如果您在使用本书的过程中遇到了什么问题,或者有相关图书出版计划,也请您发邮件告诉我们,以便我们更好地为您服务。

我们的联系方式:

地　　址:北京市海淀区双清路学研大厦 A 座 714

邮　　编:100084

电　　话:010-83470236　010-83470237

客服邮箱:2301891038@qq.com

QQ:2301891038(请写明您的单位和姓名)

资源下载:关注公众号"书圈"下载配套资源。

书　圈

清华计算机学堂

观看课程直播